JN096787

eco検定®合格必携！ 改訂3版
環境用語ハンドブック

過去問題出題率を記号表記
環境用語111選掲載！
エコピープル・環境担当者にも最適

一般社団法人日本経営士会
中部支部 ECO研究会 有志

三恵社

環境用語ハンドブック第 3 版発刊にあたって

　2020（令和 2）年 12 月、菅総理は、総理大臣官邸で 2050 年カーボンニュートラル・全国フォーラムに出席し、カーボンニュートラルに向けた意見交換を行い、その議論を踏まえ、次のように述べました。「我が国における 2050 年カーボンニュートラルへの挑戦にあたっては、①新たな地域の創造やライフスタイルの転換など、経済社会の変革を戦略的に進めていくこと、②日本の新たな成長戦略として、経済と環境の好循環を生み出していくこと、③世界最先端のイノベーションを起こし、カーボンニュートラルの実現に貢献していくこと、④世代や分野を超えて、あらゆる主体が対話や発信を継続し、取組の裾野を広げていくことが重要だと考えております。」

　地球環境問題の歴史を振り返れば、当初は地域の公害問題として出現しましたが、やがて地球規模の問題として捉えられるようになっていきました。1972 年にローマクラブが世界に発信したレポート「成長の限界」が、このまま無秩序な人類の活動・人口増加が続けば、今後 100 年以内に地球上の成長は、限界に達するという警鐘を鳴らしたことは周知のとおりです。同年の 6 月には「国連人間環境会議」が開催され、健全な環境で生活する基本的権利と環境を保全する責任などの原則を掲げた「人間環境宣言」が採択され、これを契機に国連環境計画（UNEP）が設立されました。さらに 1982 年には、国連人間環境会議の 10 周年を記念して、UNEP 管理理事会特別総会が開催され、国連に「環境と開発に関する世界委員会（WCED）」が設置されました。
　この中で、「持続可能な開発（Sustainable Development）」という新たな概念が提唱されました。しかし、「持続可能な開発」には、様々な深刻な問題が内在しており、それらはいずれも人類自らの行動によって引き起こされたものです。エネルギー源である石油、石炭、天然ガスなどの化石燃料の大量使用による温室効果ガスの排出増加とそれによる地球温暖化問題、及び化石燃料の枯渇問題、原子力の安全と廃棄物処理の問題、環境の汚染で問題となっている廃棄物問題、熱帯雨林における極度な開発や、灌漑によってもたらされる森林の減少及び砂漠化問題、さらに、最近、懸念される環境ホルモンの存在など、現在これらは、人間を含む全生物の存在を脅かす深刻な問題として認識されています。しかし対策は遅々として進まず、事態はますます深刻の度合いを増しています。
　しかし、温室効果ガス対策では、すでに欧州連合(EU)をはじめ世界 122 の国と地域が「2050 年実質ゼロ」を目標に掲げて行動を起こしており、冒頭に述べた通り日本政府も「温室効果ガスの排出量を 2050 年までに実質ゼロにする」方針を発表しました。
　温室効果ガス対策に限らず、上述のさまざまな環境問題に対しても、実効性のある対策を積極的にとっていく必要があります。日本国内に於いても、

近年、政府や多くの組織や企業において環境問題への取り組みに努力が払われてきましたが、各種環境マネジメントシステムなど（ISO14001、エコステージ、エコアクション21など）を採用している組織・企業は10万社に満たず、350万社以上が具体的対策について明確でないのが現実です。その原因は、地球環境問題の深刻さの周知の不徹底さにあります。環境対策など無駄な費用だという認識もそこから来ています。その最善の対策は「eco検定®」合格レベルの知識の修得です。このレベルは、決して難解なレベルではなく、義務教育卒業レベルです。

　人は知識があって初めて行動に移すことが出来ます。eco 検定®合格レベルの環境知識を習得してその重大さを理解して行動することが有効な環境対策といえるでしょう。このレベルを習得するための効率の良い方法として環境用語のハンドブック（以下HB）を、日本経営士会中部支部有志により、2016年に初版を発刊しましたが、世の中の状況を踏まえ、第2版以降の変化に対応すべく、この度第3版を発行した次第です。

　この本の目的は、①年齢問わず、多くの方々に地球環境問題に資する用語集としました。②過去の「環境社会検定試験®」（通称eco検定®）の出題用語頻度を記号表記化し、効率的受験対策に鑑みた用語集としました。【eco検定®の出題頻度は、第1回〜第29回（2006年10月〜2020年12月）分まで・28回はコロナのため中止】③地球環境問題を組織や企業などで活用する教育用環境用語集としての活用です。学生、企業経営者、社員、主婦、中高年者など幅広く皆様に、「わかり易くあらゆる方々が手軽に持ち運べるハンドブック」であり、地球環境問題を認識できる環境用語集として編集しました。さらに、エネルギー管理士・公害防止管理者など環境関連の資格取得にあたっては、広範囲な基礎知識の提供を意図しており、用語の解説における詳細な説明は専門書に譲り、簡潔を旨とし、一般的な組織や企業の地球環境教育用に活用できる書といたしました。

　引用参考文献としましては、主にネット上の資料、eco 検定®公式テキスト第6〜第7版、環境白書、eco検定®の過去出題問題集などを利用させていただきました。

以上

2021年4月1日

一般社団法人　日本経営士会 中部支部
ECO研究会有志一同
文責　経営士　編集主幹　髙野　剛
　　　　〃　　　発行責任者　三品富義

掲載要綱

【掲載基準】
次のいずれかに該当する用語を掲載しました。
① 環境社会検定試験（eco検定®試験）に出題（掲載）された環境及びその関連用語。
②eco検定®試験公式テキスト第4・5・6・7・8版に掲載された環境及びその関連用語。
③ 直近2年程度の間に新聞などに掲載された環境及びその関連用語などを編集メンバーで検討し決定した用語。
④ 環境ラベル・マークなどの紹介では、出題（掲載）されたもの及び公式テキスト（第1〜第8版）に掲載されたもの。

【掲載順序】
掲載グループおよび順序は以下のとおりです。
① 算用数字が先頭に来るグループ。
② 日本語のグループ（漢字・ひらかな・カタカナ）。掲載順位は五十音順とし、一般的な国語辞典のルールに従って掲載しました。
③ 英字単語・略語グループ。掲載順位はアルファベット順。
④ 環境ラベル・マークなどの紹介。特に掲載順序のルールはありません。

【出題頻度】
算用数字、日本語、英字略語は、eco検定®試験に出題（掲載）された頻度により用語の末尾に＊印を次のように付しました。
① 15回以上出題(掲載)　　　　＊＊＊
② 10回以上出題(掲載)　　　　＊＊
③ 　5回以上出題(掲載)　　　　＊

環境ラベル・マークなどの紹介は、eco検定®試験に出題（掲載）された頻度によりラベル・マークの説明末尾に＊印を次のように付しました。

① 5回以上出題(掲載)　　　　＊＊＊
② 3〜4回出題(掲載)　　　　＊＊
③ 1〜2回出題(掲載)　　　　＊

以上

目　次

環 境 用 語 集

[算用数字]

2010年(生物多様性)目標

2002 年の生物多様性条約 COP6（ハーグ）で採択された目標。生物多様性条約の締約国は、2010 年までに生物多様性の損失速度を顕著に減少させるというもの。2010 年 5 月公表の「地球規模生物多様性概況第 3 版」では、全てが未達成と結論付けている。

2030アジェンダ

ミレニアム開発目標（MDGs）が 2015 年で終了したことを受け、国際連合が向こう 15 年間の新たな持続可能な開発の指針を策定したもの。2015 年 9 月の国連総会で採択。別名「持続可能な開発のための 2030 アジェンダ（The 2030 Agenda for Sustainable Development）」。2000 年の国連ミレニアムサミットで策定された「持続可能な開発目標」（Sustainable Development Goals：SDGs)を中核とする。

2050年カーボンニュートラル宣言

菅義偉首相が、2020 年 10 月に開会した臨時国会の所信表明演説で、表明した地球温暖化対策に関する方針。国内の温暖化ガスの排出を 2050 年までに「実質ゼロ」とする方針のこと。

2050道筋プラットフォーム

2050 Pathways Platform。パリ協定の長期目標に向けた道筋へ早期に移行していくためのプラットフォーム。COP22(2016 年 12 月・マラケッシュ)において設立。各国政府に加えて、自治体、NGO、企業が参加。長期目標の内容は、①温室効果ガスの実質排出ゼロ、②気候変動に強靭な社会の構築、③持続可能な発展である。

21世紀環境教育プラン AAA

日本における 21 世紀環境立国戦略において、環境教育が戦略の一つとなっているが、同戦略に基づき、環境省と文科省の連携により、実行している国民の発達段階に応じた教育プラン。誰でも（Anyone；幼児から学童、学生、社会人）何処でも（Anywhere；家庭、学校、地域、企業）何時でも（Anytime）環境教育を受けられる機会を作る計画のことで、現在展開中。

21世紀環境立国戦略

日本の環境政策の方向を示し、世界の趨勢に合わせ、今後の世界の枠組み作りへ我が国として貢献する上での指針として 2007 年 6 月中央環境審議会の審議を経て作成されたもの。しかし、2020 年 12 月現在ペンデングとなっている。

2℃シナリオ

気候変動に関する政府間パネル「IPCC」からの報告書で、「地球温暖化を産業革命前に比べて 2℃以下に抑制するシナリオ」のこと。

3E

1990 年以降地球温暖化防止への対応から、日本のエネルギー政策は 3 E（経済効率性：Economical efficiency、安定供給の確保：Energy Security、環境適合性：Environment）をその柱として進められるようになった。その政策をいう。

3E＋S

従来のエネルギー政策（3 E）に安全性（Safety）を加えた「3 E＋S」の

実現を基本課題としたこと。これは、2011年3月の東京電力福島第一原子力発電所の事故により、原発の安全性について懸念が広がったために採用された政策である。

3PL
サード・パーティー・ロジスティクス（third-party logistics、3PL）の略称。中核業務に集約した経営を指向する企業が、企業戦略として、物流機能の全体もしくは一部を、第三の企業に委託する物流業務形態のひとつ。「Party」は一団・団体の意味。

3R＊＊＊
Reduce Reuse Recycle の3つの語の頭文字をとった言葉。循環型社会形成・環境配慮に関するキーワードである。①リデュース（ごみの発生抑制）、②リユース（再使用）、③リサイクル（ごみの再生利用）の優先順位で廃棄物の削減に努めるのがよいという考え方。

3Rイニシアティブ＊
廃棄物の発生を減らす（リデュース）、再使用（リユース）、再生利用（リサイクル）からなる3R活動を通じて循環型社会の構築を国際的に推進することを、2004年6月小泉総理大臣が提唱し、G8サミット（シーアイランドサミット）において合意された。世界的に「もったいない」運動の端緒となった活動である。

3R原則
「循環型社会」を形成しようとする政策などにおける取組みの理念。3RはReduce（廃棄物の発生抑制）、Reuse（再使用）、Recycle（再資源化）の頭文字をとったものであり、資源や製品の使用から生ずる廃棄物を抑制するためには、この順に優先的に適用すべきだとされている原則。

3R＋Renewable
Reduce、Reuse、Recycle に加えて、再生可能資源の利用により、廃棄物の発生防止、循環利用を図ること。

3分の1ルール
食品の製造位から賞味期限までを3分割し、「小売店への納品期限は、製造日から3分の1の時点まで」「店頭での販売期限は、賞味期限の3分の1の時点まで」とする商習慣をいう。

4G
第4世代通信システム。2010年代に普及。携帯電話にとってかわって主流となったスマートフォン対応の通信システム。高画質映像や大容量データの送受信に対応して通信速度が一層高速化した。2020年現在5Gの出現により変換が図られつつある。

4R
循環型社会形成の基本項目。ゴミを減らすための方針を示した用語。リフューズ（Refuse　断る）、リデュース（Reduce　減らす）、リユース（Reuse　再利用）、リリイクル（Recycle　資源を再利用）の頭文字をとったもの。

5つのP
持続可能な開発目標（SDGs）の核となる、People（人間）、Planet（地球）、Prosperity（繁栄）、Peace（平和）、Partnership（パートナーシップ）の5つの頭文字のpをとったもの。SDGs参照。

5G
5thGeneration の略。第5世代移動通信システム。現在規格化が進行中の次世代無線通信システム。現在の最新モデルの4G（第4世代携帯電話）あるい

は 4G LTE の上位に位置づけられる次世代の移動体通信の通信方式や携帯端末の通称。「高速・大容量」「低遅延」「多数端末との接続」という特徴を有し、4K/8K 高精細映像や AR/VR を活用した高臨場感のある映像の伝送、自動運転サポートや遠隔医療などを実現し、様々なサービス、産業を革新すると期待されている。2019 年後半から各企業等で、プレサービスが開始された。

5R
無駄を減らす行動を表す用語としては、3 R が一般的だが、さらに徹底した行動を示すために、Refuse（リフューズ：不要なものを買わないなど）と Repair（リペア：修理）の 2 つを加えたものをいう。

6次産業（化）
第 6 次産業参照。

6つのチャレンジ
2010 年に始まった地球温暖化防止のための国民運動「チャレンジ 25 キャンペーン」（2014 年 4 月に Fun to Share へ移行）の中の以下の 6 つの活動内容を指す。①エコな生活スタイルの選択、②省エネ製品の選択、③自然エネルギーの選択、④ビル、住宅のエコ化推進、⑤CO2 削減につながる活動の応援、⑥温暖化防止活動への参加である。

［五十音順］

［あ］
アースオーバーシュートデー
人間による天然資源の消費量が、地球による生態系サービスの生産量を超える日のこと。ちなみに、1993 年は 10 月 21 日、2015 年は 8 月 13 日、2019 年は 7 月 29 日と年々その日付は早まっている。この日を超えた日以降の天然資源の消費は持続可能なための資源を消費していることになり、近い将来生態系の崩壊が始まると予測される。1 年の残った日々は、人間が生態系サービスを赤字の状態で使い続けることになるため、人間が地球環境に与える負荷を「見える化」する指標として注目されている。

アースディ
地球を環境破壊・汚染から守るために行動する日。1970 年 4 月 22 日アメリカで行われた環境保護運動を記念し、G. ネルソン議員がこの日を「アースディ」と宣言、全米各地で活動を開始。現代の世界的環境保護運動のさきがけとなったといわれている。

アウレリオ・ペッチェイ（Aurerio Pecci）
（1907 年 7 月－1984 年 3 月）。イタリアの経済学者、実業家、オリベッティ会長。ローマクラブの創設者。1972 年、ローマクラブのレポート「成長の限界―ローマクラブ人類の危機レポート」を発表し、世界の注目を浴びた。

愛知ターゲット（目標）＊
2010 年名古屋開の催生物多様性条約第 10 回締約国会議（COP10）で採択された生物多様性の損失に歯止めをかけるための 2011 年以降の戦略計画。未達成となった「2010 年目標」に代わるもの。人類が自然と共生する世界を 2050 年までに実現するために、国際社会が 2020 年までに実効性のある緊急行動を起こすことを求めている。2020 年 9 月最終評価を盛り込んだ報告書「地球規模生物多様性概況第 5 版（GBO5：Global Biodiversity Outlook5）」が 9

月 15 日、国連の条約事務局から公表された。残念ながら、完全に目標を達成したのは、20 項目中「ゼロ」であった。

愛知万博（愛・地球博）＊
2005 年に開催された「愛・地球博」をテーマとした万国博覧会。会場建設に至る過程でオオタカの営巣が発見され計画が一部変更された。これらの環境配慮の「環境アセスメント」は 200 項目以上にのぼった。

アイドリングストップ＊
環境に配慮した車の乗り方の一つとして提唱されている方法。信号待ちなど車が停止しているときは、こまめにエンジンを停止させること。一説には、逆に燃費が悪くなったり、バッテリーの消耗を早めることもあるという。

アオコ＊
青粉。主に夏から秋にかけて湖沼水が緑色に変色する現象。原因は富栄養化による藻類の異常繁殖による。

青森・岩手県境不法投棄事案
2000年ごろまでに、岩手県二戸市（16ha）と青森県田子町（11ha）にまたがる原野に、八戸市や埼玉県の業者が産業廃棄物を不法投棄した事案。廃棄物は燃え殻、汚泥、堆肥様物など。2004年から廃棄物の撤去を開始し、2013年12月に全量撤去を完了。不法投棄された廃棄物量は、岩手県側27万立方メートル、青森県側79万立方メートル合計約100万立方メートル以上。これは東京ドーム（総容積は約120万立方メートル）0.8杯分。原状回復に要する費用は、青森県の実施計画事業費概算444億円、岩手県の実施計画事業費概算221億円と見積もられている。

アカウンタビリティ＊
説明責任。社会に影響力を及ぼす組織で権限を行使する者が、株主や従業員（従業者）といった直接的関係をもつ者だけでなく、消費者、地域住民などのステークホルダーに、その活動や権限行使の予定、内容、結果等の報告をする必要があるとする考え。狭義には会計責任を意味する。

アカカミアリ
フタフシアリ亜科に分類されるアリの一種。体長3〜5mm・体色は赤褐色。原産地は、米国南部から中米。日本では、沖縄本島のほか、兵庫県、愛知県、大阪府、東京港青海ふ頭でも発見された。攻撃性が強く、刺された場合、体質によってはアナフィラキシーショック（重度のアレルギー反応）を起こす可能性があるなど、危険な特定外来生物である。2018年7月11日に成田空港において新たに約50個体が新たに発見されたが、全て殺虫処理された。

赤潮＊
プランクトンの異常増殖により海や川、運河、湖沼等が変色する現象。水が赤く染まることが多いため「赤潮」と呼ばれる。赤潮を引き起こす生物は、色素としてクロロフィルの他に種々のカロテノイドを持つ場合が多く、細胞がオレンジ色から赤色を呈する為にこう見える。

悪臭＊＊＊
ヒトに知覚できる臭気のうち不快なものを指す。典型七公害の一つ。「不快」の定義及び数値化が困難で騒音以上に個人差が大きい感覚公害。外食産業・養鶏・養豚・酪農などの糞尿臭・下水などの汚水・エンジンの燃焼排気ガス・生ゴミ等の一般廃棄物の集積場など。特に地域一帯に悪臭をもたらす規模の場合は公害とみなされる。

悪臭防止法
1971 年制定。工場などの事業活動に伴って発生する悪臭を防止する法律。都

道府県知事が市町村長の意見を聴いて規制地域を指定。また環境省の定める基準で悪臭を規制（アンモニアの基準や野焼きの禁止など）し、指定後は市町村長が指定実務を行う。

悪性中皮腫 ＊
肺を取り囲む胸膜、腹膜、心膜などにできる悪性の腫瘍のこと。そのほとんどがアスベスト（石綿）を吸ったことにより発生。潜伏期間は20～50年といわれている。アスベスト参照。

アグロフォレストリー
Agriculture（農業）とForestry（林業）を組み合わせた言葉。森を維持しながら農作する方法のこと。収穫期が異なるコショウやカカオなどの熱帯作物とマホガニーなどの樹木を混植することで、農業と森林の保護・再生の両方を可能にし、アマゾン地域の森林保全、住民の生計向上へ貢献している。JICAの技術支援で確立された森林の保護と農業の両立を図る農法。

アグリツーリズム
農村や里山に滞在して休暇を過ごし、都市農村交流のエコツーリズムの一つ。

アサザプロジェクト
1995年に活動開始した霞ヶ浦の水質汚濁や悪臭を除こうと活動しているNPO市民活動に行政を参加させた活動でもあり、「湖と森と人を結ぶ霞ヶ浦再生事業」などを通して単なるボランティアではなく事業として回る仕組みも多数生み出している。

アジア3R推進フォーラム
アジア各国における3Rの推進による循環型社会の構築に向け、アジア各国政府、国際機関、NGO、などの幅広い関係者の協力の基盤のために作られた組織。2009年11月に東京でアジア3R推進フォーラム設立会合が開催された。参加国は、日本、中国、ラオス、韓国、インドネシア、ベトナム、タイ、フィリピン、ミャンマー、モンゴル、マレーシアなど15カ国。

アジア汚水管理パートナーシップ（AWaP：エイワップ）
Asia Wastewater management Partnership（AWaP）。環境省と国土交通省が設立した組織。サポート機関国連サミットで採択されたSDGs（持続可能な開発目標）の目標達成に貢献するため、アジアの汚水管理の意識向上を図るとともに、必要な整備規模・制度などを整理し、共通の課題解決に向けた連携プロジェクト。第1回総会は2018年7月に北九州国際会議場で開催。参加国は、カンボジア、インドネシア、ミャンマー、フィリピン、ベトナム、日本。

アジア共通の有害廃棄物データベース
東アジアにおける循環型社会構築のために、日本がイニシアティブをとって進めている「循環資源の国際的な移動の円滑化」への取り組みの一つとして進めている事業。各国の有害物質排出量などのデータベース化を検討中。

アジア太平洋クリーン・エア・パートナーシップ
アジア太平洋地域の急激な経済成長に伴い、PM2.5等の大気汚染が喫緊の課題で、日本への越境大気汚染が顕在化している。その対策のため2014年に、アジアの大気に関する知見の集積等を総合的に行う国家間の枠組みとして、日本が国連環境計画（UNEP）と協力して立ち上げた組織。

アジア太平洋3R推進フォーラム
循環型社会の構築を国際的に進めるため、2004年のシーアイランドサミットにおいて日本より「3Rイニシアティブ」が提唱され、一層の推進のため様々な取り組みが進められた。その一環として、2009年11月アジアに各国政府、

国際機関、援助機関、民間セクター、研究機関、NGO などを含む幅広い関係者の協力のために設立された（第1回同フォーラム設立会合・東京開催）。2019年3月には、第9回フォーラムがタイ・バンコクで開催された。参加国は、アジア・太平洋地域の39か国。

アジア水環境パートナーシップ
Water Environment Partnership in Asia。WEPA。2004年、アジア13カ国のパートナーシップのもと設置されたネットワーク事業。水環境ガバナンス強化のために必要とされている情報や知識を提供することで水環境の改善に貢献することを目的にしている。2014年から、WEPA は排水管理にフォーカスした第3期の活動を開始。主な参加国は、日、中、韓、タイ、インドネシアなど。

アジェンダ21＊＊＊
1992年地球サミットで採択された21世紀に向けて持続可能な開発を実現するための具体的行動計画。拘束力はないが、国境を越えて地球環境問題に取り組む行動計画であり、各国内では地方まで浸透するよう「ローカルアジェンダ21」が推進されている。

足尾銅山鉱毒事件＊＊
日本の公害の原点となる事件。1890年（明治23年）頃から、足尾銅山の鉱滓が洪水で渡良瀬川にたびたび流出して農地を汚染し、農業などに大きな被害を及ぼすようになった。地元選出の代議士であった田中正造は、帝国議会でこの問題を取り上げるとともに鉱毒被害の救済に奔走した。

亜硝酸性窒素
アンモニア性窒素が、生物化学的酸化分解したときに生じる物質。地下水汚染の原因物質の一つ。毒性極めて高く、現在、明らかになっている硝酸性窒素等の「人体への影響」は、酸欠・発癌の可能性の増大である。

アスベスト＊＊＊
Asbestos。石綿。天然に存する繊維状ケイ酸塩鉱物。その繊維はきわめて細かく大気中に飛散しやすく人間が吸引すると肺に達し、じん肺や中皮腫の原因になるとされている。建築部材や断熱材、ブレーキ材などに使用されていたが、現在は製造が禁止されている。

新しい公共
New Public。公共サービスの一部を市民自身や NPO が主体となって提供する社会現象、または考え方をいう。公共的な活動を担う機能を従来の行政機関だけでなく、地域の住民が共助の精神で参加するという「新しい公共」が2010年6月に閣議決定された。これは市民や NPO が教育や子育て、まちづくり、防犯・防災などの公共活動を担うことである。

暑さ指数
Wet Bulb Globe Temperature：WBGT。熱中症を予防することを目的として1954年に米国で提案された指標。人体と外気との熱のやりとり（熱収支）に着目した指標で、人体の熱収支に与える影響の大きい①湿度、②日射・輻射(ふくしゃ)など周辺の熱環境、③気温の3つを取り入れた指標。単位は気温と同じ摂氏度（℃）で示されるが、その値は気温とは異なる。労働環境や運動環境の指針として有効であると認められ、ISO 等で国際的に規格化されている。

アップサイクル
Upcycle。リサイクル（再循環）とは異なり、単なる素材の原料化、その再

10

利用ではなく、元の製品よりも次元・価値の高いモノを生み出すことを、最終的な目的とすること。

アトピー性皮膚炎＊

かゆみのある湿疹が、慢性的に良くなったり悪くなったりを繰り返す病気。皮膚の"バリア機能"（外界のさまざまな刺激、乾燥などから体の内部を保護する機能）が低下して発症する。

あ

アトム通貨

早稲田・高田馬場の街で、地域コミュニティーを育み、街を活性化させるため、2004年に生まれた地域通貨。高田の馬場が「鉄腕アトム」発祥の地であることに因んで、手塚プロダクションと早稲田大学、地元商店街（9団体）の三者による、街の活性化の新たな施策として始められた。環境活動などに参加するともらえる。2009年以降は、札幌・仙台・川口など地域通貨としては例を見ない全国展開となっている。

亜熱帯気候

熱帯と温帯の間に位置する熱帯に次いで気温の高い地域の気候をいう。夏は熱帯並みの高温、冬は温暖な気候。一般には熱帯の北と南にある北回帰線と南回帰線（それぞれ北緯・南緯23.5度）付近の緯度が20度から30度あたりの地域の気候を漠然と指すことが多い。

アバンティ

日本の株式会社。1985年設立、本社東京、資本金2千万円、従業員54名。化学肥料や農薬に頼らず栽培したオーガニックコットン原綿をはじめて日本に持ち込んだ企業。

アフリカ連合

アフリカ連合（ＡＵ）の国家統合体。一層高度な政治的・経済的統合の実現と紛争の予防・解決に向けた取組強化のためにアフリカ統一機構（OAU）が、2002年に発展改組し発足。エチオピアのアディスアベバに本部設置。2017年1月現在加盟国55ヶ国。

アベサンショウウオ

サンショウウオ目サンショウウオ科に分類される有尾類で絶滅危惧種ⅠA類（ＣＲ）。1995年に種の保存法によって国内希少野生動植物種に指定され、採集・販売・譲渡が禁止されている。

アマゾン奥地未確認部族

2018年8月23日南米ブラジルのアマゾンで、政府機関は、これまで確認されていなかった部族の姿を撮影した。映像は、先住民の保護に当たっているブラジルの政府機関「国立インディオ基金」が公開したもの。場所はアマゾン奥地の、ペルーとの国境付近で、ドローンで撮影された。

奄美群島国立公園

2017年3月、国内で34カ所目の国立公園に指定された。国内最大規模の亜熱帯照葉樹林が広がり、奄美大島、加計呂麻島、請島、与路島、喜界島、徳之島、沖永良部島、与論島の8つの島と周辺無人島の奄美群島である。アマミノクロウサギなど多種多様な固有で希少な動植物が生息・生育するとともに、世界有数の速度で今も隆起するサンゴ礁段丘、マングローブや干潟など多様な自然環境を有する地域である。

アマミノクロウサギ訴訟

1995年2月、奄美大島でのゴルフ場建設に反対する住民たちが、林地開発許可処分取り消しなどを求めて、動物たち（アマミノクロウサギなど）を原告にして鹿児島地裁に提訴。2001年1月、地裁は、住民たちの原告適格（行政

訴訟法第 9 条）を否定し、訴えを却下した。しかし、地裁は判決文でその後の環境行政について、国・行政の善処を促した。初の自然の権利訴訟である。

アマモ場
海藻が茂る場所を藻場というが、これによって貝や稚魚の育つ藻場を形成するアマモ場またはアジモ場と呼ぶ。

アマモ場再生会議
小魚を育む「海のゆりかご」といわれるアマモ（海草の一種）を東京湾に再生し、生き物の繁栄をよみがえらせるために、金沢八景周辺の市民・NPO、企業、大学、小、中、高校などの協働により 2006 年 3 月発足。

アミノ酸＊
たんぱく質の構成要素。人体を作っているタンパク質は 20 種類のアミノ酸から構成されている。地球上のあらゆる生命、植物も動物もアミノ酸が作り出すタンパク質から出来ている。アミノ酸は全ての生命の素。われわれの細胞、遺伝子情報である DNA もアミノ酸から作られている。

アラル海
カザフスタンとウズベキスタンにまたがる塩湖。誤った水資源管理のために起きた環境破壊の典型として知られることとなった。旧ソ連時代に周辺は綿花の大耕作地帯として開発され、農業用水を供給するため大規模な灌漑設備が建設された。その結果、湖は干上がり塩分の表出などで 1 つの湖が 4 つの湖となり環境が大きく破壊された。

有明海及び八代海を再生するための特別措置に関する法律
全国一律適用（水質汚濁防止法）法では、十分な対策とならない湖沼や閉鎖性海域の一つである標記海域に適用された水質汚濁の総合対策の法律。

アリゲーターガー
ガー目ガー科の魚類。北アメリカ大陸産最大の淡水魚。全長は約2mの肉食魚類。日本にも外来種として生息し、各地から報告されている。鑑賞目的で飼育されていたものが放逸されたことにより侵入したと推測されている。主に他の魚類や甲殻類を食べる。2018年4月に特定外来生物として指定された。

亜硫酸ガス
硫黄酸化物参照。

アル・ゴア（Al Gore）＊
（1948年3月ー）。米国クリントン政権の副大統領。地球温暖化問題について世界的な啓発活動を行っており、この講演の模様をドキュメンタリー化した『不都合な真実』は世界中に衝撃をもって受け止められた。2007年に積極的な環境活動が認められノーベル平和賞を受賞。

アルゴン
Argon。原子番号 18 の元素。元素記号は Ar。希ガス（不活性元素）の中で、もっとも空気中に占める割合が大きい。常温、常圧で無色、無臭の気体。

アレルギー物質
免疫反応が、特定の抗原に対して過剰に起こることをアレルギーという。食品中のアレルギー物質のうち表示が義務付けられているのは、卵、乳、小麦、そば、落花生,エビ、カニの 7 品目で、そのほか表示が勧められているものが、牛肉、豚肉、鶏肉など 20 種類ある。

アンチエイジング医学（抗加齢医学）
加齢という生物学プロセスに介入を行い加齢に伴う動脈硬化や癌などの発生確率を下げるなど健康長寿を目指すべく積極的に予防治療していこうとする医学の考え方。

[い]

硫黄酸化物（SOX）＊＊＊

硫黄の酸化物の総称。Sox（ソックス）と略称。一酸化硫黄（SO）、三酸化二硫黄（S_2O_3）、二酸化硫黄（SO_2）など。石油や石炭などの化石燃料を燃焼するとき、あるいは黄鉄鉱や黄銅鉱のような硫化物鉱物を焙焼するときに排出される。大気汚染や酸性雨などの原因の一つとなる有毒物質。自然界の火山ガスなどにも含まれる。

イオン交換法

排水処理方法の一つ。排水中の溶存イオン化している汚濁物質を、イオン交換体とイオン交換して汚染物質を除去する。排水からの有価物の回収、微量の金属イオンの回収に使われ、純水の製造や浄水にも用いられる。

石牟礼 道子（いしむれ みちこ）

（1927年3月11日-2018年2月10日）日本の作家。熊本県天草郡河浦町（現・天草市）出身。代表作『苦海浄土 わが水俣病』は、文明の病としての水俣病を鎮魂の文学として描き出した作品として絶賛された。

石綿

アスベスト参照。

石綿による健康被害の救済に関する法律

石綿による健康被害の特殊性に鑑み、石綿による健康被害を受けた者及びその遺族に対し、医療費等を支給するための措置を講ずることにより、石綿による健康被害の迅速な救済を目的とした法律。2006年3月施行。

伊勢志摩サミット（G7）

2016年5月26〜27日に三重県志摩市で開催された第42回先進国首脳会議の通称。「世界経済・貿易」の下方リスク問題、「政治・外交問題」では南シナ海紛争の平和的解決・北朝鮮の核ミサイル問題、「気候変動・エネルギー」など地球温暖化に関するパリ協定発効への努力する首脳宣言が採択された。議長は日本の安倍首相。

イタイイタイ病＊＊＊

富山県神通川流域で1910年ころから発生し1955年に地元開業医萩野昇氏を取材した富山新聞の八田清信氏によって報じられた。公害病。鉱業所の排水に含まれていたカドミウムが原因で、体内に蓄積されて発症し、激しい痛みを伴うためにイタイイタイ病といわれた。四大公害病の一つ。

イタリアセベソ事件＊

1976年7月イタリアミラノ郊外のセベソ農薬工場で発生した爆発事故で、猛毒物質ダイオキシンの放出事故。運転指示書を無視した条件で停止したため、温度上昇と暴走反応によるダイオキシンが大量生成、ダイオキシンを含む内容物が大気に拡散した。1800haの土壌が汚染され、22万人が被災し、後遺症に苦しんだ事件。化学産業では人類最大の事故の一つ。

一次エネルギー＊＊

原油・石炭・天然ガス・原子力・水力・木炭・薪・太陽放射・地熱・風力・原子力など自然界に存するままの状態で、エネルギー源として利用されるものをいう。これに対し電力、石油・石炭製品（ガソリン・灯油・重油・都市ガスなど）を二次エネルギーという。

一次エネルギー自給率

国内のエネルギー消費が、国産でどの程度賄えているかを示す指標。日本の一次エネルギーの自給率は6％程度である。

一次消費者＊

食物連鎖に関する用語において、植物は「生産者」といい動物は「消費者」という。消費者のうち植物を餌とする草食動物・動物プランクトンなどの小動物を一次消費者、その一次消費者を捕食する動物を二次消費者という。

一酸化炭素＊

炭素の酸化物の一種で化学式（CO）。常温・常圧で無色・無臭・可燃性の気体。炭素を含む物が不完全燃焼すると発生する。人間にとって有毒ガスであり、一酸化炭素は酸素の約250倍も赤血球中のヘモグロビンと結合しやすい。1時間の暴露では、1500ppmで死に至るとされる。

一酸化二窒素＊

窒素酸化物（NOx）の一種で亜酸化窒素ともいい化学式（N_2O）。笑気ガスとも呼ばれ、硝酸アンモニウムの熱分解によって得られる。吸入式の全身麻酔剤として用いる。二酸化炭素の310倍の温室効果ガスであり、京都議定書の排出規制ガスの一つ。また、オゾン層破壊物質でもある。

一村一品運動＊

1980年から大分県の全市町村で始められた地域振興運動。1979年に当時の大分県平松守彦知事により提唱され、各市町村がそれぞれひとつの特産品を育てることにより、地域の活性化を図ろうというもの。

一般環境大気測定局

大気汚染の状況を把握するために、大気汚染防止法に基づき日本各地に設置された環境省所管の測定局のうち、住宅地などの一般的な生活空間における大気汚染状況を常時把握するために設置された測定局。

一般廃棄物＊＊＊

廃棄物処理法（第2条）の産業廃棄物以外の廃棄物と定められた企業活動によって発生した20種類の産業廃棄物以外の廃棄物で、家庭ゴミやオフィス・飲食店から発生する事業系ゴミがある。

一般粉塵

セメント粉、石炭粉、鉄粉などをいう。大気汚染防止法では、「物の破砕、選別その他の機械的処理又はたい積に伴い発生し、又は飛散する物質」のこととし、ばい煙や自動車排出ガスと共に規制している。同法では、人の健康に被害を生じるおそれのある物質(アスベストなど)を「特定粉じん」、その他を「一般粉じん」と定めている。

一方通行型社会＊

人間の生活に必要な資源や材料を生産し、使用して不要となったものを再利用などせずに廃棄処分をしてしまうような社会。経済活動の拡大に伴い膨大な廃棄物が発生する社会である。これを根本から見直し2000年6月「循環型社会形成推進基本法」を公布。

遺伝子＊

生物の遺伝的な形質を規定する因子。遺伝情報の単位とされる。遺伝情報はDNAの塩基配列を媒体として伝達される。

遺伝子組み換え規制法

「カルタヘナ法」。正式名称「遺伝子組換え生物等の使用等の規制による生物の多様性の確保に関する法律」。遺伝子組換え生物等の使用について規制する法律。バイオテクノロジーを用いた研究を推進するために必要な法律でもある。（2019（平成31）年4月施行。

遺伝子組み換え（作物・食品・植物・生物・農産物）＊

生物の細胞から有用な遺伝子を取りだし、植物などの細胞の遺伝子に組み込

み新しい性質を持たせた作物など。また遺伝子を組換えて遺伝的性質を改変した作物・食品・生物・農産物のことで GM 作物、GMO とも呼ばれる。2017年での米国における遺伝子組換え作物栽培面積は 7500 万ヘクタールに及び世界最大。大豆、トウモロコシ、綿に関しては 94〜96％が遺伝子組み換えで普及はほぼ一巡されている。遺伝子組換え作物については健康や環境に悪影響があると懸念する者も多い。

遺伝(子)資源＊＊
生物多様性条約で遺伝子資源は「遺伝の機能的な単位を有する植物、動物、微生物、その他に由来する素材のうち、現実または潜在的価値を持つもの」と定義され、利用価値のある遺伝素材である。品種改良などで蓄積された多種多様な品種群のことをさす。

遺伝資源へのアクセスと利益配分(ABS)
Access and Benefit-Sharing 略して (ABS) 。有用な生物資源の多くは、熱帯林などにあって、途上国がその多くを保有している。従来、先進国の企業などがこれらを自由に持ち出して新製品などを開発し、利益を独占してきた。生物多様性条約は、この不公平を解消するため遺伝資源に関する保有国の主権を明確にし、利益の公平・衡平な配分を締約国に義務付けることとなった。

遺伝子操作＊
遺伝子を人工的に操作すること又はその技術。特に生物の自然な生育・増殖過程では起こらない型式で行うことを意味している。組換え DNA 技術、遺伝子組換えなどの用語もほぼ同じ意味で用いられる。

遺伝子の多様性＊
生物の膨大な種の多様性に加え、同じ種であっても多様な遺伝子の違いによって個性が育まれている。病気や環境の変化に対し異なった抵抗性を示し種の絶滅を防ぐことにつながっている。ヒトの血液型などの差も同様。

いぶき
GOSAT 参照。

違法伐採対策法
2017 年 5 月施行。正式名称は「合法伐採木材等の流通及び利用の促進に関する法律」（クリーンウッド法）。海外で違法に伐採された木材の輸入や流通を防止することを目的に成立。木材取扱業者は、合法的に伐採された木材を扱うことが努力義務とされる。

西表(いりおもて)島
西表島は沖縄県では沖縄本島についで 2 番目に大きい島。西表島の特徴は東洋のアマゾンとも言われるように、マングローブ林や亜熱帯原生林が島を覆い、多くの天然記念物や希少生物が棲息している。特にイリオモテヤマネコは有名。

衣類のリサイクル
衣類には流行がありリサイクルが困難な一面もあるがリサイクル目的で回収されているモノが少なく多くはゴミとして出されている。必要としている人にキチンと洗濯して使用してもらう。またリフォームして使用したり雑巾に利用したりすることも立派なリサイクルである。

石見銀山＊
島根県大田市にある戦国時代後期から江戸時代前期にかけて最盛期を迎えた日本最大の銀山。日本を代表する鉱山遺跡として 1969 年に国によって史跡に指定。2007 年 6 月 28 日にニュージーランドのクライストチャーチで開

催されていた世界遺産委員会でユネスコの世界遺産（文化遺産）への登録が決まり、2007年7月2日正式に登録。

インダストリー4.0
Industry4.0。第4次産業革命。ドイツ連邦教育科学省が勧奨して、2011年にドイツ工学アカデミーが発表したドイツ政府が推進する製造業のデジタル化・コンピューター化を目指すコンセプト、国家的戦略的プロジェクトである。

インドボパール事件（ボパール化学工場事故）＊
1984年12月ユニオンカーバイト社のインド、ボパールの農薬製造プラントのガス漏れ事故。米国企業の現地資本の殺虫剤工場から数千トンの有毒ガスが流出し、インド中部のボバールの町を一瞬のうちに汚染した。1万5000人以上が死亡、現在までの被害者は50万人以上にのぼる。世界最悪の産業災害とされた。

インバーター＊
inverter。直流電流を任意の周波数の交流電流に変換する装置。交流を直流に変換する装置はコンバーターという。

インベントリ作成・分析（LCA）＊
製品の原料から製造、流通、仕様、廃棄、リサイクルにわたるライフサイクルで環境負荷が発生する。この負荷を定量的に把握して評価する手法の代表的なものとしてライフサイクルアセスメント（LCA）があるが、製造の各工程に投入される資源やエネルギーの量と、排出される負荷物質の種類・量を調査収集する一連の作業をいう。廃家電品の越境移動防止などに利用。

【う】
ヴァン・アレン帯＊
地球の磁場にとらえられた陽子（アルファ線）電子（ベータ線）からなる放射線帯。地球を360度ドーナツ状にとりまいており、内帯と外帯との二層構造になっている。赤道付近が最も層が厚く、極軸付近は層は極めて薄い。

ウィー指令
ＷＥＥＥ指令参照。

ウィーン条約＊＊＊
「オゾン層の保護のためのウィーン条約」の略称。1985年採択。オゾン層破壊の原因となるフロンガス消費規制などの内容で、オゾン層の変化により生じる悪影響から人の健康及び環境を保護する研究や組織的観測などに協力することや、法律、科学、技術などに関する情報の交換などについて規定している。日本は1988年オゾン層保護法（特定物質の規制などによるオゾン層の保護に関する法律）を成立させ、同年同条約に加入した。

ウイルス
Virus。細胞を構成単位とせず、遺伝子を有するが自己増殖はできない「非細胞性生物」である。即ち、非生物・生物両方の特性を持っている。現在、自然科学では生物・生命の定義を行うことができていないため、便宜的に細胞を構成単位とし、代謝、増殖できるものを生物と呼んでいる。感染することで宿主の恒常性に影響を及ぼし、病原体としての行動をとることがある。大きさは、細菌が1000分の1mm程度なのに対し、ウィルスは更にその50分の1程度の大きさである。新型コロナウィルス参照。

ウインドファーム＊
wind farm風力発電設備を集中的に設置した大規模発電施設。一か所に集中

16

させることで風力を平均的に享受しやすくするとともに、集中化によりインフラのコストを抑えることが出来る。

ウェストピッカー
直訳すると「ゴミを拾う人」。発展途上国の廃棄物の最終処分場などの処分施設において、廃棄物に含まれる金属類や古紙などの有価物を回収することを生業とする個人事業者などをいう。途上国の貧困問題の象徴でもあるが、リユース、リサイクルの重要な担い手であることも否定できない。

ウエットランド
日本語で一般的に「湿地」と訳されるが、ラムサール条約では、第1条で「天然か人工か、永続的か、一時的か、滞水か流水か、淡水、汽水、かん水かを問わず、沼沢地、湿原、泥炭地または水域をいい、低潮時の水深が6mを超えない海域を含む」と定義されている。

ウォーターフットプリント＊
ある製品のライフサイクル・サービスを消費する過程に使用された水の総量の推計値のこと。地下水、河川水などのうち、どのような水が使われたかまでを推定するほか、空気中への蒸発量なども含めて推計値を算出することが特徴。2009年7月には、国際標準化機構（ISO）が、ウォーターフットプリントの国際規格化（ISO14046）を決定している。

ウォーム・ビズ＊
環境省のキャンペーン。地球温暖化防止のための活動の一環として、過剰な冷暖房に頼りすぎずに快適に過ごすことを提唱して、工夫された冬季用の衣類。夏のクール・ビズとともに提唱され定着・普及が進んでいる。

魚付き林
魚付き保安林で、森林法8条に基づき、海岸、河岸などに、漁場保全などの目的で植林，または天然林を育成したもの。保安林の一つ。魚類の休息や産卵・生育に適した生態系を構成し、水質の保全、水量の安定に役だつなどの効果がある。

雨季＊
特定の地域において、およそ1か月以上に亘って降水の多い時期・季節。熱帯・亜熱帯では、季節の推移を雨量の年変化で表し、乾季に対して言う。

雨水利用推進法
2014年5月施行。雨水利用を進めるとともに、下水道や河川に雨水が集中して流入することを防ぐことが目的。国土交通大臣が「雨水の利用の推進に関する基本方針」を2015年定めた。また、政府は建築物における雨水利用施設の設置に関する目標を閣議決定し、雨水利用施設の設置に対する税制優遇や補助などを行う。

うちエコ診断
各家庭の CO_2 排出量を削減・抑制していくため、ライフスタイルや地域特性に応じたきめ細かい診断・提案を実施する制度。環境省所管。うちエコ診断士による場合と民間事業者による提言の二通りの診断がある。

内断熱
家屋の断熱の方法の一つ。断熱材を内壁に近接させる断熱法。反対の工法が外断熱。

宇宙船地球号操縦マニュアル＊
地球上の資源の有限性や資源の適切な使用について語るため、地球を閉じた資源が限られ外からの供給がない宇宙船にたとえて使う言葉。米国の建築

家・思想家であるバックミンスター・フラーが 1968 年に「宇宙船地球号操縦マニュアル」を出版されたことに由来する。

美しい星 50（クールアース 50）＊
ポスト京都議定書の枠組みづくりに向けた提案。2007 年 5 月の国際交流会議にて、当時の安倍総理が世界全体の温暖化ガス排出量を現状比 2050 年までに半減をめざし「美しい星へのいざない〜 3 つの提案、3 つの原則」を演説・提案した。

美しい森づくり推進国民運動
国（農水省）の推進する「京都議定書」達成のための森林の整備及び 100 年先を見据えた多様な森林づくりを推進していく民間主導の国民運動。本運動の一環として 2008 年から国土緑化推進機構によりフォレスト・サポーターズへの登録を開始。2018 年 11 月時点で登録数は約 6.2 万件に達している。

奪われし未来＊
1996 年に出版されたシーア・コルボーン他による著書。「環境ホルモン」による環境汚染を警告した書。本書は、野生生物の減少をもたらした最大の原因は外因性内分泌かく乱化学物質（いわゆる環境ホルモン）が後発的な生殖機能障害をもたらしたという仮説を提唱した。

海
地球の陸地以外の部分で、海水に満たされたところのこと。海洋ともいう。地球上の水の 97.5％は海に存在する。海には①淡水の供給、②二酸化炭素を吸収・貯蔵する、③海洋生物に成長できる環境を与え海洋資源を育成する、④海流などにより物質を移動させ、気候を安定化させるなどの機能がある。陸と海の比率はおよそ 3：7 である。

海ゴミゼロアワード
国内における海洋ごみ対策の優れた取組を募集・表彰して発信する環境省と日本財団の共同事業。2020 年度は、「海ごみゼロアワード 2020」において 9 月 14 日に実施。受賞された取組は、＜プラスチック・スマート＞を通じて、広く国内外に発信している。

海の熱帯林
サンゴ礁のこと。サンゴ礁に依存している生物の種類は非常に多く、海に生息する生物の 4 分の 1 がサンゴ礁とかかわって生きているといわれているため、このように呼ばれている。サンゴは水温 18〜30℃の海中に棲むが、地球温暖化の影響で、サンゴ礁の白化減少などによりその減少が懸念されている。

埋め立て可能量
現存する最終処分場に、今後埋め立てることができる廃棄物量を示したもの（残余容量）。一般廃棄物の残余容量は 2016 年度末現在 9,960 万㎥で減少傾向。推計残余年数は全国で 20.5 年。産業廃棄物の残余容量は、2018 年度 1 億 5,925 万㎥でほぼ横ばいの状況で、推計残余年数は全国で 16.4 年である。

ウラン＊
元素記号（U）ウラニウム。原子番号 92。大然に 3 種類の同位体が存在し、いずれも長い半減期（数億年〜数十億年）を持つ。地球上で最も多く存在するのはウラン 238（存在比 99.275％）であるが、原子力発電の燃料に使われるのはウラン 235（同 0.72％）。

売り手よし、買い手よし、世間よし＊
鎌倉時代から昭和初期まで活動した近江商人の行動理念。いわゆる三方よしの精神。お客様（買い手）に喜んでもらうことはもちろん、社会貢献ができて

こそ良い商売であるという考え方。社会との関わりを重視するソーシャルマーケティングの視点が含まれている。

[え]

エアバッグ（類）
自動車の乗員保護システムの中の1つ。主として内部にて火薬を爆発させることによって生じた気体をバッグに送り込むことによって衝撃を吸収する装置。自動車リサイクル法により、自動車メーカーに部品の引き取り、再資源化が義務付けられている。

エアロゾル
気体の中に微粒子が多数浮かんだ物質である。気中分散粒子系、煙霧体ともいう。地球温暖化やオゾン層破壊など、地球規模の大気環境問題でも重要な役割が認識されている。

永久凍土
permafrost。Permanently frozen ground（永久に凍った土壌）の省略語。少なくとも2冬以上の長期間連続して凍結した状態の土壌を指す。永久凍土は北半球の大陸の約20%に広がっている。シベリア、カナダ、アラスカの北部に広く分布する。南半球ではチリの南端付近に限定されている。厚さは数百mにも及ぶこともある。永久凍土の上部には夏の間融けている活動層があり、ポドゾルという酸性の土壌となり、タイガや草原となっている。地球温暖化による永久凍土の溶解は、メタンなどの温室効果ガスの放出が起こり、2015年の「パリ協定」で決定された、世界の気温上昇幅を産業革命以前と比べて1.5度に抑えるという努力目標を危うくする。特にメタンの温室効果はCO_2の25倍もある。永久凍土の温室効果ガスが大気中に放出されると、地球温暖化が悪化し、氷が解け、さらに永久凍土の溶解が進み、地球温暖化の悪循環に陥ってしまう恐れがある。

栄養塩（類）＊
生物が普通の生活をするために必要な無機塩類の総称。窒素を含む硝酸塩や亜硝酸塩、リン酸塩などが代表格。水の富栄養化の原因となり、赤潮などを発生させる。無機態と有機態を含め栄養塩類ともいう。

栄養塩循環＊
食物連鎖に取り込まれた栄養塩類が生産者、1次消費者、2次消費者、最終消費者を経て排泄又は死骸となって生態系の中を循環すること。

液化石油ガス(LPG)＊
石油工業で副生する炭素数3〜4個の炭化水素ガス（プロパン・ブタン）を常温加圧下で液化したもの。LPG、LPガス、又はプロパンガスともよばれる。

液化天然ガス(LNG)＊
メタン(CH4)を主成分とする気体を−160℃程度まで冷却し、液化したもの。中近東などの産地で液化され、専用のタンカーで輸送される。日本では、主として発電所の燃料や都市ガスなどの多量のエネルギー供給源として利用されるほか工業用燃料、化学原料として利用されている。ばい塵などの排出がほとんどない、クリーンなエネルギーである。

液状化現象
地震が発生した際に地盤が液体状になる現象。このような状態となると、水よりも比重が重い建物が沈んだり、傾いたりする。

エクソン・バルデイーズ号原油流出事故
1989年に同タンカーが起こした大規模な油流出事故。流出油は、プリンス・

ウィリアム湾（米アラスカ州）一体に広がり、魚類、海鳥、海獣等が多大な被害を受けた。この事故を契機として、1990年2月国際海事機関（IMO）総会において、「油による汚染に関わる準備、対応及び協力に関する国際条約」（OPRC条約）が採択された。

エコアクションシート ＊
エコピープル支援協議会が、30%の節電を目指すためのツールとして開発したシート。毎日電気を機器別にどのくらい使っているかをシートに記入し、電気の使用量をふりかえる材料とするもの。

エコアクション 21 ＊＊
環境マネジメントシステムの一つ。環境省が策定した中小企業、学校、公共機関などを対象としたエコアクション 21 ガイドラインに基づく認証、登録制度。環境経営システムと環境への取り組み、環境報告の3要素が一つに統合されたシステムで ISO14001 に比べ簡素化された環境マネジメントシステムである。

エコカー ＊
二酸化炭素や窒素酸化物などの排出量が少なく、燃費も良い。従来の車よりも地球環境に負荷をかけない自動車。一般的にハイブリッドカーや電気自動車、エンジンの環境性能を向上させた自動車をエコカーといっている。

エコカー減税
国土交通省が定める排出ガスと燃料の基準値をクリアした環境性能に優れた車に対して「自動車重量税」「自動車取得税」「自動車税（環境配慮型税）」の優遇制度のこと。適用期間はアイテム別に異なるが、グリーン化特例の自動車税、軽自動車税は 2021 年 3 月まで。エコカー減税には期限があるし、財政事情によっては減税がなくなることも考えられる。

エコカーローン
金融機関が売り出している環境配慮商品の一つ。低公害車、低燃費車、低排出ガス車など自動車取得税の税率軽減がある車の購入に利用できるローン。

エコ家電
従来の家庭用電化製品の中でも、より省エネルギーに配慮されたものをいう。インバーター制御技術の発達により消費電力が大幅に減少している冷蔵庫やクーラーなどもその一つ。

エコガラス
一般に、建材として用いられるガラス材のうち断熱性能の高い二層構造のガラス。

エコガラスマーク
環境ラベル・マークなどの紹介参照。

エコキュート
ヒートポンプ技術を利用し空気の熱で湯を沸かすことができる電気給湯機のうち、冷媒として、フロンではなく二酸化炭素を使用している機種の総称。関西電力の登録商標である。正式名称は「自然冷媒ヒートポンプ給湯機」。

エコクッキング
地球環境に配慮し「買い物」「調理」「食事」「片づけ」をする。さらにエネルギーを節約し、CO_2 削減の効果が上がる食材を選び、調理法などを工夫する調理法。食材を無駄なく使う料理法。伝統的食文化や食材を見直すスローフード運動に通ずる活動。

エコ工法
ソーラー発電設備、省エネ技術や外断熱などを利用したり、断熱ガラスなど

のエコ建材を使用する建築工法をいう。

エコクリーン資金
環境保全に関する設備及び運転資金、排出権取得資金、環境配慮への取組について第三者認定、認証を受けている企業への一般運転資金、設備資金などや、水質汚濁防止など環境改善にかかわる設備投資、ISO 認証取得にかかわる費用および設備の購入のための金融機関の環境配慮型商品。

エココミュニティ
「地球環境に優しく負担の無い暮らしの在り方」を考えたコミュニティー。環境に極力負荷をかけない生活の工夫を、例えば雨水タンクを活用してトイレや水撒きに利用したり、太陽光発電パネルを活用したり、住宅への有効な断熱材の活用などを個人レベルでなく、地域住民と行政が連携して「面」として実践している地域をいう。

エコサイクルマイレージ＊
地球温暖化防止や健康増進に貢献するとして移動手段の一つとして自転車を活用し、トリップメーターを取り付け、エコサイクルマイレージのホームページに走った距離と時間を書き込めば、自動車の場合に比べどのくらい「CO_2 を削減したことになるのか」「どれだけのカロリーを消費したことになるのか」が数値で示されることをいう。NPO 法人 自転車活用推進研究会が運営している。

エコシップ
環境負荷の低減を図った船舶。燃費性能を高め NO x 、PM、CO2 等の排出を抑え、ハイテク技術により、電気自動車のように環境負荷の少ない動力設備を搭載した船舶。

エコシステム・アプローチの原則
生物多様性条約第 5 回締約国会議（2000 年ナイロビ）において決議採択された同条約の理念・方法論を示す原則。土地、水、生物資源の統合管理のための戦略。条約の 3 つの目的である、保全、持続的な利用、遺伝資源の利用による利益の公正で公平な配分のバランスを取る戦略である。一例として、絶滅危惧種を個別に保護するのではなく、生息（生育）環境全体（生態系）を保全するなどである。

エコ住宅
環境と調和を保ち、資源、エネルギー利用や廃棄物処理への配慮がなされ、かつ健康で快適な生活ができるよう工夫された住宅を環境共生住宅というが、このような環境に配慮した住宅を総称してエコ住宅という。

エコ商品
リサイクル原料などを使用した環境負荷を低減した商品。古紙使用の再生紙や生ごみから作った肥料など。

エコステージ＊
環境マネジメントシステムの一つ。採用が比較的簡単な簡易型のシステムから、CSR の実現などの最高ステージまで、企業規模に応じて順次ステップアップできる 5 段階システムの環境マネジメントシステム。さらに社会のニーズに合わせた、SDG s 見える化サービスなど選択できるメニューも用意されている。

エコタウン＊
環境調和型の街づくりをめざし、1997 年に創設されたエコタウン事業により整備がすすめられた地域。町全体で省エネルギーを目指す地域。北九州市、川崎市、飯田市、大牟田市、札幌市など。

エコチューニング（認定制度）
建物から排出される CO2 などの温室効果ガスを削減するために、建物の設備
や運用の改善、省エネを計画し実施していくことをいう。これらの改善など
が一定のレベル以上に遂行できる者を確保するため、2016 年 12 月から環境
省によるエコチューニング事業者の認定制度がスタートした。

エコチル調査
「エコロジー」と「チルドレン」を組み合わせた造語。環境省が実施する疫
学調査。日本中で 10 万組の子どもとその両親を対象とする。子供が胎児の
時から 13 歳になるまで、定期的に健康状態を確認し、環境要因が子どもの
成長・発達にどのような影響を与えるのかを調査するもの。

エコツアー＊
自然環境や歴史文化を体験し、学ぶ観光であるエコツーリズムの考えを実践
するためのツアーのこと。エコツアーの案内役をエコツアーガイドという。

エコツーリズム＊＊
「自然・歴史文化体験・学習観光の総称」と定義されている。対象となる地
域の自然環境や歴史文化の価値が維持されるよう保全し、またその価値の向
上を図ることを重視する活動。環境省が推進する活動。

エコツーリズム憲章
2004 年 6 月制定。エコツーリズムの基本理念を、様々な立場の人に分かり易
く提示するため作成された憲章。憲章では、エコツーリズムが地域の自然と
文化を知り、慈しむ、などの実現を目指していることを明示している。

エコツーリズム推進会議
2003 年環境大臣を議長とする同会議が設置され、第 1 回の会議が開催された。
エコツーリズム大賞などの選定も行っている。

エコツーリズム推進法＊
エコツーリズムを進めるための総合的な枠組みを定めた法律。2008 年 4 月制
定。国による基本方針の策定、地域関係者の参加による協議会の設置、地域
での全体構想策定と国による認定、市町村による特定自然観光資源の指定な
どを定めている。

エコテロリスト
環境問題や動物の権利を理由に暴力行為などの非合法活動をするテロリス
ト集団の一種。直接行動を辞さない環境保護団体の行動をテロリズムとみな
す立場から用いられる言葉でもある。しかし、安易に使用することは言葉の
暴力ともなりかねない。

エコドライブ＊＊
環境に配慮した自動車の運転をすること。例えば、不要なアイドリングをや
める、タイヤの空気圧を常に適正に保つ、不要な荷物は降ろす、暖機運転は
適切に、急発進・急加速はやめるなど。

エコドライブ管理システム
eco-drive management system。運転手の急発進・急加速・急ブレーキ・
アイドリングの時間などの情報を EMS システム対応のデジタルタコグラフか
ら収集し、その情報を、コンピューターを使って分析することで、その運転
手がどのくらいエコドライブを実行できているのかを確認することが出来
るシステム。

エコハウス＊
環境への負荷の少ない設計、素材、工法、廃棄物処理方法などを取り入れた
住宅の総称。

エコバック
2008年の容器包装リサイクル法の改正により、容器包装廃棄物の発生抑制の促進にあわせ、スーパーなどでのレジ袋の有料化や使用自粛が進められ、リピート性のある買い物袋の使用が進んだ。この袋をいう。

エコピープル
東京商工会議所が主唱する環境社会検定試験（通称eco検定）の合格者を指す。「環境に関する知識を有する」にとどまらず「日常の行動への展開」が期待されている。その活動は、エコピープル支援協議会が支援している。

エコファースト制度
環境省所管。業界内でも特に先進的な環境保全活動に取り組む企業を認定する制度。2018年現在で、日産自動車、三菱自動車や全日本空輸（ANA）、資生堂、積水ハウス、住友ゴム工業、ライオンなど45社が認定されている。認定企業は二酸化炭素（CO_2）の排出削減目標や3R（リデュース・リユース・リサイクル）の目標などを環境省と約束し、同制度の専用マークを会社のPRなどに利用出来る。環境ラベル・マークなどの紹介参照。

エコファーマー(認定制度)＊
1999年に制定された「持続性の高い農業生産方式の導入の促進に関する法律」に基づいて、堆肥などを使った「土づくり」「化学肥料低減」などの技術により、持続性の高い農業生産方式を導入する計画を都道府県知事に提出して認定を受ける制度。環境ラベル・マークなどの紹介参照。

エコファンド＊
環境面に着目した社会的責任投資（SRI）のひとつ。環境関連優良企業（エコ・エクセレントカンパニー）を対象として、従来の投資基準だけでなく、そうした環境への取り組みも考慮して企業の銘柄の株を買う投資信託のこと。

エコブランディング
企業がエコを軸とする経営戦略を作り、持続的なブランド力を築くこと。

エコポイント(制度)＊＊
政府の経済と環境対策を狙った事業。省エネルギー性能にすぐれた家電や省エネ住宅の購入者などに、購入額の一部をポイントとして還元。ポイントは商品券やエコ商品などに交換できた。2009年から期間限定で実施。家電は2011年に、住宅は2016年1月に終了。2019年10月からの消費税増税により、次世代住宅ポイント制度として復活した。

エコマーク(制度)＊
環境省の要請により日本環境協会が審査、認定した環境ラベル。製品の生産から廃棄までのライフサイクル全体を通して環境保全に役立つと認めた製品につけられる（制度）。タイプⅠ環境ラベルに分類される。環境ラベル・マークなどの紹介参照。

エコまち法
「都市の低炭素化の促進に関する法律」。2012年12月施行。CO_2発生源の相当部分が都市であることを踏まえ、都市の低炭素化に関する基本方針を作り、市町村による低炭素まちづくり計画の作成や低炭素建築物の普及などの取組を推進する法律。

エコマネー＊＊
地域住民が発行する地域通貨。日本では福祉の分野、コミュニティの再生や環境保全の目的のため約70の地域で発行されている。

え

エコライフ
環境負荷を軽減するような生活行動を実践する生活。水を出しっぱなしにしない、不要な車のアイドリングをしないなど身近なところから実践していく生活をいう。

エコリース
地球温暖化防止対策として、家庭・業務などを中心に一定の基準を満たす、再生可能エネルギー設備や産業用機械などの分野の低炭素機器をリースで導入した際に、リース料の3～5%を補助する補助金制度。環境省所管。

エコリーフ（環境プログラム・環境ラベル）＊
(一社)産業環境管理協会がスタートさせた環境ラベルのひとつ。タイプⅢに該当する環境ラベルで、製品の環境負荷をLCAに基づいて定量的なデータとして表示するもの。環境ラベル・マークなどの紹介参照。

エコ・リュクス＊
ecoluxe。環境保全のためにただ我慢するのではなく、物や心の豊かさを楽しみながら、地球環境にも配慮するという価値観のこと。環境を意味する英語の「エコロジー」と、贅沢や優雅などの意味を持つフランス語の「リュクス」を組み合わせた造語。

エコレールライン
環境負荷を徹底的に削減した鉄道ライン。車両関係では、回生ブレーキの採用や証明のＬＥＤ化、設備関係では、電力貯蔵装置の導入など、駅舎に関しては太陽光・風力発電の採用・照明のＬＥＤ化などを進めたもの。

エコ（ロジカル）リュックサック＊
製品の全ライフサイクルにわたって集計される物質量。ある製品や素材に関して、その生産のために移動された物質量を重さで表した指標。例えば鉄鋼1kgは21kg・アルミは同じく85kg・金は同じく540kgの自然資源を動かすといわれている。1994年にヴッパタール研究所（ドイツ）が提案。

エコロジー活動
環境負荷低減の活動全般を言う。地域が町おこしの一環として行うもの、学校の活動、自然体験ツアーなどさまざまな活動がある。

エコロジカルネットワーク
生態系ネットワーク参照。

エコロジカル・フットプリント＊＊＊
人間が自然環境を破壊している程度を表す指標のひとつ。ある地域の人間の生活を持続的に支えるのに、どれだけ"生物学的に生産可能な土地・水域"が必要かを面積であらわしたもの。人間が"踏みつけ"ている生態系面積といった意味合いも持っている。

エコシステム・アプローチの原則
生物多様性条約第5回締約国会議（2000年ナイロビ）において決議採択された同条約の理念・方法論を示す原則。土地、水、生物資源の統合管理のための戦略。条約の3つの目的である、保全、持続的な利用、遺伝資源の利用による利益の公正で公平な配分のバランスを取る戦略である。一例として、絶滅危惧種を個別に保護するのではなく、生息（生育）環境全体（生態系）を保全するなどである。

エコICTマーク
電気通信事業者等が適切に省エネルギー化による CO_2 排出削減に取り組んでいる旨を表示するためのシンボルマーク。環境ラベル・マークなどの紹介参照。

エシカル（消費）*
エシカルとは「道徳的な」「倫理的な」という意味。人や社会、地球環境、地域に配慮した考え方や行動のことをいう。エシカル消費として、フェアトレード、オーガニック、地産地消などが挙げられる。

エタン*
常温で無色無臭の可燃性気体。化学式 C_2H_6。融点$-183.6℃$。沸点$-89℃$。

エチルベンゼン
揮発性有機化合物(VOC)のひとつ。家づくりのための特定測定物質に指定されている。

エチレン*
分子式 $H_2C=CH_2$。二重結合で結ばれた炭素 2 個を持つ炭化水素。かすかに甘い臭気を有する無色の気体で、強力な酸化剤と反応しやすく、また引火しやすい。

越境大気汚染・酸性雨長期モニタリング計画
環境省は 2000 年までに 4 次にわたる酸性雨モニタリングを行ってきた。2001年からは、東南アジアにおいて国際協調に基づく酸性雨対策を推進していくため酸性雨長期モニタリング計画を策定し、2003 年から実施しており、2013年～2017 年の 5 年間モニタリング結果が公表されている。

エッセンシャルワーカー
Essential Worker。我々が生活を営む上で欠かせない仕事に従事している人々を指す。医療従事者、公共交通機関の職員、スーパーやドラッグストアの店員、配達員など。

エネファーム
家庭用燃料電池コージェネレーションシステムの愛称である。都市ガス・灯油などから、改質器を用いて燃料となる水素を取り出し、空気中の酸素と反応させて発電するシステムで、発電時の排熱を給湯に利用する。

エネルギー**
物理学などでの用法では、ある系が潜在的に持っている、外部に対して行うことができる仕事量と定義される。またエネルギー資源のこと。

エネルギー（省エネ法における）
次の①燃料②熱③電気を対象とし、廃棄物からの回収エネルギーや風力、太陽光等の非化石エネルギーは対象とはならない。①原油及び揮発油（ガソリン）、重油、その他石油製品（ナフサ、灯油、軽油、石油アスファルト、石油コークス、石油ガス）、可燃性天然ガス、石炭及びコークス、その他石炭製品であって、燃料その他の用途に供するもの。②前記に示す燃料を熱源とする熱（蒸気、温水、冷水）③前記燃料を起源とする電気。

エネルギー革命
①エネルギー源に急激な変革が起こることをいう。通常 1960 年代エネルギー源としての石炭の役割が石油によって取って替わられた現象を指す。②福島原発の事故による対策として、2012 年 9 月に民主党政権が決定した「革新的エネルギー・環境戦略」に織り込まれた、2030 年代に原発稼動ゼロ、再生エネルギーによる発電量を 3 倍に引き上げるなどのいわゆる革命的エネルギー変換計画をいう。

エネルギーから経済を考える経営者ネットワーク会議
2011 年の東日本大震災を契機に、持続可能なエネルギーに裏打ちされた事業経営と経済社会の実現のために、地域経済の構成員である事業主体が連携・

え

協力する場を提供することが目的で、地域でのエネルギー自給体制確立に資する活動を行うことを目的に設立された組織。2013年11月設立。

エネルギー管理士
経産省資源エネルギー庁所管の国家資格。エネルギー管理士試験に合格またはエネルギー管理認定研修を修了して、エネルギー管理士免状の交付を受けた者。規定量以上のエネルギーを使用する工場にはエネルギー管理者を置かなければならず、この業務にはエネルギー管理士免状の交付を受けている者を選任しなければならない。

エネルギー・環境会議
2011年10月閣議決定により設置された会議。目的は、エネルギーシステムの歪み・脆弱性を是正し、安全・安定供給・効率・環境の要請に応える短期・中期・長期からなる革新的エネルギー・環境戦略及び2013年以降の地球温暖化対策の国内対策を策定することである。

エネルギー（基本）計画
エネルギー政策基本法に基づき政府が策定するもので、10年程度を見通して、エネルギー政策の基本的な方向性を示すもの。2003年に策定された基本計画は状況の変化に対応し、3年毎に検討を加え必要に応じてこれを見直すことになっている。2011年3月の東日本大震災による東電福島原発事故により、2014年4月見直し実施。2018年第5次エネルギー計画では、2030年のエネルギーミックスの確実な実現へ向けた取り組みの更なる強化を行うとともに、新たなエネルギー選択として2050年のエネルギー転換・脱炭素化に向けた挑戦を掲げている。

エネルギー供給構造高度化法
エネルギー供給事業者による非化石エネルギー源の利用及び化石エネルギー原料の有効な利用の促進に関する法律。電気やガス、石油事業者等のエネルギー供給事業者に対して、太陽光等の再生可能エネルギー源、原子力等の非化石エネルギー源の利用や化石エネルギー原料の有効な利用を促進するために必要な措置を講じる法律。2007年7月成立。経産省所管。

エネルギー強度
国内エネルギー総消費量をGDPで割ったもの。経済のエネルギー効率を表す。

エネルギー交換効率＊
電力、熱などのエネルギー形態の間での変換の効率または有効に利用できるエネルギーの割合。通常は、（出力エネルギー）÷（入力エネルギー）×100（％）の値をいう。

エネルギー自給率
国内で消費するエネルギーのうち、国内で生産されるその割合。日本の自給率は、1973年（第一次石油ショック時）は9.2％、2010年には20％まで増加したが、原発事故後の2014年には6％まで下がった。2018年には原発再稼働や再生可能エネルギーの導入で11.8％となった。

エネルギー資源
発電や動力機関等に用いられる石油、石炭、核燃料などの総称。エネルギー資源は、「化石エネルギー資源」と「非化石エネルギー資源」に分けられる。「非化石エネルギー資源」の主なものとしては、原子力、水力、地熱さらに太陽光発電などの新エネルギーがある。そのうち再生可能なものを「再生可能エネルギー」という。

エネルギー資源確認可採年数
ある年の石油、石炭等のエネルギー資源の確認可採埋蔵量（reserves：R）

を、その年の生産量（puroduction:P）で割った値のことで、通常 R/P で表される。現在石油が最も短い可採年数で 40 数年といわれている。

エネルギー（消費・利用）効率・生産性＊
家電製品などの設備や機器の投入エネルギー量に対する出力エネルギー量の割合を示したもの。エネルギー消費効率（％）＝出力エネルギー量／入力エネルギー量×100 であらわされる。現行の省エネルギー法では、特定機器に関するエネルギー消費効率の基準を定めている。生産性は GDP／エネルギー使用量で表示される数値。

エネルギー診断プロフェッショナル
一般財団法人省エネルギーセンターが、エネルギー消費実態の調査・分析を行い、スマートできめ細やかに省エネルギーを推進する人材を発掘・育成する組織・資格認定制度を創設した。その組織の名称をいう。一般財団法人省エネルギーセンター所管。

エネルギー政策基本法
日本のエネルギー政策の基本方針を定めた法律。10 年程度のエネルギー政策の指針となるエネルギー基本計画の策定を義務づけている。2002 年 6 月議員立法により成立した。エネルギーの安定確保・供給や地球温暖化防止の意義を強調し、太陽光や風力など化石燃料以外のエネルギー利用の促進を、理念として謳っている。「エネルギー（基本）計画」参照。

エネルギー多様化
1979 年の第二次石油ショックの発生は、石油代替エネルギーの導入の促進に、エネルギー政策のより大きな重点が置かれる契機となった。さまざまな施策により、日本の電源構成をみると、1973 年には 76％であった化石燃料依存度は、2010 年度（震災直前）には 62％まで下がった。しかし、東日本大震災を契機とする原子力エネルギー供給の大幅減少により、2013 年には、海外の化石燃料依存度は 88％まで拡大した。

エネルギーの使用の合理化等に関する法律＊
「省エネ法」参照。

エネルギーの地産地消＊
地域に必要なエネルギーを地域のエネルギー資源によってまかなうこと。間伐材などの地場の木質資源を使うこと。

エネルギーミックス＊
発電に必要なエネルギーも、一つのエネルギー源に頼らずに水力や火力、原子力など、それぞれのエネルギーの特徴を十分に考えて、バランスよく組み合わせ、安定して電気がつくれるようにする方法をいう。

エルニーニョ（現象）＊
赤道付近の太平洋東部から南米のペルー沖にかけて数年に一度、海水温度が平均より上昇する現象。海水温度が上昇して世界各地に冷夏、暖冬、多雨、少雨などの異常気象を誘発する。スペイン語で男の子の意味。

エルンスト・F・シューマッハー（Ernst・F・Shumacher）
イギリスの経済学者（1911〜77 年）。ドイツ生まれ。後に英国に帰化。著書「スモール・イズビューティフル」でエネルギー危機を予言し、第 1 次石油危機を的中させた。

塩害＊
農作物に地下水をくみ上げて撒き続けることなどにより、水中・地中に含まれるわずかな塩分が凝結し地表付近の塩分濃度が上昇して、農作物の生育に害を与えてしまう現象。

え

塩化水素
分子式 HCl。刺激臭を有する無色の気体で水によく溶ける。水に溶かしたものを塩酸という。工業的には食塩を電気分解して生ずる塩素と水素から合成する。大気汚染防止法の有害物質（排出基準 700mg/Nm³）及び特定物質（規制値なし、事故時の処置が定められている）である。

塩素＊
原子番号 17。元素記号 Cl。ハロゲン元素の一種。塩素はフロンに含まれ、紫外線に当たると、塩素ラジカルが発生し周囲のオゾンと反応して触媒的にオゾンを酸素分子へと分解するため、オゾン層の破壊効果が大きい。

エンド・オブ・パイプ＊
工場内または事業場内で発生した有害物質を最終的に外部に排出しない方法を指す。生産設備から排出される環境汚染因子を固定化したり、中和化したりする公害対策技術を「エンド・オブ・パイプ技術」という。

煙霧
固体の微粒子（エアロゾル粒子）が空気中に浮いていて、視程が妨げられている現象のこと。気象庁は、煙霧または霧・靄と見られる現象が発生しているとき（視程 10km 未満のとき）、湿度が 75％以上ならば霧・もや、75％未満ならば煙霧と定義している。また大気汚染による煙霧は「スモッグ」とも呼ばれる。

[お]
オーガニック＊
オーガニックとは有機栽培の意味で、化学合成農薬や化学肥料に頼らず、有機肥料などにより土壌の持つ力を活かして栽培する農法。

オーガニックコットン＊
有機栽培綿。厳しい管理のもと 3 年間農薬や化学肥料を使用していない農地で、無農薬有機栽培された綿のこと。製品化された後もトレーサビリティが可能となっている。

オーガニックフード
有機農産物のこと。

オーバーシュート
人類全体でみると、1970 年代中ごろから年間エコロジカル・フットプリントは、地球上の食料生産などに使われる土地及び水域の面積の合計を超えている状態が続いている。この状態をオーバーシュート（過剰利用）という。また、悪性の感染症などの患者が爆発的に増加する現象をいう。

オーフス条約＊
環境分野における市民参加の促進を促すことを目的とした条約。リオ宣言第 10 原則（市民参加条項）を受け、国連欧州経済委員会（UNECE）で作成され、1998 年 6 月に開催された UNECE 第 4 回環境閣僚会議（デンマークのオーフス市）で採択された。2001 年 10 月発効。2004 年現在、締結国は UNECE 加盟国など 30 カ国。2003 年 5 月には同条約第 5 条 9 項に従い、PRTR 議定書を採択。日本は未締結。

オーロラ
天体の極域付近に見られる大気の発光現象。極光（きょっこう）ともいう。発光の原理自体は蛍光灯と同じ。

オイルサンド＊
極めて粘性の高い鉱物油分を含む砂岩。世界中に埋蔵されているオイルサン

ドから得られる重質原油は約4兆バレルで通常原油の2倍以上と推定されている。現在は生産コストが高く不採算のため積極的な利用はなされていないが、石油燃料代替資源として注目を浴びている。

オイルシール
oil shale。油母（シェールオイル）とよばれる固体有機化合物を含む堆積（たいせき）岩。油母頁岩乾留により得られる油が1トン当り約40リットル以上のものをオイルシェールという。世界の埋蔵量は約3兆バレルと評価されており、米、加、豪、露、中国などの国に大規模な鉱床がある。

オイルショック＊
1973年第4次中東戦争が始まり、アラブ産油国は原油の生産制限を行い、原油価格の大幅な引き上げを行った（第1次石油危機）。1978年にはイランに政変が起こり、石油需要の逼迫にともなって原油価格が急騰した（第2次石油危機）。日本も経済に大きな打撃を受け、「狂乱物価」と「マイナス成長」を経験した。

欧州グリーンディール
欧州連合（EU）が2019年12月に発表した気候変動対策のこと。産業競争力を強化しながら、2050年までに温室効果ガスの排出を実質ゼロにすること（クライメイトニュートラル）を目指すもの。

欧州連合(EU)＊＊
1992年2月マーストリヒト条約（欧州連合条約）が調印され、1993年11月発足したヨーロッパの国家統合体。域内の国境障壁を取り払い、共通の外交安全政策を採用し、経済・社会の融合を図り統一通貨を実現した。2016年3月現在加盟28カ国。本部はベルギーのブリュッセル。2016年6月難民問題を契機に、イギリスが国民投票によりEU離脱を決定したが、2020年1月正式に離脱。

近江商人
三方よし参照。

大阪ブルーオーシャン・ビジョン
Ｇ20大阪サミット（2019年6月開催）で採択された政策。2050年までに海洋プラスチックごみによる追加的な汚染をゼロにまで削減することを目指すもの。

オオタカ
タカ目タカ科に属する中型の鷹類。日本の鷹類の代表的な種である。愛知万博会場に当初予定されていた海上の森で営巣が確認され、会場が変更されたことでも有名となった。

オガサワラシジミ
昆虫綱チョウ目（鱗翅目）シジミチョウ科ルリシジミ属に分類される日本固有のチョウ。生息地は小笠原諸島の兄島など。1969年に、国の天然記念物に指定された。2008年に種の保存法により、国内希少野生動植物種に指定されている。絶滅危惧ⅠA類（CR）（環境省レッドリスト）に分類されている。

小笠原諸島＊
東京都特別区の南南東約1,000kmの太平洋上にある30余の島々。2011年6月世界自然遺産登録。父島、母島、硫黄島、南鳥島以外の島は無人島。小笠原諸島は形成以来大陸から隔絶していたため、島の生物は独自の進化を遂げており、東洋のガラパゴスとも呼ばれるほど貴重な動植物が多い。

沖合海底自然環境保全地域
2019年4月に自然環境保全法の一部を改正する法律（平成31年法律第20

号）が公布され、創設された制度。現在ある知見を基に、自然環境が優れた状態を維持していると認められる海域について、自然的社会的諸条件を考慮しながら、一定の海域を指定。今回、①日本海溝の最南部及び伊豆・小笠原海溝周辺の海域、②中マリアナ海嶺と西マリアナ海嶺を含む海域、③西七島海嶺を含む海域、及び④マリアナ海溝北部の海域の優れた自然環境を保全するため、各地域を沖合海底自然環境保全地域に指定し、保全計画案を決定中。

オキシダント
Oxidant。酸化性物質の総称。光化学オキシダントの略。特に，汚染大気中のオゾン・二酸化窒素，各種の有機過酸化物などの酸化性物質。自動車や工場などから排出される窒素酸化物や炭化水素などが，大気中で日射によって光化学反応を起こして生成する。光化学スモッグの主な原因とされている。

屋上(・壁面)緑化 *
ビルの屋上に樹木や草花を栽培し、ヒートアイランド現象を少しでも和らげようとする試みの一つ。

奥山(自然地域) *
高山などの周辺山地で、人間活動の影響が小さく、相対的に自然性の高い地域。原生的な自然、クマ、カモシカなどの大型哺乳類やイヌワシ、クマタカなど行動圏の広い猛禽類の中核的な生息域、水源地などが含まれる。現在、国土面積の2割弱を占める自然林と自然草原を合わせた自然植生の多くがこの奥山自然地域に分布している。

汚水処理(施設・普及率)
湖沼・河川の汚れの約7割は一般家庭の生活排水が原因。下水道が普及しているところではこれらの汚水は下水処理場で処理されて川や海に放出されるが、日本の下水道普及率は、2018年3月現在78.8%で浄化槽などを含めても90.9%である。

尾瀬 *
2007年8月日本で29番目の国立公園として20年ぶりに日光国立公園から分離し帝釈山などを加え独立した。

汚染者負担の原則(PPP) *
Polluter-Pays Principle。公害防止のために必要な対策をとるなど汚された環境を元に戻すための費用は、汚染物質を出している者が負担すべきという考え方。OECD が1972年に提唱。世界各国で環境政策における責任分担の考え方の基礎となった。

オゾン(層) * * *
酸素原子3個からなる化学作用の強い気体で、地表から10〜50キロメートル上空の成層圏に集まっている。この層をオゾン層という。生物に有害な紫外線の多くを吸収する。

オゾン層の(破壊・保護) * * *
大気中に放出されたフロンは15年ほどかけて成層圏に到達し、紫外線により分解されて塩素原子を放出する。この塩素原子が触媒となって継続的に大量のオゾンを破壊する。現在成層圏にまで達しているフロンは全生産量の10%程度で、約80%が対流圏にありやがて成層圏に達すると考えられている。

オゾン層破壊物質 * *
モントリオール議定書に記載のある物質としては、クロロフルオロカーボン（狭義のフロン）、ハロン、四塩化炭素、トリクロロエタン、ハイドロクロロフルオロカーボン、ハイドロブロモフルオロカーボンなどがある。

お

オゾン層保護法＊

フロン排出抑制法参照。

オゾンホール＊＊

大気中に放出されたフロンが成層圏に達し、オゾン層を破壊する。この破壊によりオゾン層が薄くなった部分をいう。
によりオゾン層が薄くなった部分をいう。この現象により生物に有害な紫外線が地上に到達し、生物の生存に重大な影響を与える。

汚泥＊

水中の浮遊物質が沈殿または浮上して泥状になったもの。日本の産業廃棄物の中でもっとも多く、5割弱を占める。

オフセットクレジット

直接削減できない CO_2 の排出分を、植林やクリーンエネルギー関連の事業などで相殺するカーボンオフセットに用いるために発行されるクレジット。国は、国内で行われる排出削減・吸収プロジェクトによる温室効果ガス排出削減・吸収量のうち一定基準を満たすものをオフセット・クレジット（J-VER）として認証する仕組みを 2008 年 11 月に創設。 J-VER 制度は国内クレジット制度と統合され、2013 年 4 月に「J-クレジット制度」が始まった。

温室効果＊

ビニールハウス（温室）では地表面が太陽放射を吸収して温度が上昇し、そこからの熱伝導により暖められた空気の対流・拡散がビニールの覆いにより拡散妨げられ気温が上昇する。この現象をいう。

温室効果ガス＊＊＊

GHG（Green House Gas）。太陽照射の赤外線を吸収し、大気の温度を上昇させる性質を持っているガス。京都議定書で指定された温室効果ガスは、CO_2、メタン、一酸化二窒素、HFC（ハイドロフルオロカーボン）、PFC（パーフルオロカーボン）、SF_6（6フッ化硫黄）の 6 種類。

温室効果ガス観測技術衛星2号「いぶき2号」(GOSAT-2)

JAXA と環境省、国立環境研究所(NIES)の 3 機関による共同プロジェクトで、2009 年に打上げた温室効果ガス観測技術衛星「いぶき」(GOSAT) の後継機。「いぶき」ミッションを引き継ぎ、より高性能な観測センサーを搭載して、さらなる温室効果ガスの観測精度向上を目指し、 環境行政に観測データを提供するとともに、温暖化防止に向けた国際的な取り組みに貢献するため、2018 年 10 月に打ち上げられた。

温室効果ガスの国内排出量取引

京都議定書で決められた温室効果ガス削減の数値目標を達成するための国内対策の補完制度。京都メカニズムの一つ、国際排出量取引と同じ原理。2008 年から「国内統合市場の試行実施」がスタートしたが、産業界、経済官庁の抵抗で、検討・試行段階のままである。東京都では条例改正を行い、総量削減義務を課し、2010 年から強制的な排出量取引制度の実施に踏み切った。

温室効果ガス排出目録

国内から排出される排出源を網羅的な形で取りまとめたもの。GHG インベントリ。国立環境研究所温室効果ガスインベントリオフィスが担当。

温帯低気圧

中緯度または高緯度で発生する低気圧。低気圧のうち、熱帯の洋上に発生するものを熱帯低気圧という。熱帯低気圧と区別する必要がある場合に温帯低気圧とよぶことがある。

お

温暖化対策技術
主にエネルギー起源 CO_2 の排出抑制などに関する技術・持続可能性エネルギー活用技術などを指す。

温暖化対策地方公共団体実行計画
「地球温暖化対策の推進に関する法律」に基づき、地方公共団体が策定を義務づけられている地域別の温暖化対策計画で、大きく 2 つにわかれている。1 つは事務事業編であり 2 つ目は区域施策編である。

温暖化防止活動推進センター
全国温暖化防止活動推進センター参照。

温暖化ポテンシャル
地球温暖化係数参照。

温度差熱利用
河川や海の水温や工場・発電所から出る排水は外気との温度差が比較的大きい。これらの熱をヒートポンプや熱交換器の使用によって、給湯・冷暖房・温室栽培などに利用すること。雪氷熱の利用もこれに該当する。

温排水
火力、原子力発電などの過程で排出される取水時より 7 度程度高温の排水。海などに排出された温水は、周辺の海水温を上昇させて生態系への影響が懸念されている。2021.3.20。

[か]
カーシェアリング＊＊
一台の車を複数の会員が共同で利用する自動車の利用形態。利用者は車を所有せず必要なときだけ自動車を借りる。

カーボンオフセット（認証制度）＊＊＊
人間の経済活動や生活などを通して排出された二酸化炭素などの温室効果ガスを、植林・森林保護・クリーンエネルギー事業などによって「他の場所」で直接的、間接的に吸収しようとする考え方や活動の総称。森林整備や排出削減活動によって生じた削減・吸収量を認証するのが「オフセット・クレジット「（J クレジット）制度」で、2013 年 J-VER 制度及び国内クレジット制度が発展的に統合して制度が開始された。

カーボンニュートラル（認証制度）＊＊
二酸化炭素の増減に影響を与えない性質のこと。植物に由来する燃料を燃焼させると CO_2 が発生するが、その植物は成長過程で CO_2 を吸収しておりライフサイクル全体では CO_2 の収支はゼロになるというコンセプト。2011 年には認証制度開始。気候中立参照。

カーボンファイバー＊
炭素繊維。アクリル繊維またはピッチ（石油などの副生成物）を原料に高温で炭化して作った繊維。長所は「軽くて強い」こと。テニスラケット、ロケット、航空機などの部品にも使用されている。

カーボンフットプリント（制度・マーク）＊＊
LCA (Life Cycle Assessment) の考え方を利用して製品ライフサイクル全体を通して排出された温室効果ガスを CO_2 に換算し、消費者が製品を選択する際の指標となるように、ラベルなどを用いて表示する仕組みのこと。

カーボンフリー＊
カーボンオフセット、カーボンニュートラル参照。

カーボンプライシング
地球温暖化に悪影響を及ぼす炭素（CO_2などの温室効果ガス）を多く排出するものに対し何らかのコストを負担させる経済の仕組み。炭素税や排出量取引制度、クリーン開発メカニズム（CDM）や二国間クレジット、法律や条令の直接規制による削減義務などがある。

カーボンマイナス
地表上の炭素総量を減少に導くことを、"カーボンマイナス"という。主な手法としては二酸化炭素の回収・貯留(CCS)技術がある。

カーボンマネジメント
企業の環境問題への取り組みの中で、特に地球温暖化問題に対する CO_2 排出量低減の様々な取り組みを指す。

カーボンミニマム＊
地球温暖化防止のため、産業界、市民、行政など社会のあらゆる立場の人が、行動や意志決定において、低炭素エネルギーの導入や省エネルギー、3R の推進などにより、CO_2 の排出を最小化するための配慮を徹底する社会システム。

外因性内分泌かく乱化学物質
環境ホルモン参照。

海岸漂着物処理推進法
「美しく豊かな自然を保護するための海岸における良好な景観及び環境の保全に係る海岸漂着物等の処理等の推進に関する法律」。2009 年 7 月施行。海岸に漂着する廃プラスチックなどが生態系に与える深刻な影響などを防止するための法律。

海水密度
海水の単位当たり重さ（g/cm³）。1.02-1.035g/cm³。主に熱と塩分によって決まる。

開発途上国＊＊＊
Developed Country（DC）。経済発展、開発の水準が先進国に比べて低く、経済成長の途上にある国。発展途上国、途上国ともいう。

開発途上国の公害問題
途上国の工業化、都市への人口集中などで発生した先進国型の公害問題。大都市への人口集中によるスラム街の形成、自動車交通量の増大による大気汚染、水質汚濁、廃棄物問題が深刻化している。

海氷(減少)
海水が凍結したもの。海水と大気を遮断するので両者の熱交換に大きな影響を与え気候・気象に影響する。また、地球温暖化による海氷減少が懸念されている。これは陸地の氷河の流出を促し、海面上昇につながる恐れもある。

外部経済
取引を通さず経済的利益を及ぼすこと。例として、養蜂業が果樹園にもたらす利益など。

外部被ばく
体外から放射線を受ける(被ばくする)こと。宇宙線や大地から自然放射線を受けたり、X線撮影などで人工放射線を受けたりすることなど。

外部不経済＊
経済活動は一般に売買を通じて行われるが、環境問題では経済活動によって発生する環境負荷に対し従来から相当の対価を支払わずにそれは行われてきた。公害はその代表例。このように対価を払うことなく他人にマイナスを与える活動をいう。

か

改変された生物
Living Modified Organism。人類が、バイオテクノロジーによって生物の遺伝子を人為的に組み替えてつくりだした生物。食品としての安全性、野生種との交雑などによる生物多様性への影響などが未解決問題として残っている。

海面水位(上昇)
海面の高さ。潮の満ち干によりまた台風などにより変動する海面の高さを「潮位」というが、季節以上の時間スケールの変動を対象とする場合の海面の高さを一般に「海面水位」と呼ぶ。IPCC第5次報告書によれば、1901-2010年の期間中、世界平均海面水位は0.19m上昇したと発表している。また、世界の平均海面水位は21世紀中に上昇し、今世紀末には1986-2005年と比較して、0.26〜0.82m上昇するとの予測を発表している。

海洋汚染＊
国連海洋法条約（1982年採択・1994年発効）では、海洋汚染の定義を「生物資源及び海洋生物に対する害、人の健康に対する危惧、海洋活動（漁業その他の適法な海洋の利用を含む）に対する障害、海水の利用による水質の悪化及び快適性の減少というような有害な結果をもたらし又はもたらすおそれのある物質又はエネルギーを、人間が直接又は間接に海洋環境（河口を含む）に持ち込むことをいう」としている。海洋プラスチックごみ参照。

海洋研究開発機構
文部科学省所管の国立研究開発法人。調査船や潜水船を用いて、海洋、大陸棚、深海などを観測研究する。スーパーコンピュータで気候変動や地震などに関するシミュレーションも研究している。2015年4月、独立行政法人から「国立研究開発法人海洋研究開発機構」に名称変更した。

海洋酸性化＊
二酸化炭素の排出が続くと、二酸化炭素が溶け込んで海水が酸性化し、海の環境に大きな影響を与えかねないと予想される。例として、甲殻類などの外殻の形成が困難となるなどの影響が考えられる。

海洋資源＊
海洋に存在し、人類が利用できる資源。海底などにある鉱物、海水に溶存する塩・マグネシウムなどの物質、魚介類などの海洋生物、海流や海水温度差によって生じるエネルギーなどをいう。

海洋大循環
循環する海流は、風による風成循環と、水温や塩分濃度による熱塩循環によって起こされる。グリーンランド沖で深層へ沈み、世界中の深海底をめぐり再びグリーンランド沖へ戻る。周期は約1500〜2000年と考えられ、気候や生態系に大きな影響を与えるといわれている。

海洋プラスチック憲章
2018年6月カナダで開催されたG7シャルルボワ・サミットで署名されたプラスチック規制強化のための憲章。署名国は、英、仏、独、伊、加の5か国とEU。一方、日本と米国は署名しなかった。

海洋プラスチックごみ
世界全体で1.5億t以上存在し、さらに毎年800万tが海洋に流出と推計されている。海洋生態系や漁業・観光に様々な問題を引き起こしている。主要発生地域は、東・東南アジア地域と推計されている。

海洋法に関する国際連合条約
UNCLOS。United Nations Convention on the Low of the Sea。

海洋に関する国際紛争や海洋科学調査、海洋環境保護などに関する海洋に関する事項を規定する条約。1982年国連海洋会議で採択。1994年発効。

外来生物（種）（対策）＊＊
他地域から人為的に持ち込まれた生物。特に野生化して世代交代を繰り返すようになり、生態系に定着した動植物をいう。2005年「外来生物法」が施行され、特に大きな害を及ぼす外来生物を指定し、飼育や栽培の規制、捕獲を行うものとされ、環境省により現在148種の動植物が選定されている。

外来生物法＊
「特定外来生物による生態系等にかかる被害の防止に関する法律」。2004年6月制定。特定外来生物（同法で指定された外来生物・ブラックバス、カミツキガメなど）による生態系への被害を防止し、生物の多様性の確保、農林水産業などの健全な発展に寄与することを目的とする。そのために、問題を引き起こす海外起源の外来生物を指定し、その飼養、栽培といった取扱いを規制する法律。

化学的酸素要求量
COD参照。

科学的特性マップ
放射性廃棄物などを地層処分する場合に、当該地域が適合しているか等の科学的特性を、既存の全国データに基づき一定の要件・基準に従って客観的に整理し、全国地図の形で示すもの。

化学肥料＊
化学的に合成あるいは天然産の原料を化学的に加工して作った肥料。有機肥料は動植物質を原料とした肥料。

化学物質＊＊＊
元素又は化合物に化学反応を起こさせることにより得られる化合物または人工的に合成した物質。

化学物質アドバイザー(制度)
化学物質に関する専門知識や、化学物質について適格に説明する能力を持つ人材として、一定の審査を経て登録されている人(制度)。中立的な立場で化学物質に関する客観的な情報提供やアドバイスを行う。事務局環境省。

化学物質化敏症
主に揮発性化学物質の微量な存在だけで症状が出る健康被害。研究者の間で本当に化学物質過敏症が存在するのか議論されている。主な症状は、アレルギー症状・自律神経系に対する症状が確認されている。

化学物質生産量
世界中で開発された化学物質の総登録数は、2019年現在、1億件越え（アメリカCAS番号）。このうち日本で商業的に用いられている化学物質は数万種で、年々、新規に開発・登録される化学物質が増え続けている。

化学物質等安全データシート
SDS参照。

化学物質と環境円卓会議
化学物質の環境リスクについて市民・行政・産業の代表による化学物質の環境リスクに関する情報の共有及び相互理解を促進する場として設置された。2001年7月の「21世紀『環の国』づくり会議」（内閣総理大臣主宰）報告書の提言を踏まえて設置されたもの。第1回会合は同年12月に開催された。

化学物質の審査及び製造等の規制に関する法律＊
略称「化審法」。日本国内で新たに製造される化学物質について一定の審査

を行い製造や輸入、使用について禁止や監視を行うことを定めた法律。PCB問題を契機に 1973 年に制定された。

化学物質の規制及び管理
化学物質の管理・規制はカネミ油症事件やダイオキシン類の発がん性シックハウス症候群、フロン類によるオゾン層の破壊などの知見により、強化が促進されてきた。国内では化審法・PRTR 法などにより規制が強化されたが、欧州の REACH 規制、WEEE 指令、RoHS 指令などもその一環である。

化学物質排出移動量届出制度
PRTR 制度参照。

化学物質排出把握管理促進法
化管法参照。

化学物質ファクトシート
化管法の対象になっている化学物質について、一般人にも理解できるように化学物質の情報を分かりやすく解説・整理したシート。他に「かんたん化学物質ガイド」などがある。

過換気症候群
精神的な不安や極度の緊張によって過呼吸になり、目眩等の症状が引き起こされる心身症の一つ。

化管法
PRTR 制度参照。

香川県豊島産業廃棄物不法投棄事件
豊島（てしま）不法投棄事案参照。

閣議アセス
国レベルの大規模事業を対象とする環境アセスメントの実施が 1984 年に閣議決定され、環境アセスメントの要綱「環境影響評価の実施について」が作成された。これに基づく環境アセスメントを、通称、閣議アセスと呼ぶ。

革新的エネルギー・環境戦略
福島の原発事故を踏まえ、2012 年 9 月民主党野田政権が決定した「2030 年代に原発稼働ゼロ」を目指す新しいエネルギー政策をいう。自民党政権となった 2014 年 4 月閣議決定のエネルギー基本計画（第四次計画）では、原子力発電を一定量の電力を安定的に供給できる「ベースロード電源」と位置づけた。

拡大生産者責任＊＊＊
Extended Producer Responsibility。EPR。製品の生産者がその製品が使用され廃棄された後にも循環的利用や処分について一定の責任を持つという制度。循環型社会形成推進基本法に含まれている基本の理念である。廃棄されにくい製品設計をすることや廃棄物になった後に引き取りやすいリサイクルを実施するなど。

確認可採年数＊
ある年の確認可採埋蔵量を、その年の生産量で割った値。現状のままの生産量で、あと何年生産が可能であるかを表わす。

確認可採埋蔵量
資源が地下に存在する量を埋蔵量というが、資源の所在が明らかで現在の技術で採掘でき、かつ採掘コストが経済的に見合うという条件を満たす埋蔵量をいう。

核燃料サイクル
原子力発電所で使われた核燃料の「燃えかす」（使用済み燃料）から、プル

トニウムや燃え残りウランを取り出し（再処理）、再び燃料として利用する仕組みを「核燃料サイクル」と呼ぶ。この仕組みを確立するには極めて高い技術が必要となり、コストも嵩み、安全上の懸念も払拭できていない。

隠れたフロー

ある目的資源を採取するときに目的外の物質が掘削されたり廃棄されたりすることを指す。例えば1〜3gの純金を採取するために岩石1トンを掘削する必要があるが、生産統計にはこの岩石量は現されていないなどを指す。

かけがえのない地球＊

1972年6月、スウェーデンのストックホルムで開催された国連人間環境会議のキャッチフレーズ。

可採年数

確認可採年数参照。

河岸

河川や運河、湖、沼の岸にできた港や船着場。

過（剰）耕作＊

農地の休耕期間の短縮が招く農地の地力の低下をいう。

過剰伐採

森林の過剰伐採。森林が生み出す森林資源量以上の樹木を伐採すること。

過（剰）放牧＊

牧畜にあたり草地面積に較べて家畜の頭数を増やすこと。家畜の頭数が多すぎ牧草地の草を食べ尽くし持続的放牧が不可能となり、砂漠化が進行してゆく。

化審法

化学物質の審査及び製造等の規制に関する法律参照。

カスケードリサイクル

多段的リサイクルともいう。資源やエネルギーを利用すると品質が下がるが、その下がった品質レベルに応じて何度も利用すること。衣類を古着として利用しさらに雑巾・ウエスとして利用するなどはその例。ダウングレードリサイクルなどともいう。

ガスタービン・コンバインド・サイクル

GTCC参照。

霞が関版20％ルール

環境省が2020年10月30日から試行的に実施することとした環境省のルール。職員が自ら業務効率化に徹底的に取り組んだ上で、正規の勤務時間の一部（2割まで）を活用し、所属課室における担当業務以外の、環境政策の企画立案・実行に寄与する活動に、自らの発意により従事することを可能とし、その成果を省内に還元させる仕組みを構築することを目的としたルール。

化石資源

化石燃料参照。

化石賞

世界各国の環境NGOで作る「気候行動ネットワーク」（CAN）が地球温暖化対策に後ろ向きな国に、批判と激励の意味を込めて、ジョークとして締約国会議(COP)などで贈られる不名誉な賞をいう。1999年のCOP5（ドイツ・ボン）において初められ、以来、恒例のセレモニーとして、継続的に実施されている。逆の行動をとった国に対しては宝石賞が贈られる。主な受賞国は、豪、露、加、サウジアラビア、日本、米国。

化石(エネルギー)燃料＊＊＊
地中に埋蔵されている石油、石炭、天然ガスなどの資源。古代の大量のプランクトンや樹木が土中で化石化して生成されたもの。燃焼に伴って発生するCO_2の原因となっている。

化石燃料依存率
電源に占める化石燃料（天然ガス、石炭、石油）の比率。2013年度には、第1次石油危機の起きた1973年度の80%を2年連続で上回って、88.33%と過去最高を更新した。2017年度は87.4%とほぼ横這い。

河川(水)＊＊＊
社会通念上は、物理的概念として「自然水流と自然水流の流水の円滑な疎通を確保するために設けられる人工水流である」とされ、特定の目的に限られず広く一般公共の用に供される水流、すなわち公共の水流(水)をいう。したがって、運河、農業用水路、発電用水路、上水道等の特定の目的をもって設けられる水流は、河川には該当しない。

仮想水
virtual water。農産物・畜産物の生産に要した水の量を、農産物・畜産物の輸出入に伴って売買されていると捉えたもの（工業製品についても論じられるが、少量である）。世界的に水不足が深刻な問題となる中で、潜在的な問題をはらんでいるものとして仮想水の移動の不均衡が指摘されるようになってきた。

家畜伝染病
口蹄疫（豚）、鳥インフルエンザ（鶏）、ＢＳＥ（牛）、馬などの家畜がかかる伝染病。食用肉の生産・販売に重大な影響を及ぼす。

課徴金＊
財政法上の用語で、国が行政権による手数料・使用料や司法権による罰金・科料・裁判費用など、国民から賦課徴収する金銭で、租税を除くもの。

学校ビオトープ・コンクール
園庭ビオトープの優れた実践例を広く全国から収集・紹介することで、環境教育の推進や自然と共存する地域づくりに貢献することを目的に、日本生態系協会（環境省が主務官庁）が主催して1999年より隔年で開催しているコンクール。

活性汚泥(法)＊＊
有機物を含む排水をしばらく曝気していると、バクテリアが繁殖してゼラチン状のスラッジとなって沈殿する。この沈殿物を活性汚泥と呼ぶ。これを汚水処理槽に添加して酸素の供給を行って、有機汚濁物質をCO_2、水及び微生物体として分離除去する排水処理方法のひと一つ。

合併処理浄化槽
水洗式便所と連結して屎尿（糞および尿）や雑排水（生活に伴い発生する汚水・生活排水）を処理し、終末処理物を下水道以外に放流するための設備(浄化槽法より)。現在の法律（2001年改定以降）で「浄化槽」と言えば「合併処理浄化槽」のことを指す。水洗式便所排水のみの処理設備を単独処理浄化槽という。

家庭エコ診断(制度)
環境省主催の制度。各家庭のライフスタイルに合わせた省エネ、省CO_2対策を提案するサービスを提供することにより、受診家庭の効果的なCO_2排出削減行動に結びつけるもの。環境省公認資格である「うちエコ診断員」や「エ

か

コ診断士」が、各家庭の実情に合わせて実行性の高い省 CO_2・省エネ提案を行う「うちエコ診断」を推進している。

家庭系(ごみ・廃棄物)＊
産業廃棄物以外のごみ(一般廃棄物)のうち家庭から排出されるごみ。

家庭用エネルギー管理システム
HEMS 参照。

家庭用燃料電池
都市ガスや LP ガス、灯油などから、燃料となる水素を取り出し、空気中の酸素と反応させて発電する装置。発電時の排熱を給湯に利用できる。但し発電の際には、二酸化炭素が発生しないが、ガス等を改質し水素を取り出す過程では二酸化炭素が排出される。

家庭の省エネエキスパート
東日本大震災以降の電力需給対策の一つとして、いかに省エネ・節電に向けたライフスタイルにシフトして行くのか、国民一人一人が真剣に考えなければならなくなって来ており、「家庭の省エネ・節電」を日常生活において、進める事の出来る人材の発掘・育成をねらいとして、2011 年に検定制度として創設された。

家電廃棄物
家電リサイクル法で製造業者等に一定水準以上の再商品化が義務付けられている使用積み家電製品などをいう。エアコン、テレビ、冷蔵庫、冷凍庫、洗濯機、衣類乾燥機など。E-waste 参照。

家電リサイクル法＊＊＊
「特定家庭用機器再商品化法。」一般家庭や事務所から排出された家電製品のエアコン、テレビ(ブラウン管、液晶・プラズマ)、冷蔵庫・冷凍庫、洗濯機・衣類乾燥機から、有用な部分や材料をリサイクルし、廃棄物を減量するとともに、資源の有効利用を推進するための法律。1998 年 6 月公布。2001 年 4 月より本格施行された。その後適宜に改正。

カドミウム＊＊＊
Cadmium。元素記号 Cd。金属元素の一つ。亜鉛に似て軟らかい。有毒。原子量 112.4。原子番号 48。一定量以上のカドミウムが長期間にわたって体内に入ると慢性中毒となり、腎臓障害をおこし、カルシウム不足となり骨軟症をおこす。「イタイイタイ病」の原因物質はカドミウムといわれている。

カネミ油症事件＊＊
1968 年、北九州市にあるカネミ倉庫株式会社で作られた食用油に、製造過程で PCB などが混入し、この食用油を摂取した人々に障害などが発生した健康被害事件。被害は福岡県を中心として西日本一帯に広がった。

花粉症
植物の花粉が、鼻や目などの粘膜に接触することによって引き起こされるアレルギー症状の一つ。発作性反復性のくしゃみ、鼻水、鼻詰まり、目のかゆみなどの一連の症状が特徴的な症状である。春先に大量に飛散するスギの花粉が原因であるものが多い。その他の植物の花粉による場合も多い。

花粉光環(かふんこうかん)
春季晴れた日の太陽の周りに丸い虹のような光の輪ができる現象をいう。大気中に舞った花粉が太陽の光を曲げることで発生する現象で、花粉が多く飛散しているときに見られる。幻想的な現象ではあるが、花粉症の人にとっては、深刻な現象でもある。

過放牧
過剰放牧参照。

茅恒等式（かやこうとうしき）
茅陽一東京大学名誉教授が提唱したCO2を排出する主な原因をひとつずつ分解した式で、どのように削減すればよいか検討が可能である。CO2排出量＝（CO2／エネルギー）×（エネルギー／GDP）×（GDP／人口）×人口。

ガラス＊
環境用語として使用される場合は、容器包装材料として 3R の可能な優れた材料として使用する。

カリウム＊
Kalium。原子番号 19・元素記号 K。アルカリ金属元素の一つ。単体は軟らかい銀白色の金属で、比重は 0.86。生体内においてはナトリウムと並んで重要な電解質。神経系による情報の伝達などに関与。

火力発電（所）＊
石油・石炭・天然ガスなどの燃焼熱エネルギーを電力へ変換する発電方法の一つ。またその設備。

カルシウム
Calcium。原子番号 20・元素記号 Ca。原子量 40.08 の金属元素。アルカリ土類金属の一種で、ヒトを含む動物や植物の代表的なミネラル（必須元素）である。

カルタヘナ議定書＊
「バイオセイフティに関するカルタヘナ議定書」。遺伝子組換え生物（LMOまたは GMO）の国境を越える移動について一定の規制が必要であることを決議したもの。1995 年に開催された生物多様性条約第 2 回締約国会議で合意され、1999 年コロンビアのカルタヘナで開催された特別締約国会議で議定書の内容が討議され、翌 2000 年に再開された会議で採択。

カルタヘナ法
カルタヘナ議定書を国内で実施するため、2003 年 6 月に制定された法律「遺伝子組換え生物等の使用等の規制による生物の多様性の確保に関する法律」のこと。条約発効と同時に施行した。

がれき
瓦礫。一般には、津波・大地震などの大災害で破壊されて廃棄物と化した家屋や家財道具をいう。

カレット＊
破砕されて再利用される空きびんなどのガラスくず。

カロリーベース（食料自給率）＊
分母が国民に供給されている食料の全熱量合計で、分子が国産で賄われた熱量で計算された食料自給率。他に生産額ベース自給率がある。因みに日本のカロリーベース自給率は、2019 年現在 38％である。

カワウソ
ネコ目（食肉目）イタチ科カワウソ亜科に属する哺乳動物の総称である。日本に生息していたニホンカワウソは 2012 年 8 月以降確認されないため、絶滅種に指定された。

感覚公害＊＊
人の感覚を刺激して、不快感やうるささとして受け止められる公害。具体的には騒音・振動・悪臭・光害などがある。

乾季＊
熱帯モンスーン気候やステップ気候などに見られる1年の内降水量の少ない時期のこと。乾期、乾燥季（かんそうき）ともいう。逆に降水量の多い時期を雨季という。アフリカなどではこの時期に主に草食の動物が餌と水を求めて大移動をする。

環境＊
四囲の外界。周辺の事物。人、生物を取り巻く家庭・社会・自然などの外的な事の総体。狭義においてはその中で人や生物に何らかの影響を与えるものだけを指す場合もある。

環境アセス法（環境影響評価法）＊
環境影響評価について定めた法律。大規模公共事業などによる環境への影響を予測評価し、その結果に基づいて事業を回避したり事業の内容をより環境に配慮したものとするための法律。1969年アメリカで始まり、日本では1997年に法制化された。

環境アセスメント（制度）＊＊＊
環境影響評価（制度）。1997年以降環境アセス法及び地方条例に基づき運用されるようになった制度。開発事業の内容を決めるにあたり、それが環境にどのような影響を及ぼすかについて、事業者自らが調査、予測、評価を行いその結果を公表して、国民、地方公共団体などからの意見を聴き、それらを踏まえて環境保全の観点からよりよい事業計画を作り上げていくこと、またはその制度。

環境委員会
国会に提出された法案は、本会議可決前に各院で専門分野ごとに設置されている委員会で審議議決され、本会議に送られる。その環境分野の委員会。

環境影響評価（書・制度）＊
環境影響評価準備書の意見等を踏まえ、その記載事項について再検討し、述べられた意見と、述べられた意見についての事業者の考えや対策を追加して記載した文書。大規模事業については着手前に作成が義務化され、1997年に制定された法律で制度化された。

環境影響評価法
環境アセス法参照。

環境汚染（対策）＊＊
大気・水・土壌などが人為的化合物(PCB・DDT・煤煙など)あるいは自然化合物のうちの有毒な物質(カドミウム・砒素・水銀・ウランなど)によって汚染され、生き物の生存に適さなくなってしまう状態になること。また、そのような行為をおこなうこと。またその対策。

環境汚染物質＊
大気・水・土壌などの自然環境を汚染し、生物の生存を阻害する物質。自然環境は、化学的組成の質と量において自然値をもっているが、人為的あるいは自然的要因によって成分濃度が増加したり、新しい成分が混入した場合、汚染が起こったということになる。

環境汚染防止費用の原因者負担
汚染者負担の原則。polluter-pays principle 略称PPP。環境対策費用は汚染の原因者が第1次の負担者であるべきとする費用負担に関する原則。

環境会計（システム）＊＊
環境の分野に焦点を当てた会計情報を提供するためのツール。その機能として①コスト対効果の把握（環境改善にかけたコストとその結果どのくらい企

41

業収益に貢献したかを把握する機能）②設備投資の意思決定材料③従業員の意識向上④外部への公表がある。環境会計の項目を環境報告書の項目にして、ステークホルダーへの説明責任を果たそうとしているところが多い。

環境カウンセラー
市民活動や事業活動の中での環境保全に関する専門的知識や豊富な経験を有し、その知見や経験に基づき市民や NGO、事業者などの環境保全活動に対する助言など（＝環境カウンセリング）を行う人材として、環境カウンセラー登録制度実施規程に基づき、環境省の行う審査を経て登録された人。

環境学習・教育＊
環境や環境問題に対する興味・関心を高め、必要な知識・技術・態度を獲得させるために行われる教育活動のこと。1972 年のストックホルム会議や 2002 年のヨハネスブルグサミットにおいても、環境や自然資源保護のためには環境教育が必要であることが提言されている。

環境格付け＊
企業の環境問題への取り組みを、第三者の格付け機関が評価ランク付けすること。格付け機関で内容はさまざまで、環境報告書の内容で格付けしたり、消費者のアンケート評価や、温暖化対策などの特定環境問題などへの対応などで評価するものなどがある。

環境家計簿＊
一般家庭において、どの程度の負荷を日常地球環境に与えているかをはかる方法として、エネルギー消費を CO_2 の重さに換算して計算するもの。具体的には、電気、ガス、水道、灯油、自動車のガソリン、可燃ごみなどの量から計算する。このとき換算の係数を掛けるが、この係数は地域によって多少異なる。

環境基準＊
人の健康を保護し、生活環境を保全する上で維持されることが望ましい環境上の条件を政府が定めたもの（環境基本法第 16 条第 1 項）。典型 7 公害のうち大気の汚染、水質の汚濁、騒音、土壌の汚染 4 種について定められている。なお環境基準は、行政が公害防止に関する施策を講じていく上での目標でもある。

環境基本計画＊
環境基本法に定められた国の環境に関する基本計画。現在の計画は 2012 年 4 月に定められた第四次計画。その中で「目指すべき持続可能な社会の姿」として、低炭素・環境・自然共生の各分野を統合的に達成すること、その基盤として「安全」を確保することが謳われている。第 4 次計画では、東日本大震災を踏まえて、震災復興、放射能汚染対策が新たに盛り込まれた。第 5 次環境基本計画は、2018 年 4 月閣議決定された。

環境基本法＊＊＊
わが国の環境政策の根幹を成す法律。環境問題の顕在化に対し、公害対策基本法などでは対応できなくなり、同法の主要部を取込み 1993 年に制定された。東日本大震災に伴う原発事故を契機とした 2012 年改正により放射性汚染物質の管理も同法の管理範囲に入った。これを受けて個別法が制定されている。

環境教育（等促進法）
学校教育における環境に関する教育。この関心の高まりを踏まえ環境保全活動・環境教育の一層の推進、幅広い実践的な人づくりや協同の推進などを目的として旧法（環境教育推進法）が全面改正され 2011 年に成立した法律。

環境共生住宅
地球温暖化防止等の地球環境保全を促進する観点から、地域の特性に応じ、エネルギー・資源・廃棄物等の面で適切な配慮がなされるとともに、周辺環境と調和し、健康で快適に生活できるよう工夫された住宅及び住環境のこと。

環境経営システム
環境マネジメントシステム参照。

環境経営戦略ゲーム
企業内の環境教育を推進するために開発されたゲーム。これは、環境と経営を結びつけ環境経営について関心を高めることを目的に作成されている。最終的に環境のポイントと収益のポイントで格付けをし、環境に配慮しながら収益をあげる経営を行うことを競う。

環境経済観測調査
略称「環境短観」。2010年12月から半年ごとに実施している国内企業を対象とした環境ビジネスの景況感に関する調査。調査の目的は、産業全体における環境ビジネスに対する認識や取組状況について構造的な調査を継続的に実施し、環境ビジネス振興策の立案等の基礎資料として活用などする。環境省所管。

環境月間
国連は、1972年6月5日からストックホルムで開催された「国連人間環境会議」を記念して6月5日を環境の日と定めた。日本では「環境基本法」（1993年）が「環境の日」を定めている。平成3年（1991）度から6月の1ヶ月を環境月間と定めて全国でさまざまな行事を行っている。

環境権＊
1972年にストックホルムで開かれた国連人間環境会議で採択された人間環境宣言は「良好な環境享受は市民の権利である。」と述べている。日本でも環境権は、憲法第25条（生存権）や第13条（幸福追求権）として享受できるという考えもある。

環境工学
さまざまな環境問題を技術的に解決したり、環境を向上させたりする方法を探ろうとする工学の一分野。また、広義には、地球環境問題に限らず、生活環境や地域環境も対象に含む。

環境効率(性)
組織の活動によって実現する利益と発生する環境負荷との関係を表す指標。分子が生産高、売上高、利益などで、分母が CO_2 量、原材料量、エネルギー量、廃棄物量などで設定し環境効率＝製品・サービスの価値÷各環境負荷であらわされる。

環境国際行動計画＊
1972年にストックホルムで開催された国連人間環境会議で採択された「人間環境宣言」を達成するための具体的な行動方針を示した行動計画（勧告）。国連環境計画（UNEP）は勧告を受けて発足した。

環境コミュニケーション
組織・企業が、その活動によって発生させる環境負荷等の情報を一方的に提供するだけでなく、利害関係者の意見を聴き、討議することにより、互いの理解と納得を深めていくことをいう。一方、海外の定義の例では、OECD では、「環境コミュニケーションとは、環境面からの持続可能性に向けた、政策立案や市民参加、事業実施を効果的に推進するために、計画的かつ戦略的に用いられるコミュニケーションの手法又はメディアの活用」と定義している。

か

環境コミュニケーション大賞
環境報告書部門と環境活動レポート部門（エコアクション 21 認証・登録事業者対象）があり、優れた環境コミュニケーションを表彰するもの。1997 年以来、毎年実施されている。主催は、環境省及び（一財）地球人間・環境フォーラムが実施。

環境コミュニティ・ビジネス
地域の企業・NPO・市民団体等の地域コミュニティを形成する主体が連携・協働し、地域が有する環境問題の解決、地域活性化を経営的感覚に基づき実践する活動を「環境コミュニティ・ビジネス」という。経済産業省支援事業。

環境自主行動計画
産業部門の各業界団体が、地球温暖化対策等の環境活動を進めるために自主的に策定した行動計画。その例として、1997 年日本経団連は、CO2 排出量の削減や再生可能エネルギーの活用、3R の推進、森林保全等に取り組んでいる。

環境指標
環境保全の取組の度合を測るものさし。第 4 次環境基本計画において、その達成度を測る物差しとして設定された。

環境指標生物
環境条件の変化を調べる際に、そこに生息する生物のうち、ある条件に敏感な生物を用いて調べる場合の、その生物を指していう言葉。たとえば、きれいな水の指標生物としてはアミカ・ウズムシ・カワゲラ・サワガニ・ナガレトビケラ・ヒラタカゲロウ・ブユ・ヘビトンボ・ヤマトビケラ などがあげられる。

環境社会検定試験®
通称 eco 検定®（エコけんてい）。東京商工会議所が主催している環境に関する検定試験で、正式名称は環境社会検定試験®。2006 年 10 月に第 1 回試験が実施された。

環境収容力
ある環境が維持できる生物の個体数の上限。最近の研究では、人類に関する収容力は 100 億人程度とされる。

環境省＊＊＊
日本の中央省庁のひとつ。地球環境保全、公害の防止、自然環境の保護及び整備その他の環境の保全を図ることを任務とする（環境省設置法第 3 条）。1971 年（昭和 46 年）7 月発足の環境庁 がその母体。

環境省レッドリスト
環境省がまとめた国内の絶滅のおそれのある野生生物の種のリスト。地方公共団体や NGO などが作成している。国際的には国際自然保護連合(IUCN)が作成している。

環境性能＊
建築物の省エネ・省資源・リサイクル性能などの環境負荷低減面と室内の快適性や景観への配慮などの環境品質・性能の向上面の両面から建築物の機能を総合的に評価するときに用いる概念。

環境税＊
地球温暖化防止のための有力な手法のひとつとされている税金。電気・ガソリンなどのエネルギーに課税することで CO_2 の排出量に応じた負担をする仕組み。規制的手法ではなく、経済的手法で環境問題を解決するために導入される税である。

環境製品指標
製品の持つ「環境性」と「製品価値」の両立性を数値（効率）で表し、従来品と新製品との環境性と技術進歩を測る「ものさし」をいう。

環境訴訟
公害防止・環境保全を目指して環境権、眺望権、日照権などの権利を主張する訴訟。

環境短観
環境経済観測調査参照。

環境テーマファンド
環境問題に取り組む企業などに投資する投資信託のこと。環境関連ファンドともいう。地球温暖化など環境問題の中でテーマを絞った投資信託商品。最近のテーマファンドは「地球温暖化対策」「水資源」などが多い。

環境チョイスプログラム
カナダの環境ラベリング制度。「環境ラベル・マークなどの紹介」参照。

環境調和のまちづくり
別名－エコタウン事業。「ゼロエミッション構想」（ゼロエミッション参照）を地域の環境調和型経済社会形成のための基本構想として位置づけ、併せて、地域振興の基軸として推進することにより、先進的な環境調和型のまちづくりを推進することを目的として、1997年度に創設された制度。

環境適合設計
環境配慮設計参照。

環境的に持続可能な交通
Environmentally Sustainable Transport。EST。1994年OECDが提案した「長期的な視点で環境面から考えて持続可能な交通網」を作り上げるための交通・環境政策を策定・実施する取組のこと。ヨーロッパ諸国を中心に盛んに取り組まれているが、日本でも公共交通機関の利用促進などが進められている。

環境デューディリジェンス＊
Environmental Due Diligence。対象会社が工場や特殊な研究開発施設およびその跡地などを保有している場合、土壌汚染や大気汚染などの問題が発生するリスクがどの程度あるかを事前に調査すること。これにより、将来、環境問題が発生した際にかかる原状回復等のコストの情報を入手し、事業計画に反映させる必要がある。もしくは、環境問題となる工場や研究施設をM&A取引の譲渡対象から外し、当該施設はM&A取引後は売手との賃貸借契約により対象会社が使用するようにスキームの変更を行うなどの対策も考えられる。

環境と開発に関する国連会議＊＊＊
国連環境開発会議。地球サミット。United Nations Conference on Environment and Development。UNCED。1992年にブラジルのリオデジャネイロで開催。182カ国が参加。地球環境問題を人類共通の課題と位置づけ、①リオ宣言の採択、②「気候変動枠組み条約」及び「生物多様性条約」の署名開始、③「森林原則生命」の採択、④「持続可能な開発のための人類の行動計画アジェンダ21」が採択、署名された。

環境と開発に関する世界委員会（ブルントラント委員会・WECD）＊＊
World Commission on Environment and Development。1984年に国連に設置。「将来世代のニーズを損なうことなく現在の世代のニーズを満たすこ

と」という「持続可能な開発」の概念を打ち出した。この概念はその後の地球環境保全のためのキーワードとなった。委員長はノルェーの首相となったブルントラント女史。

環境と開発に関するリオデジャネイロ宣言＊＊
略称「リオ宣言」。地球サミットで採択された宣言。前文と 27 項目にわたる原則により構成される。各国は国連憲章などの原則に則り、自らの環境及び開発政策により自らの資源を開発する主権的権利を有し、自国の活動が他国の環境汚染をもたらさないよう確保する責任を負うなどの内容が盛り込まれている。1992 年 6 月 8 日に採択された。

環境と成長の好循環
CCS 技術や水素の活用などの環境技術の向上と活用を図り、結果として経済成長と地球環境改善の両立を図ること。

環境の恵沢
地球環境が人類に与える生存に必要な恵み。生物多様性や生態系サービスをいう。

環境の日（世界環境デー）＊
環境の日は 6 月 5 日。環境保全に対する関心を高め啓発活動を図る日として制定された。環境基本法には、国及び地方公共団体は、環境の日の趣旨にふさわしい事業を実施するように努めなければならない、と定めている。国連による国際的な記念日でもある。環境月間参照。

環境配慮型経営促進事業
日本政策投資銀行が投融資項目の一つとして、環境に配慮した事業活動を行う業者を支援するため創設した事業。環境面からのスクリーニング手法を用いた低利融資を実施している。

環境配慮型製品（生活財）＊
環境への負荷を極力減らすように工夫された生活財。エコ家電製品、ハイブリッド自動車などがその代表。

環境配慮型生活（ライフ）スタイル
フェアトレード、エシカルファッションなど環境に配慮した行動を日常生活に取り入れること。

環境配慮契約法
正式名称「国等における温室効果ガス等の排出の削減に配慮した契約の推進に関する法律」。2007 年公布。グリーン契約法ともいわれる。国や独立行政法人が、温室効果ガス等の排出削減に配慮した契約を推進する際の基本方針の策定、他を定めたもの。地方公共団体は努力義務を課されている。

環境配慮行動
一般消費者・生活者の立場にある者の環境に配慮した行動をいう。具体的には、ごみの分別廃棄、冷暖房の温度設定に気をつける、節水を心がける、なるべく簡易包装を依頼する、待機電力に気を使う、買い物袋を持参する、アイドリングストップを心がける、環境家計簿を付けるなどが主なものとしてあげられる。

環境配慮設計＊
DfE（Design for Environment の略）。製品のライフサイクル全体の環境負荷低減を目的として、製品の企画・設計を行うこと。環境適合設計、環境調和型設計などと同義。これらは、企業の社会的責任として浸透しつつある環境に配慮した製品の設計・製造のための戦略的な環境経営ツールである。

環境配慮(促進)法＊

正式名称「環境情報の提供の促進等による特定事業者等の環境に配慮した事業活動の促進に関する法律」。環境情報の提供の促進等による特定事業者等の環境に配慮した事業活動の促進に関する法律。2005 年 4 月施行。事業活動による環境保全についての配慮が適切になされることを確保するため、環境報告書の作成及び公表を求めるもの。国等に対しは環境配慮等の状況を毎年度公表することを義務付けている。地方公共団体及び企業は公表するように努めなければならないとされている。

環境白書

環境省が毎年 5 月〜6 月頃に発行する白書。前年度の自然環境状況に関する報告、本年度に目指す環境保全に関する施策の二部構成になっている。前身は 1969 年から 1971 年に厚生省が発行した『公害白書』である。1972 年より『環境白書』へ名を変え、新しく発足した環境庁が発行した。

環境ビジネス

環境の改善・維持を目的とした事業。主なものとしては、①廃棄物処理・環境汚染防止に関する装置・資材の製造、サービスの提供、建設及び機器の据付②環境負荷低減装置及びサービス、機器の据付③資源有効利用に関する設備及び資材の製造、サービス、機器の据付④付帯する研究・開発、教育・研修、情報サービスなどがある。

環境ファンド

エコファンド参照。

環境負荷(物質)＊＊＊

人間の活動が環境に与える負担のこと。又はその物質。環境基本法では、「人の活動により環境に加えられる影響であって、環境の保全上の支障原因となる恐れのあるもの」と定義。ここでいう環境保全上の支障とは、排水、廃棄物、騒音、排ガスなど。

環境への適合

Environmental Suitability。石油などの化石燃料の大量消費は、人類の豊かさの実現のために欠かせなかったが、地球温暖化という新たな問題を引き起こした。再生可能エネルギーの活用などによって地球環境の悪化を防ぎながらより豊かな人類の生活を実現しようとする行動のこと。

環境報告書＊＊＊

企業などの事業者が、自社の環境保全に関する方針や目標、環境負荷の低減に向けた取り組みなどをまとめ広く一般に公開する目的を持って作成したもの。一方、独立行政法人や国立大学法人などにも発行を義務づけた環境配慮促進法が 2005 年 4 月に施行された。同法では、大企業に環境情報の公表を努力義務として求めている。

環境報告書ガイドライン

環境省発行の環境報告書作成のための手引き。記載項目としては、基本項目（事業概要、期間、分野など）、環境保全の方針・目標・実績など、EMS に関する状況、環境負荷の状況及びその低減策などを挙げている。

環境方針＊

環境マネジメントシステム(ISO14001 など)構築の際に作成が要求される「要求事項」の一つ。組織・企業が環境に関して目指す方向、究極の到達すべき目標など。

か

環境保全コスト
企業が環境保全のために支払うコスト。環境会計における環境に関する支出項目。

環境保全性基準
官公庁施設等に求められる環境性能の基準をいう。その項目は環境負荷低減性（長寿命、適正使用、エコマテリアル及び省エネルギーで構成）と周辺環境保全性（地域生態系保全及び周辺環境配慮）である。

環境ホルモン＊
外因性内分泌かく乱化学物質。生物に対してホルモンのような作用・影響を与える化学物質の総称。その有害性については未解明な点が多く、生態系に与える影響などについて科学的知見を集めるための調査研究が国際的に協調し、実施されている。

環境マネジメントシステム＊＊＊
組織の経営を環境の側面に配慮しながら実行していくための仕組み。国際規格としての ISO14001、民間の規格としてはエコステージ、EA21、KES などがある。

環境未来都市構想
2010 年 6 月に閣議決定された「新成長戦略」において 21 の国家戦略プロジェクトの 1 つに位置づけられたもの。限られた数の特定の都市・地域を未来都市として選定し、そこで環境や超高齢化対策に優れた成功事例を創出するとともに、それを国内外に普及展開することで、需要の拡大・雇用の創出を目指すもの。2011 年に 11 都市（下川町、柏市、横浜市、富山市、北九州市他 6 都市）が選定された。

環境モデル都市
低炭素社会実現のため GHG の大幅削減を行うなど高い目標を掲げて先駆的な取り組みにチャレンジするモデルとなる国が選定した都市。2014 年 3 月現在23 都市。北九州市、京都市、豊田市、水俣市、飯田市など。

環境モニタリングシステム
Global Environment Monitoring System：GEMS。国連環境計画が 1975 年に設立。人の健康を保護し、必要な天然資源を保全するために世界の環境を監視する集まり。その後、ロンドンには環境評価研究センター（MARC）が、GEMS の一環として設立された。

環境問題＊
人類を含む生物を取り巻いている外界に生ずる生物にとって有害な現象をいう。そのうち地球規模で生じるものを、地球環境問題という。

環境問題における途上国支援
途上国の経済発展は、資源やエネルギーの使用が先進国に比し浪費型であり、資源枯渇や汚染の拡大、地球温暖化などに重大な影響を与える元となる。日本などの先進国は、即効性のある技術や資金・人材・教育などについての支援体制の整備が求められている。

環境誘発型ビジネス
環境保全を考えた消費者の行動が、環境に配慮した機器やサービスの需要や市場を誘発するものを「環境誘発型ビジネス」という。省エネ家電製品、ハイブリッド自動車、電池自動車などが上げられる。

環境ラベル＊＊
製品やサービスの環境影響に関する情報を消費者に伝え、環境に配慮した製品の優先的な購入・使用を促すために設けられたラベル。国際規格で一般原

則<ISO14020（JISQ14020）>と3つのタイプを基準化している。タイプIからタイプⅢ及びその他のラベルに分類される。

環境リスク＊
化学物質などが環境を経由して、人の健康や動植物の生息、生育に悪影響を及ぼす可能性のこと。

環境倫理学
地球環境問題に対して倫理学的観点から考察する学問。

環境NPO
主として地球温暖化や生物多様性の喪失などの地球環境問題の対策に取り組むNPOで、他のNPOが主に現代へのサービスという役割を担っているのに対し、環境NPOは予防原則に基づき将来世代の人を含む生態系の利益を代弁する役割も担っている。

環境ODA
政府開発援助（ODA・official-Development-Assistance）のうち環境保全のための対策、事業の援助等を行うもので、わが国の経済力、技術力、経験等を供与することによって開発途上国の環境保全を図ろうとするもの。

カンクン合意
2010年、メキシコのカンクンで開催された気候変動枠組条約第16回締約国会議（COP16）での合意。その主な内容は京都議定書を離脱した米国、義務を負わない中国・インドなどの途上国にも温室効果ガスの排出を求める。京都議定書第1約束期間と第2約束期間との間に空白が生じないことを目指して協議を進めた。途上国支援策として、先進国によるグリーン気候基金を創設している。

カンクン宣言
メキシコ・カンクンでのCOP13（2016年）で採択された宣言。生物多様性戦略2011-2020、愛知目標などの実現に努力することを宣言したもの。

観光ぎつね
観光客によって餌付けされ、自力で餌をとる能力の衰えた知床半島に生息する野生の狐。人間による自然破壊の一つと考えられる。

乾式貯蔵＊
使用済み核燃料のような高レベル放射性廃棄物を保管する方法。最低1年間の使用済み核燃料冷却プールでの冷却で、ドライキャスク（キャスク・樽）に貯蔵できる。

乾式（吸収法）
排煙脱硝技術の一つ。窒素酸化物をオゾンなどで酸化し、亜硫酸ナトリウム溶液に吸収させる方法。

完新世
地質年代区分の一つ。現代は「第四世紀」（260万年前に始まる）であるが、これをさらに2区分したうちの直近（現在を含む）の時代を指す。最後の氷期が終わった約1万1700年前から現在までの期間。

乾性降下物
雨以外の乾いた粒子の形で地表に降ってきたものをいう。

感染症
寄生虫・細菌・真菌・ウイルス・異常プリオンによる病原体の感染により、宿主に生じる病気の総称。2020年末現在流行中のCOVID-19は新興感染症といえる。

環日本海環境協力センター

環日本海地域の環境保全・環境協力を推進するため、環日本海環境協力センター（略称「NPEC」）を 1997 年設立。日本海及び黄海沿岸諸国の経済発展に伴い同海域の海洋汚染の懸念が生じているため、沿岸諸国や地域、各種団体等が連携協力し、国際的な取り組みとして各種の事業を展開している公益財団法人。事務所は富山市。主な事業として環境交流推進事業、環境調査研究事業、環境保全施策支援事業などを行う。

官能試験（検査）

人の感覚器官を計測器として行う工業製品、食品などの品質試験または検査。

干ばつ＊＊

雨が降らないなどの原因で、ある地域に起こる長期間の水不足の状態をいう。サハラ砂漠南側のサヘルで 1968 年から 73 年にかけて発生した大干ばつによりモーリタニア、セネガル、マリなどで数十万人の餓死者および難民が発生した。

間伐材

森林を育てるには、生長途中で樹木が十分枝を伸ばせるように、周りの樹木を伐採して手入れをしていくことが必要。この間引きされた樹木を間伐材といい、食器・割り箸などに利用されている。

間伐材使用マーク

環境ラベル・マークなどの紹介参照。

官民連携事業

公共施設の老朽化、人口減少などの公共サービスの課題を解決するために、民と官が連携して行う事業。Public Private Partnership：PPP。

涵養

地表の水（降水や河川水）が帯水層に浸透し、地下水となることをいう。

関与物質総量

金属等の資源の採取に伴い発生する鉱石、土砂等。エコリュックサックともいわれる。ダイヤモンドの場合 1：35,000,000 にもなる。隠れたフロー参照。

管理協定制度

地方公共団体または緑地管理機構が、緑地保存地区内の土地所有者と緑地の管理に関する協定を締結し、緑地の管理を行う制度。

緩和策＊

地球環境問題に関しては、地球温暖化の原因となる GHG の排出削減、吸収を促進するためのさまざまな施策をいう。反対の概念として「適応策」がある。

[き]

紀伊山地の霊場と参詣道

和歌山県・奈良県・三重県にまたがる 3 つの霊場（吉野・大峰、熊野三山、高野山）と参詣道（熊野参詣道、大峯奥駈道、高野山町石道）を登録対象とする世界遺産（文化遺産）。2004 年 7 月に登録。

気温の日較差

24 時間の最高気温と最低気温の差をいう。

飢餓

食糧の不足によって栄養失調の状態を言い、それが原因で死んだ場合、餓死といわれる。2016 年の飢餓人口は、全世界で 8.15 億人（世界人口の 11％）、多くが開発途上国民とみられる。

ギガトンギャップ

パリ協定では産業革命前からの温度上昇をできれば 1.5℃に抑えるという長期目標のため、加盟各国が自主的に削減目標を定めている。しかし現在各国が提出した削減目標をすべて足しても、目標達成に必要な削減量にはまったく足りない。2020 年での削減不足量は CO2 換算で 100 億トン、2030 年では 150 億トンに達するという試算がある。この問題をギガ（＝10 億）トン・ギャップと呼んでいる。

気化熱＊

気化熱とは液体の物質が気体になるときに周囲から吸収する熱。

キキョウ

キキョウ科の多年性草本植物。日本全土、中国、東シベリアに分布。絶滅危惧種である。

企業行動規範

2002 年東京商工会議所が、企業の社会的責任励行などの企業行動のあるべき道しるべとして作成。2013 年 3 月、2 回目の改訂を実施。改訂のポイントは、世界の一員として社会的責任を果たしていく観点から、「人権の尊重」の新設等である。

企業行動憲章＊

バブル経済の崩壊過程で、さまざまな企業不祥事が多発し企業への不信感が高まった。こうした背景のもと 1991 年に経団連が「企業行動憲章」を策定した。今まで個別に捉えられてきた諸問題は総合的に「企業の社会的責任」と捉えるようになった。

企業による社会貢献活動

CSR 活動の一環として、あるいは環境活動の一環として、各企業により活発に行われている社会貢献活動。植林活動、金銭援助（学校などへの寄付活動など）、物質援助（車椅子の寄付など）、施設の開放（グランド、図書館など）、イベント支援、芸術文化支援（メセナ活動）、環境美化などがある。

企業の環境責任 10 原則

企業が環境問題への対応について守るべき倫理原則。1989 年のアラスカで起こったタンカーによる環境破壊事故を教訓に、米国環境保護グループが発表。①汚染物質の放出をなくす努力、②天然資源有効利用と野生動植物の保護努力、③廃棄物処理と量の削減努力、④安全、持続的なエネルギー源利用の努力、⑤安全な技術やシステムを採用し緊急事態への対応を図る、⑥安全な商品やサービスの提供と、その環境負荷を一般に公知、などの 10 原則をいう。

企業の社会的責任(CSR)＊＊＊

Corporate Social Responsibility。企業は、利益を追求するだけでなく、社会へ与える影響に責任をもち、あらゆるステークホルダー(利害関係者)からの要求に対して適切な意思決定をすることを指す。これには、社会、環境、人権、労働、品質、コンプライアンス情報セキュリティ、リスクマネジメントなど多岐にわたるテーマが含まれている。

企業のための生態系サービス評価(ESR)

The Corporate Ecosystem Services Review(ESR)。ESR 参照。

企業不祥事＊

相当の社会的な立場を持つ組織・団体が起こした、社会の信頼を損なわせるような出来事・醜聞を指す。

気候感度

気候システムが人為的な因子の入力により、どの程度の応答を示すかを定量

き

的に示したもの。IPCC の気候感度の見積もりによると、CO2 濃度の倍増にともない、気温が 2.5℃上昇すると予測している。

気候関連財務情報開示タスクフォース
Task Force on Climate-related Financial Disclosures：略称 TCFD。G20 の要請を受け、金融安定理事会（FSB）＊により、気候関連の情報開示及び金融機関の対応をどのように行うかを検討するため、マイケル・ブルームバーグ氏を委員長として設立された。TCFD は 2017 年 6 月に最終報告書を公表し、企業等に対し、気候変動関連リスク、及び機会に関するガバナンス、リスク管理などについて開示することを推奨している。

気候行動ネットワーク
気候変動問題に取り組む非政府組織の世界的ネットワーク。設立 1989 年 3 月。120 カ国以上・約 1100 団体から構成される。気候変動枠組条約締約国会議などで、地球温暖化対策に対する姿勢が消極的な国に対して「化石賞」を、極めて積極的なリーダーシップをとった国には「宝石賞」を贈っている。

気候システム
大気、海洋、地表面、雪や氷、海洋、生態系などの要素から構成され、それぞれの要素の間でエネルギー、水、その他の物質をやりとりすることによって複雑に相互作用をする気候に関する総合的なシステム。

気候中立
カーボンニュートラル（carbon neutrality）の拡張概念。カーボンニュートラルの方は「二酸化炭素」の排出量と吸収量を拮抗させるという意味。カーボンニュートラルは「二酸化炭素」の排出量と吸収量を拮抗させること。気候中立は、拮抗の対象が二酸化炭素にとどまらず、メタンやフロンなども含む「温室効果ガス」（GHG）全体に拡張される概念。

気候適応
地球温暖化などの気候変動に対する生理的あるいは行動的な適応をいう。

気候非常事態宣言
国や都市、地方政府などの行政機関が、気候変動への危機について非常事態宣言を行うことによって、気候変動へ政策立案、計画、キャンペーンなどの対応を優先的にとるものである。2016 年 12 月、オーストラリアのデアビン市が、気候非常事態を宣言した世界で最初の行政機関となった。2019 年 8 月時点で、18 カ国から 935 の地方政府・自治体(住民総数約 2 億 600 万人)が同宣言をしている。

気候変動＊
全球の大気の組成を変化させる人間活動に直接または間接に起因する気候変化のことで、それと同程度の長さの期間にわたって観測される自然な気候変動に加えて生じるものをいう。気候変化とも訳される。近年では、地球温暖化と同義語として用いられることが多い。

気候変動適応情報プラットフォーム
「気候変動の影響への適応計画」に基づき、環境省が関係府省庁と連携し、気候リスク情報の提供を通じ、地方公共団体や事業者等の取り組みを促進する基盤として、2016 年 8 月に国立環境研究所に設立した組織。

気候変動適応法
2018 年公布。気候変動適応を推進し、国民の健康で文化的な生活の確保を目的とする。同年農林水産業の対策を示した「気候変動適応計画」が閣議決定。

気候変動に関する政府間パネル＊＊
Intergovernmental Panel on Climate Change。略称 IPCC。UNEP（国連

環境計画）と WMO（世界気象機関）によって 1988 年 11 月に設立。各国の研究者が政府の資格で参加して地球温暖化問題について議論を行なう公式の場である。地球温暖化に関する最新の自然科学的および社会科学的知見をまとめ、地球温暖化対策に科学的基礎を与えることを目的として、ほぼ 5〜6 年おきに世界中の約千人の科学者・専門家が参加して「評価報告書」をまとめ、信頼できる科学的な知識を提供している。1990 年に第 1 次評価報告書、2013 年に第 5 次報告書が発表され、20 世紀半ば以降の地球温暖化の主因は人間活動である可能性が「極めて高い」（95％以上）とした。第 6 次報告書は 2021 年 4 月発表予定。

気候変動に関する政府間パネル第5次報告書＊
気候変動に関する政府間パネル参照。

気候変動の経済学
スターンレビューともいわれる。英国政府が、ニコラス・スターン元世界銀行上級副総裁に作成を依頼した、気候変動問題の経済影響に関する報告書。2006 年 10 月に公表された。気候変動問題に早期に断固とした対応策をとることによるメリットは、対応しなかった場合の経済的費用をはるかに上回ることを述べている。

気候変動枠組条約＊＊＊
United Nations Frame-work Convention on Climate Change:UNFCCC。1992 年リオで開催された「地球サミット」で締約された条約。大気中の温室効果ガスの濃度の安定化を究極的な目的とし、地球温暖化がもたらすさまざまな悪影響を防止するための国際的な枠組みを定めた条約。1994 年 3 月発効。温室効果ガスの排出・吸収の目録、温暖化対策の国別計画の策定等を締約国の義務とし、さらに先進締約国には、温室効果ガスの排出量を 2000 年に 1990 年レベルに戻すことを目的として政策措置をとることなどの追加的な義務を課している。

き

気候変動枠組み条約第 3 回締約国会議（COP3）
京都議定書参照。

基準年
温室効果ガスの削減に関し、基準となる年。京都議定書では基準年を原則的に 1990 年としている。ただし、HFC 類、PFC 類、SF6 については 1995 年を基準年とすることができるとしている。

希少金属
レアメタルとも呼ばれ、非鉄金属のうち、様々な理由から産業界での流通量・使用量が少なく希少な金属のこと。鉄、銅、亜鉛、アルミニウム等のベースメタルや金、銀などの貴金属以外で、産業に利用されている非鉄金属（リチウム、チタン等）を指す。

気象災害
台風による風水害のように気象が直接の原因となる災害及び、気候不順のため農作物の作柄悪化などのような間接的な災害をいう。

気象庁＊
国土交通省の外局。業務は、気象業務法に基づく。「気象」「地象」「水象」に関わる観測や予報などを行うことが定められている。

気象調節
植物が持っているさまざまな環境保全力機能の一つ。防風林や防砂林としての機能や、夏季に周辺の気温を下げる機能などがある。

キシレン＊

xylene。分子式 C_8H_{10}。分子量 106.17 の芳香族化合物。ベンゼンの水素のうち 2 つをメチル基で置換したもの。毒劇法により医薬用外劇物に指定されている。日本では製造・使用・廃棄に関して、管理・届け出が必要な化学物質として PRTR 法の第一種特定化学物質 No.80 に指定されている。

寄生

生物が他の生物から栄養やサービスを持続的かつ一方的に収奪する場合を指す言葉。収奪される側は宿主と呼ばれる。

規制的手法＊

環境問題への対策手法の一つ。法的な規制によって問題解決を行う方法。限定的な取締りには有効だが、規制を受ける側の対応の自由度が低くインセンティブが働きにくいという側面がある。このほかには「経済的手法」「自主的取り組み」がある。

起潮力

潮の干満を起こす力。月や太陽の引力がその大部分である。潮汐力ともいう。

揮発性有機化合物(VOC)＊＊＊

Volatile.Organic.Compounds。VOC 参照。

基盤(的)サービス＊

生態系により人類に供されるサービスのうち、土壌の形成・栄養循環・光合成・空気と水の浄化・作物の拡散などの人類生存の基盤となるサービス。

岐阜市椿洞(つばきぼら)産廃不法投棄事案

2004 年ごろ、地元の認定産廃業者が敷地内に約 75 万立米の産廃を不法投棄。同社の経営者らは 04 年、廃棄物処理法違反で逮捕。産廃について、岐阜市は約 50 万立米を撤去し、残りは現地に埋め戻す方針。排出事業者などにより 10 月末時点で 6 万 7560 立米が撤去された。関連した産廃業者及び運搬業者は県内外を含め数百社にのぼった。

逆転層

地表付近の気温は上空ほど気温が低下するが、放射冷却や風などが原因で上空の気温が地表よりも高くなることがある。この上空で地表より温度が高くなっている部分をいう。大気汚染物質の滞留やヒートアイランド現象などが発生する。

キャッチアンドリリース

釣りで釣った魚をまた海または川に返す行為を指す。いたずらに殺生を避け生物保護の観点からの行為であるが、ブラックバスやブルーギルなどの外来種については、これを禁止している自治体も多い。

キャップアンドトレード＊

政府などが温室効果ガスの総排出量（総排出枠）を定め、それを個々の主体に排出枠として配分し、個々の主体間の排出枠の一部の移転（または獲得）を認める制度のこと。

キャパシティ・ビルディング

Capacity Building。能力構築。環境用語としては、途上国の様々な環境上の国際的取り決めなどを遵守・遂行する組織的かつ基礎的能力を構築することを指すことが多い。

キャンドルナイト＊

明治学院大学教授辻信一が呼びかけ人となったスローライフ運動の一つ。照明を消し、キャンドル（ろうそく）を灯して過ごそうという運動。2013 年には東京のスカイツリーも参加した。省エネルギーや地球温暖化防止を目的と

することもある。「100 万人のキャンドルナイト」として、2003 年の夏至（同年 6 月 22 日）に第 1 回が行われ、以降夏至と冬至を中心とした期間の夜（日本時間 20:00〜22:00）に行われ、日本各地でさまざまなイベントが行われている。

吸収源
大気中の二酸化炭素などの温室効果ガスを吸収し、比較的長期間にわたり固定することのできる森林や海洋などのこと。京都議定書では、先進締約国が温室効果ガス削減目標を達成する手段として、新規植林、再植林、土地利用変化などの活動を考慮することが規定されている。

牛海綿状脳症
BSE 参照。

吸着処理法 *
排水処理方法のひとつ。生物学的方法あるいは物理化学的方法でも分離できないような微量の溶存有機物を、活性炭などを用いて吸着除去する方法。吸着物質の脱着処理が課題である。

教育的手法
環境保全の取り組みを推進し、環境政策の目標を達成するための手法（規制的手法・経済的手法など）の一つ。各主体が一定の行動を自発的に行えるよう教育機会を提供し、支援する手法。

教育ファーム
生産者（農林漁業者）の指導を受けながら、作物を育てるところから食べるところまで、一貫した「本物体験」の機会を提供する取組み。体験を通して自然の力やそれを生かす生産者の知恵と工夫を学び、生産者の苦労や喜び、食べものの大切さを実感して知ることが目的。所管官庁は農林水産省。

供給エネルギーの脱炭素化
脱炭素社会の構築のための 3 つの柱の一つ。即ち、CO_2 発生の少ないエネルギーを選択すること。残りの 2 つは、エネルギー効率向上策の採用と産業や生活構造の脱炭素への転換である。

供給サービス
4 つの生態系サービスの一。食料・木材・繊維・燃料などの供給機能をいう。

凝集加圧浮上法
排水処理方法の一つ。空気の泡を水中に発生させ、汚水中の懸濁物質と接着させ、比重を水より小さくし、水面に浮上させ分離除去する。

凝集沈殿法 *
水質汚濁処理技術の一つ。汚水中の微小粒子を薬品（凝集剤—硫酸バンド $AL_2(SO_4)_3 \cdot nH_2O$) などで凝集させ、微小粒子を集合させて沈殿分離する技術。

共助 *
自助/公助と合わせて特に防災対策・災害対応の概念。家族を守るのが自助、国や自治体が市民を守るのが公助、近隣が助け合って地域を守るのが共助である。阪神淡路大震災以降注目されるようになった概念である。

共生（関係）*
異なる生物が密接な関係をもって生活すること。アリとアブラムシの関係は、互いに利益となる「相利共生」、片方だけが利益を得る「片利共生」などがある。現在では、共生という種間関係は相利共生や寄生といった関係をすべて含む上位概念として捉えられている。最近は政治や経済といった社会科学でも使われるようになった。共生マーケティングという言葉も出てきている。

き

行政事件訴訟法
2004 年に同法が改正され、政府決定の取り消しを求める訴訟が以前より容易となった。そのため環境事案の訴訟がやりやすくなったといわれている。

共通だが差異ある責任＊
今日の大気中の温室効果ガスの大部分は先進国が過去に発生したものであることから、先進国と開発途上国の責任に差異をつけることを謳った概念。具体的には、先進国と開発途上国の温暖化対策に関し、開始時期や内容に差が設けられようとしている。

協働＊
複数の主体が、目標を共有し、ともに力を合わせて活動すること。「コラボレーション」とか「パートナーシップ」という言い方で使われることもある。

協働原則＊
公共自治体等が政策を実施する場合には、政策の規格・立案・実行の各段階において、政策に関連する民間の各主体の参加を得て行わなければならないという原則。環境政策に対する市民参加の必要性については、国際的にも認知されており、リオ宣言(1990 年)では、第 10 原則として位置付けられた。

共同実施（JI）＊
Joint Implementation。京都議定書に規定された温室効果ガス削減のための柔軟性措置の一つ。先進国が共同で行った温室効果ガスの削減プロジェクトなどをいう。投資国が自国の数値目標の達成のためにその排出削減単位をクレジットとして獲得できる仕組み。発電施設の運用改善、再生可能エネルギーの利用、植林事業などが上げられる。

京都イニシアティブ
途上国の人材育成、地球温暖化防止の技術移転など、日本政府による途上国支援プログラムのこと。京都会議（COP3）の場で表明された。

京都会議
気候変動枠組条約による第 3 回締約国会議（COP3）のこと。

共同輸送
車の排出する CO_2 の削減対策の一つ。発荷主又は受荷主が複数である輸送需要に対し、トラック事業者がそれぞれの荷主の個別輸送を行う方式によらず、荷主・トラック事業者の共同による積合せ方式で輸送するシステム。

京都議定書＊＊＊
1997 年 12 月に京都で開催された「気候変動枠組条約第 3 回締結国会議（COP3）」で採択された温室効果ガスの排出削減義務などを定めた議定書。先進各国は 2008 年～12 年の約束期間における温室効果ガスの削減数値目標（日本 6%、アメリカ 7%、EU8%など）を約束した。2005 年 2 月発効。CDM や JI、排出量取引などの「京都メカニズム」という仕組みも導入。大きな問題は、削減義務が先進国のみに課せられた点と、当時最大の CO2 排出国である米国が不参加の点である。なお日本は排出権などを購入して、目標の 6%を達成した。

京都議定書目標達成計画＊
京都議定書の発効に伴い、地球温暖化対策の推進に関する法律（1998 年法律第 117 号）の定めにより、2005 年 4 月に京都議定書目標達成計画が定められた。2008 年 3 月に第 3 回の見直しが実施されたが、目標達成の困難さに伴い全面改定された。

京都議定書締約国会議
CMP、COP、MOP 参照。

京都メカニズム＊

京都議定書において定められた温室効果ガス削減手法。海外で実施した温室効果ガスの排出削減量等を、自国の排出削減約束の達成に換算することができるとした柔軟性措置。直接的な国内の排出削減以外に共同実施（JI）、クリーン開発メカニズム（CDM）、排出量取引（ET）、という 3 つのメカニズムを導入。さらに森林の吸収量の増大も排出量の削減に算入を認めている。これらを総称して京都メカニズムと呼ぶ。

京都メカニズムクレジット＊

京都議定書達成のための制度のひとつ。他国での排出削減プロジェクトの実施による排出削減量等をクレジットとして取得し、自国の議定書上の約束達成に用いることができる制度。京都メカニズム参照。

郷土食（料理）＊

その地域の産品を主体とし、その地域で発展した調理方法や調味法で作られた料理である。

恐竜＊

三畳紀（地質時代の区分の一つ・2 億 5 千万年前から 2 億年前）に爬虫類から進化し、中生代（2 億 5 千万年前から 6500 万年前）に繁栄した生物。恐竜の大部分は白亜紀末期に絶滅した。イグアノドン、メガロサウルス、ヒラエオサウルスなどが有名。

漁業

1980 年ころまでは、世界の水産業は漁船漁業が大半であったが、1990 年以降養殖業が発展し、現在では、両者の比率は半々である。2016 年の生産量はあわせて 18000 万㌧で、中国とインドネシアで世界の養殖量の 7 割、漁船魚業の 26％を占めている。

極循環

緯度 60 度付近で上昇した空気が対流圏上層を極付近まで移動し、極付近で地表付近に下降し、緯度 60 度付近まで戻る大気の循環のこと。

局地的集中豪雨

限られた地域に対して短時間に多量に雨が降ることを言う。明確な定義はないが、およそ直径 10km から数十 km の範囲に時間雨量 50 ミリを超える場合などをいう。一般に市街地における排水能力は時間雨量 50 ミリ前後を想定しており、これを超える場合には洪水になりやすい。

極度の貧困

1.25 ドル/日未満で生活している人をいう。1990 年で 19.3 億人、2015 年には 8.4 億人まで改善した。しかし現在でも世界の 1 割以上、サハラ以南のアフリカでは人口の 41％がこれに該当している。

銀河宇宙線

太陽系外部から太陽系へ入り込んだ高エネルギー荷電粒子のこと。

緊急時企業存続計画

Business Continuity Plan（BCP）。テロや災害などの緊急事態が発生したときに企業が損害を最小限に抑え、事業の枢要業務の継続や復旧を図るため、事前に事業の分析を行い、対策を立案した計画。事業存続計画ともいう。

緊急時避難準備区域

原発事故に伴う避難措置の一つ。原発事故 20km 圏内を「警戒区域」に指定されたが、30Km 圏外を含め、放射線の年間積算量が 20m シーベルト以上と見込まれる地域が「計画的避難区域」それに準ずる地点が「特定避難勧奨地点」

とし、これらを除く 20〜30km 圏内で、屋内退避や避難の準備を求められた区域を指す。

金属類
環境用語としては、自動車部品、家電製品部品、容器包装材料または土壌汚染の重要物質として取り上げられる場合が多い。

金融のグリーン化
企業の環境面への配慮を投資判断の要件に加えること。ESG 投資やグリーンボンドの発行などもこれに該当する。

近隣騒音
感覚公害と呼ばれる騒音のうち、住宅や事業所が密集する地域で発生する騒音をいう。問題が深刻化することが多い。

【く】

グーテンベルグ議定書
欧米で 1979 年に採択された長距離越境大気汚染条約の基づくヘルシンキ議定書（硫黄酸化物排出削減）、ソフィア議定書（窒素酸化物排出削減）の採択に続く第三の議定書として 1999 年の採択された議定書。富栄養化やオゾンも対象とし、世界で初めての複数の汚染物質の効果についての議定書。

クールアース50
美しい星 50 参照。

クールアース推進構想
日本が提案した「クールアース 50」を現実的に実現するための手段として提案された構想。2008 年 1 月、世界経済フォーラム年次総会（ダボス会議）で福田康夫首相により発表された構想。すべての国が参加するポスト京都議定書枠組み作り、技術革新の推進、資金援助の枠組み作りなどである。

クールアース・パートナーシップ
途上国の気候変動対策を支援するための国際的な資金援助の枠組み。2008年ダボス会議で福田首相が提唱。

クールシェア
自宅のエアコンを止めてお近くの施設やお店、木陰のベンチなどで暑さをしのぐこと。環境省のキャンペーンの一環で展開されたライフスタイル。

クールスポット＊
主に地方公共団体などが、設置した施設で、夏の午後、近くの涼しく（クール）過ごせる空間や場所（スポット）のこと。水辺、川べり、公園、公共施設など。一般家庭などのエアコンの使用節減などの省エネ効果が期待できる。

クールチョイス
2015 年から「クール・ビズ」に加え「COOL　CHOICE（賢い選択）」として環境省により始められた国民運動。産学官民、NPO などと連携しながら省エネ・低炭素型製品サービス、行動などの賢い選択を促進していく運動。環境ラベル・マークなどの紹介参照。

クール・ビズ
環境省が公募した「省エネルック」に代わる、夏の軽装の新名称。2005 年 4月 27 日に発表された。

食い分け
同一草原などで、草の上部や根元をシマウマが食べ、ヌーが中間の茎や葉を食べて共存する行動をとることをいう。

苦界浄土
水俣病の惨状を文学作品にした石牟礼道子の文学作品名。1969 年刊行。石牟礼道子参照。

釧路湿原＊
北海道釧路平野に存在する日本最大の湿原。面積 18,290ha。1980 年にラムサール条約登録地に、1987 年に湿原周辺を含む約 26,861ha が国立公園（釧路湿原国立公園）に指定された。タンチョウの繁殖地としても有名。

グッドインサイド(マーク)
環境ラベル・マークなどの紹介参照。

国別登録簿(レジストリ)
京都議定書におけるクレジット（初期割当量（AAU）、吸収源活動による吸収量（RMU）、クリーン開発メカニズム事業により発生する認証された排出削減量（CER）など）を管理するために国が管理する登録簿。

国別 CO2 排出量の割合
2017 年の世界の CO_2 総排出量は 328 億㌧。国別では、中国 28.2（％以下略）、米 14.5、印 6.6、露 4.7、日 3.4、独 2.2、韓 1.8、加 1.7、など。

熊野古道
紀伊半島に位置し、熊野三山へと通じる参詣道の総称。2004 年 7 月世界遺産に登録された。

熊本地震
2016 年 4 月 14 日 21 時頃以降に熊本県と大分県で相次いで発生した地震。最大震度 7 を 2 回観測し、人的被害は同年 12 月 14 日現在死者 157 人、負傷者 2,337 人、被害総額は最大 4.6 兆円と推定されている。

グラスウール＊
glass wool。短いガラス繊維でできた、綿状の素材。建築用断熱材として広く用いられるほか、吸音材としてもスピーカー等や防音室の素材として用いられている。防火性にも優れており、アスベストの代替材として使われるようになった。

クラスター
Cluster。果実などの房、塊。生物などの集団・一団。星の星団。感染症用語としては、小規模な集団感染や、それによってできた感染者の集団を指す。北海道や各地で発生した。

グラミン銀行
マイクロクレジットと呼ばれる小口融資を専門にするバングラデシュの民間銀行。1976 年に農村の主婦らに低金利で少額の融資を行い、生活向上の支援をする非政府組織(NGO)として発足。ソーシャルビジネスの意味を持つ銀行。2006 年創設者ムハマドユヌスとともにノーベル平和賞を受賞した。

グランドファザリング
Grandfathering。国内排出取引の方式の一つ。排出枠の交付を受ける主体の過去の特定年あるいは特定期間における温室効果ガスの排出等の量の実績を基に、排出枠を交付する方式のこと。

クリアランスレベル
放射性廃棄物か否かを判定する放射能レベル基準の下限値。この基準は放射性物質の種類ごとに決められている。原子炉解体などで発生するコンクリートや鉄筋など、極めて微量の放射能を帯びてしまったものの判定にも使用される。

クリーナープロダクション
1992 年以降 UNEP（国連環境計画）が推進している技術。製造工程全体として資源消費量を極小化し、廃棄物の発生をできるだけ抑制することを目的にした低環境負荷型生産技術のこと。

クリーンウッド法
合法伐採木材等の流通及び利用の促進に関する法律（2016 年）。海外で違法に伐採された木材の輸入や流通を目的とする法律。

クリーンエネルギー（事業・自動車）＊
有害物質を含む排気ガスをまったく出さない自然エネルギーや再生可能エネルギー、または排出してもその量が少ないエネルギー（LNG 等）・事業・低公害車（電気自動車、燃料電池車、ハイブリッド車など）をいう。

クリーン開発と気候に関するアジア太平洋パートナーシップ＊
2005 年 7 月 28 日に米、豪、中、印、韓国及び日本が参加して発足した環境問題、特に温暖化に対処するための枠組み。

クリーン開発メカニズム（CDM）＊
Clean Development Mechanism。京都議定書に盛り込まれた先進国と途上国の間で行われる温室効果ガス(GHG)排出削減の手法の一つ。先進国が途上国に対し技術、資金、人材などで支援し途上国の GHG 排出を削減した場合に、一定の範囲でその削減分を先進国の削減量とみなすというシステム。

グリーン化特例
環境負荷の小さい自動車に対して「エコカー減税」（グリーン化特例の軽課・29 年度末まで）を実施しているが、新車新規登録から一定年数を経過した自動車に対して税率を重くする制度（グリーン化特例重課）を実施してエコカーへの買い替えを促す税制の特例。

クリーンコールテクノロジー
Clean Coal Technoligy 環境低負荷型の石炭利用技術の総称でクリーンコール技術ともいう。石炭の二酸化炭素（CO_2）や窒素酸化物（NOx）の排出量を抑え、環境負荷の軽減を実現する石炭利用技術。石炭をクリーンコールとして利用する技術には、石炭の液化やガス化による燃焼効率の向上や、排煙時の有害成分の除去などを上げることができる。

クリーン石炭
クリーン石炭とは、石炭を熱分解することでガス化したもののこと。ガス化したクリーン石炭を燃料として利用し、発電の効率を高める技術のこと自体をいうこともある。クリーン石炭は石炭をそのまま燃やすよりも二酸化炭素の発生量が少ないため環境負荷が少ない点が特徴。一般的に石炭はガソリンに比べ採掘コストが安いために安価で供給でき、石油よりも豊富に存在するため現在クリーン石炭が注目されている。

クリーンディーゼルエンジン
PM や NOx の排出量が少ないディーゼル車を「クリーンディーゼル車」と呼ぶ。その特徴は、その排出ガス浄化システムにある。例えば、SCR システムでは、尿素を使って NOx を浄化するシステム。尿素水を排ガス中に噴射して NOx を浄化する。構造的にタンクが必要なため、トラックなどの大型車への適応が中心。そのほか HC（有害ガス）と酸素を使って、NOx を還元させ、無害な N_2 として排出する構造などのものがある。

グリーン・イノベーション＊
低炭素社会の実現を目指す環境技術の試みとした産業戦略で、低炭素産業を

中心とした社会の在り方をイノベーションし、発展成長を遂げる戦略のこと。
世界で重要な施策となっている。

グリーン・インベスター＊＊
環境に配慮した製品を買いたいと考えるグリーンコンシューマー（緑の消費者）と同様に自分のお金を環境に配慮した企業に投資したいと考える緑の投資家のこと。

グリーンウエーブ運動＊
国連が定めた「国際生物多様性の日」の5月22日には、世界各地の青少年の手で植樹等を行う運動をいう。運動の実施が、生物多様性条約事務局により呼び掛けられている。

グリーンウォッシュ
greenwashing。環境配慮をしているように装いごまかすこと。安価な"漆喰・上辺を取り繕う"という意味の英語「ホワイトウォッシング」とグリーン（環境に配慮した）とを合わせた造語。上辺だけで環境に取り組んでいる企業などをグリーンウォッシュ企業などと呼ぶ場合もある。

グリーン革命＊
緑の革命。Green Revolution. 1940年代から1960年代にかけて高収量品種の導入や化学肥料の大量投入などにより穀物の生産性が向上し、穀物の大量増産を達成したことを指す。農業革命の一つとされる場合もある。

グリーン技術
再生可能エネルギー・太陽光発電・風力発電・バイオマス燃料・スマートグリッド・浄水技術などで地球環境問題を緩和や、解決策となるような技術をいう。

グリーン経営認証（制度）
交通エコロジー・モビリティ財団が、国土交通省・全日本トラック協会と協力し、トラック事業者が自ら環境保全に関する活動を行えるようなマニュアル作成を作成し、それに基づき一定レベル以上の取り組みを行っている事業者に対して審査の上、認証・登録を与えられる認証制度である。

グリーン経済（イニシアティブ）＊
2008年にUNEP（国連環境計画）が、世界経済をグリーン技術や自然のインフラ（森林や土壌など）への投資に向かわせることが、21世紀の真の成長につながるとしてスタートさせた活動。グリーン技術、再生可能エネルギー、生態系サービスなどの分野に重点的に資金などを配布する事で、環境保全と同時に経済発展を図っていくことが考えられた。

グリーン経済（成長）
環境負荷の軽減と経済成長の達成、健康で文化的な生活の確保や持続可能な開などを同時に実現する経済の在り方をいう。

グリーン契約法
国等における温室効果ガス等の排出の削減に配慮した契約の推進に関する法律。2007年11月施行。国などの機関が商品やサービスに関する契約を締結する際、環境負荷の低減（主に温室効果ガスの排出削減）に配慮した決定を行うよう義務づける法律（環境配慮契約法）の通称。物品の購入に際して、環境に配慮されたものを購入しなければならないとするグリーン購入法と対になる法律。

グリーン購入(基準)＊＊
購入の必要性を十分に考慮し、品質や価格だけでなく、環境負荷ができるだけ小さい製品やサービスを、環境負荷の低減に努める事業者から優先して購

入すること。基準は、購入する際に環境面での配慮基準を定めたもの。消費者の観点での表現で、生産者の観点では、グリーン調達という。

グリーン購入基本原則
グリーン購入を実施するにあたって考慮すべき原則のこと。①必要性の考慮（リユース、レンタル数量の削減などの検討）、②製品、サービスのライフサイクルの検討、③購入先の取り組みを考慮、④環境情報の入手・活用（公的機関、環境ラベル）など。2019年3月の改定で、フェアトレードが追加された。

グリーン購入ネットワーク
Green Purchasing Network。1996年環境庁などの呼びかけで、グリーン購入の促進と情報の提供を目的に設立された。主な活動は、購入ガイドラインの策定、商品の環境データブックの作成、普及啓発、表彰制度など。現在、地方自治体、企業、NGOなど2019年11月18日時点で、1340団体、企業1106、行政109、民間団体125の組織会員を持っている。

グリーン購入法＊
「国等による環境物品等の調達の推進等に関する法律」。2000年5月制定、2001年4月施行。その内容は、①国の機関はグリーン購入が義務、②地方自治体は、努力義務、③企業・国民もできる限りグリーン購入に勤める、④国はグリーン購入に関する情報を整理提供する、となっている。

グリーンコンシューマー＊＊
環境に配慮した製品を選んで購入する消費者のこと。1988年に英国で、ジョン・エルキントンとジュリア・ヘインズの共著『The Green consumer Guide』が出版されたのを機に、環境意識の高い消費者をさすようになった。日本では1991年、京都市において日本で最初の地域版グリーンコンシューマーガイド「買い物ガイド・この店が環境にいい」が発行され、その後の運動の先駆けとなった。

グリーン証書＊
再生可能エネルギーによって得られた電力を、取引可能な証書（＝証券化）にしたもの。またはそれを用いる制度。再生可能エネルギーに対する助成手法の一つ。再生可能なエネルギー源による電力に政府が証明書（グリーン証書）を発行し、これを電力需要者が売買する仕組み。

グリーン商品
グリーン購入法に適合した環境に配慮した商品。

グリーン新市場
環境負荷の小さい技術、製品の開発・普及によって、新たに生じるマーケット。

グリーン税制
低燃費・低公害車の自動車税・自動車取得税を軽減し優遇する一方、新車登録から13年を超えるガソリン車と11年を超えるディーゼル車の自動車税を10%増額するという旧車乗りに厳しい税制。

グリーン成長
経済的な成長を持続しながら、私たちの暮らしを支えている自然資源と自然環境の恵み受け続けること。すなわち環境保護と経済成長を両立させることである。

グリーン・ツーリズム＊
日本における定義は、「緑豊かな農山漁村地域において、自然、文化、人々との交流を楽しむ、滞在型の余暇活動」である。普通の観光旅行とは違うツ

ーリズム。田舎に行って、土地の生活に溶け込んで滞在し、自然に親しんだり、スポーツを楽しんだり、その土地ならではの味覚を味わったり、訪れた土地の人たちと心の触れ合いの機会が多いことも、大きな魅力の一つ。農水省が推進する運動。

グリーン電力
風力、太陽光、バイオマス（生物資源）、小規模水力などの自然エネルギーにより発電された環境負荷の小さい自然エネルギーや再生エネルギーにより発電された電力のこと。発電の際に CO_2 を発生しないのが、特徴。

グリーン・ニューディール＊
英国の NPO「NEF（ニュー・エコノミックス財団）」が、2008 年 7 月に英国政府へ向けて公表した報告書『グリーン・ニューディール：金融恐慌、気候変動（地球温暖化）、原油高騰の 3 重の危機を解決する政策集』のこと。国連環境計画もグリーン経済構想を打ち出している。米国版としては、オバマ米大統領が、「再生可能エネルギーへ 1500 億ドルを投資し、500 万人のグリーン雇用を創出する」と公約し、環境重視の政策、意識改革を打ち出した。自然エネルギーを軸とするグリーン景気刺激策は、民間の投融資を引き出し活性化させる施策になっている。

グリーン・ネットワーク＊
回収、再資源化、リサイクル商品の企画・製造、流通システムといった、いわば社会の循環システムを、それぞれの事業主体の協働によって創出するプロジェクト。環境問題は、一方では倫理の問題であり、もう一方では経済の問題であることを示している。

グリーンバイオプログラム
経産省が推進するバイオ関連事業の一つ。微生物、動植物等の機能を活用した有用物質生産などのモノ作り技術力の強化などの推進計画。

グリーンビジネス
緑化産業、緑化用の木を育成、販売、施工する商売など環境の保全や修復につながるビジネス全般を指す。狭義の環境ビジネス（廃棄物処理や土壌汚染対策など）に留まらず、どんな業種・業態の企業でも取り組むことのできるビジネスである。

グリーンビルディング
地球環境への負荷を出来るだけ少なく、使う人に優しく、建築・都市計画を進めていくことがグリーンビルディング（グリーン建築）である。そのポイントは、①省エネルギーの活用、②創エネ（自然エネルギー活用）、③健康配慮、④水の有効利用、⑤生態系への配慮など。また、世界的に統一したルールを作る動きの中で ZEB（ゼロエネルギービルディング）に移行してきている。

グリーン・ファンド・スキーム＊
Green Fund Scheme（GFS）。環境配慮融資を行なう銀行に預金する個人に対して国等が税制上の優遇処置を行なう制度。1995 年オランダで始まった。日本でも環境省が所管する「地域低炭素投資促進ファンド創設事業」により設置された基金を活用した投資ファンドなど類似のスキームがある。

グリーン復興
災害などの復興の際に、地震・津波に備えつつ自然環境に配慮して進める復興や環境に配慮し持続可能な社会に向けて進める復興を指す。

グリーンペーパー＊
気候変動枠組条約第 1 回締約国会議（COP1）の交渉において、インド等産油

国以外の途上国が結成した「グリーン・グループ」がまとめた文書。内容は、①既存の条約上の約束は不十分である、②条約強化のためには具体的数値を盛り込む必要がある、③途上国へ新しく義務を課さない、④排出削減と途上国への財政援助・技術移転をリンクさせる、などが盛り込まれ、先進国に提示され、最終的にはグリーンペーパーの趣旨を盛り込んだ「ベルリンマンデート」と呼ばれる文書が合意された。

グリーンボンド
マーケットから温暖化対策や環境プロジェクトなどの資金を調達するために発行される債券。2008年国際復興開発銀行（IBRD）が発行。環境問題への取組みという特定の用途に利用する目的で発行されるのが大きな特徴で、投資家にとっては、リターンや価格、償還期間、発行体の信用力などに加え、本債券の発行で得た資金がどのような環境効果を意図するプロジェクトに利用されるかも検討材料になる。

グリーンマーク
環境ラベル・マークなどの紹介参照。

グリーンムーブメント＊
米国の若者世代で食の安全性や環境サステナビリティ（持続可能性）に関心が高まり、急速に広がり始めている「農業回帰」の動きを指すことば。

グリーンICT
環境負荷を考慮したPC、サーバー、ネットワーク機器などのICT機器やデータセンターを利用する、あるいはICTを活用することで環境負荷を低減することをいう。またはグリーンITともいう。

車社会
自動車が社会経済の重要な基盤・要素となる社会。または、自動車が大衆に広く普及し、生活必需品化した社会をいう。モータリゼーションの日本語訳。狭い意味では自家用乗用車の普及という意味でいわれることが多い。

グローバリゼーション
国境を越えて人・資金・モノ、情報、技術が行き交う社会、経済など様々な面に影響を及ぼしていく過程や現象をいう。

グローバルコンパクト(GC)＊
各企業・団体が責任ある創造的なリーダーシップを発揮することによって、社会の良き一員として行動し、人権、労働、環境、腐敗防止に関する10原則について支持し実践することで、持続可能な成長を実現するための世界的な枠組み作りに参加する自発的な取り組み。国連のアナン前事務総長が提唱し2000年に国連本部で正式に発足。

グローバルストックテイク
パリ協定の実施状況を確認・評価する仕組み。第1回は2023年に行われ、その後は5年ごとに実施される。

グロスネット方式及びグロス方式
グロスネット方式は、温室効果ガスの排出量を算定する際に、基準年には排出量のみをカウントし、目標年には排出量から森林などによる二酸化炭素の吸収分を差し引く計算方法。グロス方式は、基準年と目標年のいずれにおいても排出量のみを計算する方法。計算精度が増す。

黒い森
シュバルツバルト参照。

クロム
原子番号24の元素。元素記号はCr。クロム族元素の一つ。銀白色の金属で、

硬く、常温、常圧で安定な結晶構造は、体心立方構造（BCC）。表面はすぐさま酸化皮膜に覆われ不動態を形成するので錆びにくく、鉄のメッキによく用いられる（クロムメッキ）。6価のクロム化合物は極めて毒性が高い。かつては6価クロムをメッキ用途として使うことが多かったが、土壌汚染を起こすなどでしばしば問題視され、使われなくなってきている。

クロロフィル
葉緑素とも呼ばれ植物の葉の緑色をした色素で、光合成の中心的役割を果たす物質。

クロロフルオロカーボン類
CFCs。自然界に存在しない人工的な温室効果ガスで、オゾン層破壊物質でもある。主として洗浄剤や冷蔵庫、カーエアコンなどの冷媒に使用されていたが、オゾン層保護のためモントリオール議定書により生産が全廃された。

[け]
警戒区域
災害が発生又は予想される場合に、住民等の生命・身体への危険を防止するために、一般市民の立ち入りが制限・禁止される地域。2011年3月発生の東日本大震災に伴う原発事故の際には、20km圏内が警戒区域に指定された。

計画的避難区域
福島原発事故において、20Km圏内が「警戒区域」に指定され、30km圏外を含め放射線量が年間20msv以上と見込まれる区域をいう。その他局所的に20msvの線量に達すると見込まれる地点を特定避難勧奨地点、これらを除く20～30km圏内が「緊急時避難準備区域」に指定された。

景観法＊
都市、農山漁村等における良好な景観の形成を図るため、良好な景観の形成に関する基本理念及び国等の責務を定めるとともに、景観計画の策定、景観計画区域、景観地区等における良好な景観の形成のための規制、景観整備機構による支援等所要の措置を講ずる我が国で初めての景観についての総合的な法律。（国土交通省所管、環境省等共管）。2004年12月施行。関連法規として景観緑三法がある。

景観緑三法
景観法、景観法の施行に伴う関係法律の整備等に関する法律、都市緑地保全法等の一部を改正する法律（都市緑地法に改称）の三法の総称。

経済移行国
旧ソ連・東欧の旧社会主義諸国など、市場経済への移行過程にある国のこと。京都議定書では、ブルガリア、チェコ、ハンガリー、バルト3国、ポーランド、ルーマニア、ロシア連邦、ウクライナなど13か国が該当する。気候変動枠組条約および京都議定書では先進国と同様の義務を負うが、途上国への資金提供義務などが免除されている。

経済協力開発機構（OECD）
OECD参照。

経済産業省
通称経産省。英訳名：Ministry of Economy, Trade and Industry。日本の行政機関の一つ。民間の経済活力及び対外経済関係の円滑な発展を中心とする経済及び産業の発展、並びに鉱物資源及びエネルギーの安定的かつ効率的な供給の確保を図ることを任務とする。

経済人会議

正式名称「持続可能な開発のための経済人会議」。BCSD（Business Councilfor Sustainable Development）。1992 年の国連地球サミット（UNCED）において、経済界の「持続可能な開発」についての国際的に必要な行動を促すために創設された団体。

経済的手法 ＊

製品の購入や利用に際し税金や課徴金を課すか、補助金を支給するなどして、消費者や利用者あるいは企業が環境に良い行動に向かうよう誘導する手法のこと。税・課徴金、補助金のほか、デポジット制度などがある。

経済的助成措置

環境保全のための手法としての経済的手法の一つ。経済的な誘因を与えることにより，各経済主体が環境保全に適合した行動をとるよう促そうとするもの。補助金、税制優遇、低利融資などがある。

経済的負担措置

環境保全のための手法としての経済的手法の一つ。環境税や課徴金がその例。その他ロードプライシング、自然保護のための入山料などがある。

経済的リターン

企業が長期的観点に立って、社会貢献活動などを積極的に進めることで得られる利益。売り上げの増加、株価の上昇などで得られる金銭的収益。

継続的改善 ＊

マネジメントシステム等が持つ基本機能の一つ。いわゆる PDCA をまわして、マネジメント機能を向上させる機能。

け

経済との調和条項

1967 年に制定された公害対策基本法には、生活環境については、経済の発展との調和を図ることとされていた。公害問題や自然破壊が拡大しているにもかかわらず、経済界等の要請に配慮して置かれたこのような規定・条項をいう。このことが、問題を深刻化・長期化させる一因になったと考えられ、1970年のいわゆる公害国会で、これらの経済調和条項はすべて削除された。

形質変更時要届出区域

基準を超える特定有害物質が検出された土壌に対して都道府県知事が行う分類方法。有害と認められた場合は、要措置区域に、有害といえない場合は形質変更時用届出区域として指定・公示する区域。

経団連

正式名称は日本経済団体連合会。自動車や電機、鉄鋼、商社、銀行など約 1412組織（2019 年 4 月現在）、業種別団体 109 団体、地方経済団体 47 団体で構成され、税制や規制緩和などの政策要望をまとめて政府に働きかける。「財界の総本山」と言われる。

経団連環境自主行動計画

日本経済団体連合会は、1991 年に「経団連地球環境憲章」を発表し、「環境問題への取り組みが企業の存在と活動に必須の要件である」とした。1996年には経団連環境アピールの中で、産業ごとの自主的行動計画の作成と、その進捗状況の定期的レビューの実施を公表。1997 年には、「2010 年度に産業部門及びエネルギー転換部門からの CO_2 排出量を 1990 年度レベル以下に抑制するよう努力する」とする「環境自主行動計画」を策定。2013 年 4 月にはフェーズⅠ、2015 年 4 月には、2030 年に向けた経団連低炭素社会実行計画フェーズⅡを発表し、2017 年 4 月に改訂版を発行している。

下水処理場
下水道法では、「下水を最終的に処理して河川その他の公共の水域又は海域に放流するために下水道の施設として設けられる処理施設及びこれを補完する施設」と定義している。

下水道
主に都市部の雨水および汚水を、地下水路などで集めたのち公共用水域へ排出するための施設・設備の集合体であり、多くは浄化などの水処理を行う。

下水道クイックプロジェクト
下水道の整備を待ち望む多くの市民のため、2006 年度より国土交通省が「下水道未普及解消クイックプロジェクト」を発足させた。2009 年より下水道改築対策も加え、制度の名称を標記の通り変更した。

下水道法＊
下水道の整備を図るための法律（1958 年公布）であるが，対象は市街地の公共下水道，流域下水道，都市下水路で，その設置・改築・管理基準・費用・使用者義務などを定めている。改正は数回に及ぶ。

頁岩層（けつがんそう）＊
堆積岩の一種。微粒子状の泥が水中で脱水・固結してできた岩石のうち、堆積面に沿って薄く層状に割れやすいがあるもの。頁岩は有機物を含むものが多く、常圧で触媒を用いず乾溜すれば石油を回収することができる（油母頁岩、油頁岩など）ものがある。これは、オイルシェールと呼ばれる。

欠食率
食事を取らない人の割合。一般に朝食をとらない人の割合をいうことが多い。2017 年 9 月厚生労働省発表による朝食を欠食した成人は、男性で 15.4％、女性 10.7％であった。

ケミカルリサイクル＊
マテリアルリサイクルのひとつで、廃プラスチック、主にペットボトルをモノマー減量化、高炉還元剤、コークス炉減量化、ガス化、油化などとして活用すること。

慶良間諸島（けらましょとう：国立公園）＊
多様なサンゴなど豊かな生態系で知られる、沖縄県の慶良間諸島とその沿岸海域が 2014 年 3 月 5 日に「慶良間諸島国立公園」として指定された。国内で新たに国立公園が指定されるのは、昭和 62（1987）年の釧路湿原以来 27 年ぶりで、31 番目の国立公園が誕生することになった。

ゲリラ豪雨
突発的で局地的な豪雨。

原位置浄化
汚染された土壌を、その場所にある状態で抽出または分解などの方法により、特定有害物を基準値以下まで除去する方法。

限界集落
集落を構成している人口の 50％以上が 65 歳以上で、過疎化・高齢化が進展し、経済的・社会的な共同生活の維持が難しくなり、社会単位としての存続が限界に近づきつつある集落。

嫌気性生物
酸素があると死滅する生物と、酸素の存在に関係なく生存する生物の総称。

健康項目
公用水域における望ましい水質汚濁に係る 2 種類の環境基準の 1 つで、人の

け

健康の保護に関する環境基準（カドミウム、鉛など）をいう。もう1種類の基準は、生活環境項目（BOD、COD など）。

健康食品マーク
クロレラ、麦芽胚芽油など、公益財団法人日本健康・栄養食品協会の品目別規格基準に合った健康食品に表示されるマーク。

原産地名
日本農林規格法（JAS 法）に基づく食品の原産地。すべての生鮮食品のほか、梅干しや漬けもの、ウナギかば焼きなど8品目の加工食品のみならず、生鮮食品を乾燥したり、調味したり、衣をつけたりした「生鮮食品に近い加工食品」の「主な原材料」も表示（輸入品は国名、日本産は「国産」か都道府県名など）の対象。

原始バクテリア＊
地球上に始めて誕生した単細胞微生物。海中にアミノ核ができ、これが原始バクテリアに変化しアミノ酸などを栄養として成長し、増殖していったと考えられている。大きさは 0.5～5 マイクロメートル（μm：百万分の1メートル）。

原始霊長類
霊長類は、ネズミに似た小型の原始哺乳類「プレジアダピス」から進化したのではないかと考えられている。これを霊長類の先祖としてこう呼ぶことがある。

原子力＊＊
原子核の崩壊や変換、核反応などに際して放出されるエネルギー。核エネルギーまたは原子エネルギーともいう。

原子力エネルギー（発電）＊
「原子力発電」と言う場合には核分裂反応のエネルギーを用いた発電方法を指す。原子核反応としては他に核融合反応がある。従来、環境問題としてさまざまな事象を取り上げる場合、原子力による環境問題は除外している。2011年3月発生の東日本大震災における福島第1原子力発電所の被災により、存廃議論が起こっている。

原子力規制委員会
原子力利用における安全の確保を図るため必要な施策を策定し、これらを実施する事務を一元的に司る行政機関。原子力規制委員会設置法に基づき、2012年9月原子力規制委員会が環境省の外局として設置され、その事務局として原子力規制庁が置かれた。

原子力規制庁
2012年9月環境省外局として設置した組織。福島原発事故は、広範囲・長期に及ぶ環境汚染と被災者を出し、エネルギー政策再考を促した。結果、「規制と利用の分離」の観点から、原子力安全規制部門を経産省から分離した。

原子力基本法
日本の原子力政策の基本方針を定めた法律。1955年12月制定。目的は、原子力の研究・開発・利用を推進し将来のエネルギー資源を確保すること、学術の進歩と産業の振興とを図り、人類社会の福祉と国民生活の水準向上に寄与することである。基本方針は、研究・開発・利用は平和に限り、安全の確保を大前提として民主的な運営のもと自主的に行うものとし、また、その成果を公開し、国際協力に資するものとしている。

原子力災害対策特別措置法
1999年9月に起きた東海村 JCO 臨界事故の教訓等から、原子力災害対策の抜

け

本的強化をはかるために 1999 年 12 月制定、2000 年 6 月に施行された法律。この法律では、臨界事故の教訓を踏まえ、迅速な初期動作の確保、原子力事業者の責務の明確化などをはかるとしている。

原子力発電
核分裂時に発生する熱を利用して、発電する技術。

原子力発電環境整備機構（NUMO）
Nuclear Waste Management Organization of Japan。「特定放射性廃棄物の最終処分に関する法律」に基づき、2000 年 10 月に経済産業大臣の認可法人として設立。NUMO は、原子力発電により発生する使用済燃料を再処理した後に残る高レベル放射性廃棄物等の最終処分（地層処分）事業を行う。また、経産省は 2017 年 7 月最終処分場の候補地となり得る地域を示した「科学的特性マップ」を公表した。

原子炉等規制法
核原料物質、核燃料物質及び原子炉の規制に関する法律。原子炉だけでなく、核物質全般の取扱いを規制する法律。1957 年制定・公布。原子力施設における事故の発生や規制体制の改革等を受けて、これまでに 30 回を超える改正が行われてきた。東日本大震災（2011 年 3 月 11 日）に伴う原発事故を契機に、大幅に見直された。規制組織としては原子力安全・保安院と原子力安全委員会が廃止され、安全規制行政を一元的に担う新たな組織として原子力規制委員会が 2012 年 9 月発足。新たな原子炉等規制法では、規制行政の責任機関を原子力規制委員会（環境省外局）に一元化するとともに、発電用原子炉等に関して、重大事故対策の強化、最新の技術的知見を既存の施設・運用に反映する制度の導入、運転期間の制限等の規定を追加した。

け

原生自然環境保全地域＊
人の活動の影響を受けることなく原生の状態を維持している地域で、全国で 5 地域が指定されている。自然環境保全法及び都道府県条例に基づいて指定されている。指定地域は、遠音別岳（おんねべつだけ）、十勝川源流部、南硫黄島、大井川源流部、屋久島である。

原生生物
真核生物のうち、菌界にも植物界にも動物界にも属さない生物の総称。ゾウリムシ・アメーバ・ワムシなど。

原生動物
動物のうちで最下等な動物門に含まれる動物群。体が 1 個の細胞からできていて，大部分が顕微鏡的な大きさである。鞭毛虫類（ミドリムシ）・肉質類（アメーバ）・胞子虫類（マラリア病原虫）・繊毛虫類（ゾウリムシ）に分けられる。

建築外皮
建物など建築物の壁、窓、屋根、床などのこと。その性能を評価する指標として、①断熱性能の向上②開口部（窓）の断熱性能の向上③常時換気扇に熱交換型を使用することなど。また気密性も重要な要素である。

建設事業コスト
住宅コストは、単に建設費だけでは評価できない。開発から建設・維持管理・廃棄に至る総コストで判断する必要があり、その総コストをいう。評価の際には環境負荷も考慮する必要がある。

建設廃棄物
建設工事に伴う副次的に得られる建設副産物から建設発生土やそのまま原材料として利用できる再生資源を除いたもの。工作物の建設工事や解体工事

に伴って発生する各種廃棄物の総称。コンクリート塊、アスファルトコンクリート塊、建設発生木材、建設汚泥、建設混合廃棄物などが主たる内容である。

建設リサイクル法＊
建設工事にかかる資材の再資源化等に関する法律。建設資材の適正処理と再資源化の促進を目的に、2000年5月公布された。主たる内容は、①建築物の分別解体等と再資源化等の義務付け、②発注者・受注者の事前届出や契約等の手続の義務付け、③解体工事業者の登録制度や技術管理者による解体工事の監督である。

懸濁物質
水中に浮遊し、水に溶けない固体粒子をいう。工場排水試験法（JISK01202-14）では2mm目のフルイを通過して、ろ紙またはその他のろ過器で水と分離できるものをいう。浮遊物質ともいう。

建築計画
建築工事に必要とされる工事の施工者・規模・期日・資材・工程などを定めたもの。建築基準法では、建築物の売買にあたって、善意の買主が無確認建築物（違反建物）を購入することにより不測の損害を被ることを防止するとともに、建物を建てる際に起こりうる周辺とのトラブル防止や違反建物の抑制等の観点から建築計画概要書等の閲覧制度が定められている。

建築生物学
別名バウビオロジーともいう。健康住宅という概念。人間を中心に、「人間と居住環境の全体的諸関係について考える」ことを課題とし、住まいを第三の皮膚として捉え、自然素材を主体として心地よい空間をつくっていく。食生活が第一の皮膚を、衣が第二の皮膚を、住環境が第三の皮膚に相当するという考え方である。

建築物総合環境性能評価システム
CASBEE参照。

建築物省エネ法
「建築物のエネルギー消費性能の向上に関する法律」。2015年7月通常国会にて可決成立公布された。2016年4月施行。建築物全体の省エネ性能を一層向上させるため、旧来の「省エネ法」から建築部門（旧省エネ法72条など）を独立させた新たな法律である。

源流対策原則
廃棄物等は環境に出される段階で対策を講ずるのではなく、製品の設計や製法の段階（源流段階）において減らすこと優先すべきという原則。3R（リデュース、リユース、リサイクル）も、「源流対策の原則」の一環といえる。

[こ]

コアセット指標＊
経済協力開発機構（OECD）による環境の推移を表した指標。人間活動と環境を、「環境への負荷（pressure）」「環境負荷による環境の状態（state）」「環境のに対する対策（response）」というPSRフレームワークという概念を利用してとらえたもの。環境パフォーマンスを数値化した評価。負荷は、資源消費、汚染物や廃棄物排出など、対策は環境への支出や廃棄物リサイクルなど。

コーズマーケティング
Cause related marketing。特定商品の購入が寄付などを通じて環境保護

などの社会貢献に結びつくように工夫した販促キャンペーン。日本のベルマーク運動など。

コーポレートガバナンス
企業内部での不正が行われない様に経営をいかに指揮するべきか、特に企業の首脳部にあたる取締役会の責任を外部機関の監視をも含めていかに明確にするかを論じるものである。企業統治とも訳される。

広域処理
東日本大震災で発生した廃棄物を必要に応じ県外処理すること。12 道県の処理は 2014 年 3 月までに完了。福島県には広域処理は適用されていない。

行為規制
環境保全の政策手法のうちの規制的手法の一つ。環境に影響をおよぼす行為について、具体的な行為の内容を指定して遵守させる方法。原油の流出時などの緊急時に指示に従わないものを罰するなどが該当する。

合意的手法
環境保全の政策手法のうちの手法の一つ。各主体がどのような行動を行うのかについて、事前に合意することを通じて、その実行を求める手法。公害防止協定など。

公害（問題）＊＊＊
環境基本法（1993 年）の「公害」の定義は、『環境の保全上の支障のうち、事業活動その他の人の活動に伴って生ずる相当範囲にわたる大気の汚染、水質の汚濁、土壌の汚染、騒音、振動、地盤の沈下（鉱物の掘採のための土地の掘削によるものを除く）及び悪臭によって、人の健康又は生活環境（人の生活に密接な関係のある財産並びに人の生活に密接な関係のある動植物及びその生育環境を含む）に係る被害が生ずること』である。このほか広義の用法として、食品公害・薬品公害・交通公害・基地公害等がある。

公害健康被害補償法
健康被害に係る損害を補うため、医療費、補償費などの支給を行うとともに、公害保健福祉事業を行うことにより、公害健康被害者を保護することを目的に 1973 年制定。補償給付の対象は、大気汚染の影響による疾病（慢性気管支炎、気管支喘息、喘息性気管支炎、肺気腫、およびそれらの続発症）が多発した第 1 種指定地域の被認定患者と、水俣病、イタイイタイ病および慢性砒素中毒を指定疾病とする第 2 種指定地域の被認定患者である。1987 年の法改正により法律の名称は現行のものに変更し、第 1 種指定地域の解除が行われた。

公害国会＊
第 64 回国会は、1970 年 11 月に開催された臨時国会。公害問題に関する法令の抜本的な整備を行ったことから、この通称で知られる。この直後、環境庁（現：環境省）が設置された。可決成立した法案は、新規では 公害犯罪処罰法、公害防止事業費事業者負担法、海洋汚染防止法、水質汚濁防止法、農用地土壌汚染防止法、廃棄物処理法。改正は、下水道法、公害対策基本法、自然公園法、騒音規制法、大気汚染防止法、道路交通法、毒物及び劇物取締法、農薬取締法。

後悔しない対策
ノンリグレット・ポリシー（no regret policy）。主として地球温暖化対策の用語として用いられる。仮に温暖化などの影響が現れない場合でも、無駄にならない範囲の対策を実施する政策。

71

公害対策会議
「旧公害対策基本法」から新たに「環境基本法(第 45 条)」に引き継がれ、1964 年内閣総理府に設置された特別な機関。環境大臣を会長とし、関係行政機関の長から構成され、公害防止計画の策定指示及び承認に係る審議などを行う。現在は環境省の下部組織。

公害対策(防止管理)技術
法律により大気、水質、騒音・振動、粉じん、ダイオキシン類、公害防止管理技術として 6 分野が定められており、それぞれレベルに応じた試験により資格が認定される。

公害対策基本法＊＊＊
1967 年（昭和 42 年 8 月法律第 132 号）は、日本の 4 大公害を受けて制定された公害を規制する根幹の法律。1967 年 8 月施行、1993 年 11 月、環境基本法施行に伴い廃止。

公害等調整委員会
1972 年 7 月土地調整委員会(昭和 26 年 1 月 31 設置)と中央公害審査委員会(昭和 45 年 11 月 1 日設置)とを統合して設置された国家行政組織法第 3 条に基づく行政委員会。その任務は、①公害紛争について、あっせん、調停、仲裁及び裁定を行い、その迅速かつ適正な解決を図ること（公害紛争処理制度）、②鉱業、採石業又は、砂利採取業と一般公益等との調整を図ること（土地利用調整制度）、を主たる任務としている。

公害病＊
人間の産業活動により排出される有害物質により引き起こされる病気。狭義には、環境基本法に定義される公害が原因となる病気。水俣病などがある。

公害防止管理者
「特定工場における公害防止組織の整備に関する法律」に基づき、特定工場に選任を義務付けられ任命された者。

公害防止協定
公害防止の有効な手段の一つとして、地域の実情や企業の自主的取り組みを含めた公害対策を企業と自治体が結んだ協定。

公害防止計画
環境基本法第 17 条に基づく法定計画。現に公害が著しい、または、そのおそれがあり、対策を総合的に講じなければ公害の防止を図ることが著しく困難になると認められる地域について、環境大臣が都道府県知事に策定を指示することが出来るとされたもの。

公害防止組織法
特定工場における公害防止組織の整備に関する法律。1971 年 6 月制定。最近改正は 2004 年 5 月 26 日。公害防止組織を整備することにより事業場における公害を防止するための法律。規模に応じて関連分野の公害防止管理技術の有資格者を常備しなければならない。

光化学(反応)オキシダント＊
大気中の窒素酸化物（NOX）や炭化水素（VOC）が太陽の紫外線により光化学反応を起こし二次的に生成されるオゾンなどの総称。気象条件により光化学スモッグの原因となる。高濃度では目やのどの刺激や呼吸器に影響を及ぼすおそれがあり、農作物にも影響を及ぼす。大気汚染防止法により一時間値が 0.12ppm 以上になると都道府県知事から光化学オキシダント注意報等（光化学スモッグ注意報等ともいう）が発令される。

光化学スモッグ＊＊＊
工場や自動車から排出される窒素酸化物などの汚染物質が太陽の紫外線により、光化学オキシダントが生成され、高濃度になると気象条件によりスモッグを発生する。このスモッグを光化学スモッグという。

好気性（微）生物
酸素に基づく代謝機構を備えた生物。ほとんどすべての動物、ほとんどの真菌類が該当する。

公共圏の共有者
公共圏は住民の生活する流域や山系のほか、商店街などの経済地域がある。地域独自のルールづくりなどができる地域住民を指す言葉。

工業排水（廃水）
工場用水が製造や洗浄に使用されて汚水となり、好気性生物、膜濾過等で処理された後、工場から公共用水域に排出される。これを工場（工業）排水という。工場排水の排出基準は水質汚濁防止法（1970 年）で定められている。都道府県はさらにきびしい許容限度（上乗せ排水基準）を定めることができる。排水には特に汚れの酷い汚水または廃水も含まれるが、法律では汚水または廃水を処理したものも排水という。

公共用水域＊
水質汚濁防止法によって定められた、公共利用のための水域や水路のこと。河川、湖沼、港湾、沿岸海域、公共溝渠、灌漑用水路、その他公共の用に供される水域や水路。ただし、下水道は除く。

航空機騒音
1960 年代以降航空機のジェット化に伴い空港周辺において問題化した騒音公害。

光合成＊＊＊
主に植物など光合成色素をもつ生物が行う光エネルギーを化学エネルギーに変換する生化学反応のことである。光合成生物は光から変換した化学エネルギーを使って水と空気中の二酸化炭素から炭水化物（糖類：例えばショ糖やグルコースやデンプン）を合成している。また、光合成は水を分解する過程で生じた酸素を大気中に供給している。また光合成で得られた炭水化物を燃焼エネルギーとして利用する場合は地球温暖化に寄与しない再生可能エネルギーと呼ばれる。

黄砂＊＊
特に中国を中心とした東アジア内陸部の砂漠または乾燥地域の砂塵が、強風を伴う砂嵐などによって上空に巻き上げられ、春を中心に東アジアなどの広範囲に飛来し、地上に降り注ぐ気象現象。またはその砂自体などをいう。

鉱滓（こうさい）
一般的には、鉄・銅などを精製するため、溶鉱炉、溶解炉で鉱石を製錬するときに使うフラックス(溶剤)にまじっている成分の総称。のろ、スラグなどともいう。

耕作放棄地
農業従事者が不足し、耕作できなくなり放棄された田畑。里山を含むこれらの耕作地は人間と自然の良好な関係が維持され、独特の生態系が維持されてきた。これらの破壊が進んでいる一方、農村の少子高齢化は更に進み、農地所有意欲の低下から、農業適地では企業による借地耕作が試みられている。

公助＊
共助参照。

工場排水等の規制に関する法律 ＊

日本の最初の本格的水質汚染防止の為の法律。1950 年代初期から顕在化した水俣病及びイタイイタイ病への対策として制定されたが、問題水域を個々に指定し、規制内容に徹底を欠いており、工場排水に含まれる鉛やカドミウム、水銀を規制することができず、1960 年代の阿賀野川水銀汚染（第 2 水俣病）などの発生を容認する結果となった。これを受け、1970 年に水質汚濁防止法が代替法として制定され、施行令では排水規模に応じて、専門技術者（第一種または第二種水質管理主任技術者）を選任することが義務づけられている。

高周波振動

高周波により起きる振動をいう。概ね、音として聞こえる 1 秒 1 万回程度以下の切り替え速度が低周波、電波として使う 1 秒百万回以上の場合が高周波と呼ばれているが、更に周波数が高い光や原子振動まで利用されている。

高周波点灯専用型蛍光灯

蛍光灯の点灯方式の一つ。高周波で作動するので瞬間に点灯し、ちらつきもない。Hf ランプ。

公衆被曝

人工放射線による被曝のうち、放射線業務に伴う職業被曝や放射線治療などを受ける際の医療被曝以外の被曝。

工場立地法

工場を周辺環境に配慮して適正に立地するために、敷地面積に対する生産施設の面積率、緑地の面積率、環境施設の面積率の基準を定めた法律。同法は 1959 年の「工場立地の調査等に関する法律」を前身とする。1973 年に同法が改正され、名称も現在の工場立地法となった。

高速増殖炉（もんじゅ）

福井県敦賀市にある日本原子力研究開発機構の発電実験プラントで、高速中性子増殖炉（高速増殖炉）の原型炉。日本で主力の軽水炉のウラン資源の利用効率は、0.5％程度だが、高速増殖炉では 60％に上る。しかし技術的困難さ（炉の冷却に液体ナトリウムを使用するなど）のため、1995 年の事故以降満足な運転が出来ていない。政府は 2016 年 12 月、原子力関係閣僚会議を開き廃炉を決定した。

交通計画

交通工学に基づき交通の在り方について計画する学問である。交通バリアフリー法を受けての高齢化社会への対応・環境負荷の軽減などの新たな課題への対応も対象とされている。都市の環境に最も影響を与えるものは自動車であり、パークアンドライドやカーシェアリング、等に加えてタクシーの自動運転なども含まれる。

交通需要マネジメント

Transportation Demand Management。交通手段を利用する側をコントロールする政策。乗り入れ規制、パークアンドライド、共同配送などがある。これにより、排ガス対策、交通渋滞解消のほか二酸化炭素排出削減などの効果が期待できる。

高度経済成長 ＊＊

日本の場合は、戦後生産力水準が戦前最高時の水準を回復した 1955 年から、74 年に GDP がマイナスに転じるまでの、約 20 年間をさす。当時の日本の経済成長率は、年平均 10％を超え、欧米の 2 ～ 4 倍に達した。

高度情報化社会

1990 年代以降、IT 革命が起こり、コンピューターなどの価格が劇的に下が

ると共に、処理速度も劇的に向上し多くの人が手軽にインターネットを利用できるようになり、また、携帯端末の進化も日々進み、時間場所を問わず、誰でも情報にアクセスすることのできる状況が実現し、さらには携帯端末から他の機器を随時遠隔操作できるようにもなり、遠隔監視、遠隔制御が簡単に行える様になった（Iotという）。このような社会を高度情報化社会という。4G、5G参照。

高度道路交通システム
ＩＴＳ参照。

後発開発途上国
Least developed Country：LDC。国連が定める世界の国の社会的・経済的な分類の一つ。開発途上国の中でも特に開発が遅れている国々のこと。

高病原性鳥インフルエンザ
鳥インフルエンザは、A型インフルエンザウイルスが鳥類に感染して起きる鳥類の感染症である。ニワトリ・ウズラ・七面鳥等に感染すると非常に高い病原性をもたらすものがあり、そのタイプのものをいう。現在、世界的に養鶏産業の脅威となっているのはこのウイルスである。

鉱物資源
鉄・銅・ボーキサイト・ウラン鉱・石油・石炭などの有効利用が可能な鉱物。地下資源ともいう。産出量が少ないが有用な鉱物資源は、レアメタル、石油・石炭・天然ガス等は化石燃料とも呼ばれている。

広葉樹(林)
葉が広く平たいサクラやケヤキ、ブナなどの被子植物に属す木本（もくほん）のこと。またその林。

合流式下水道
汚水と雨水を同一の管渠でまとめて処理する下水道の方式。一定以上の降雨時に未処理の下水の一部がそのまま放流される欠点があり、近年の豪雨により想定外の汚水が流出して過密都市周辺の海洋汚染の原因になっている。

高レベル放射性廃棄物＊
使用済核燃料からウランなどを分離・回収した後の液状の廃棄物をいう。放射能レベルが高いことからこう呼ばれる。

氷蓄熱(こおりちくねつ)
夜間の安価な電力を使用し、夏期の夜間に氷を作って蓄えておき、昼間の冷房に活かす空調システム。水は氷点が0℃なので夜間の冷凍機効率が低下する。昼間同様6−7℃付近で結晶化する物質をカプセルに入れて凍らせ冷凍機効率を向上させる方法もある。

小型家電製品＊
炊飯器、掃除機、電子レンジ、テレビゲーム本体、カメラ、電子カーペット、電気毛布、携帯電話、懐中電灯、ステレオ、キッチンタイマー、時計など。希少金属が使用されている場合が多い。パソコンや家電4品目（エアコン、ブラウン管式テレビ、冷蔵庫・冷凍庫、洗濯機)は「小型家電リサイクル法」の小型家電製品に該当しない。

小型家電リサイクル法＊
正式名称「使用済小型電子機器等の再資源化の促進に関する法律」。施行2013年（平成25年）4月。デジタルカメラ、携帯電話やゲーム機等の使用済小型電子機器等の再資源化を促進するため、主務大臣による基本方針の策定及び再資源化事業計画の認定、当該認定を受けた再資源化事業計画に従って行う事業についての廃棄物処理業の許可等に関する特例等について定めた法律。

小型水力発電（機）

マイクロ水力発電機。明確な定義はないが、200kW 未満の発電設備で各種手続きが簡素化されるため、この規模のものを総称して小型（マイクロ）水力発電とすることがある。

枯渇性資源 ＊

自然のプロセスにより、人間などの利用速度以上には補給されない天然資源のこと。石油・石炭・天然ガスなどの化石燃料、金属類、石灰石など。

黒鉛

炭素の同素体の一つ。石墨，グラファイトとも。六方晶系の結晶。普通は鱗片状、塊状、土状などで産出。黒～鋼灰色、油脂状の感触がある。比重 2.1 ～2.2、硬度 1～2。同じカーボンの結晶でも飛躍的に熱・電気抵抗に優れるナノチューブ構造はグラファイト構造とは区別される。

国際エネルギー機関(IEA)

International Energy Agency：IEA。29 の加盟国が、その国民に信頼できる、安価でクリーンなエネルギーを提供する為の諮問機関。第 1 次石油危機を契機に、米国のキッシンジャー国務長官の提唱のもと、1974 年に加盟国の石油供給危機回避を目的に設立された。事務局はパリ。

国際エネルギースタープログラム

OA 機器の省エネルギーのための国際的な環境ラベリング制度。環境ラベル参照。日本の経済産業省とアメリカの環境保護庁（EPA）との相互承認の元で運営している。対象商品は PC、ディスプレイ、プリンタ、ファクシミリなどである。近年は、EU、カナダ、オーストラリアなどにおいても実施されており、国際的に認知されつつある制度である。

国際海事機関

International Maritime Organization（IMO）参照。

国際環境教育ワークショップ

1975 年 10 月国連教育科学文化機関（UNESCO）により世界各国の環境教育専門家を召集し、開催された会合。そこでは『ベオグラード憲章』と呼ばれている国際的、全地球的レベルにおける環境教育についてのフレームワークの作成などが話し合われた。

国際環境自治体協議会

International Council for Local Environmental Initiatives：ICLEI。1990 年に 43 ヵ国 200 以上の地方自治体が集まり誕生。持続可能な開発を公約した自治体・自治体協会で構成された民主的で国際的な連合組織。現在、ボンに本部、日本を含め 15 か所に事務所がある。2009 年 12 月現在、68 カ国、1,100 以上の自治体が参加。

国際機関間機関

国際機関同士が協力して新しく設立した機関。例えば、IPCC（気候変動に関する政府間パネル）は UNEP（国連環境計画）と WMO（世界気象機関）との合意によって設置された。

国際記念物遺跡会議

International Council on Monuments and Sites、略称 ICOMOS（イコモス）。1965 年設立。世界の歴史的な記念物（あるいは歴史的建造物）および遺跡の保存に関わる専門家の国際的な非政府組織。ユネスコの記念物および遺跡の保護に関する諮問機関。

国際協力事業団

Japan International Cooperation Agency。JICA 参照。

国際原子力事象評価尺度

原子力事故・故障の評価の尺度。国際原子力機関(IAEA)と経済協力開発機構原子力機関(OECD/NEA)が策定。その深刻さ重大さにより7段階に区分評価している。1992年から各国で運用。原子炉などの損傷程度や放射性物質の放出量などを基準に、0～7のレベルが決められる。福島原発事故は最悪レベル「レベル7」に分類された。

国際サンゴ礁イニシアチブ

1994年にアメリカの提案により活動開始したサンゴ礁の保全と持続可能な利用に関する包括的な国際プログラム。生物多様性の豊かなサンゴ礁の保全は地球的課題であり、米、日、豪、英、仏、ジャマイカ、フィリピン、スウェーデンの8カ国が中心となり推進している。

国際サンゴ礁行動ネットワーク(ICRAN)

International Coral Reef Action Network。国際サンゴ礁イニシアティブ(ICRI)のオペレーションネットワークの一つで、世界各地のサンゴ礁の衰退に歯止めをかけ、回復させることに努める専門家から成る世界規模の環境パートナーシップ。ICRIの要請により2000年に設立された。

国際資源パネル

International Resource Panel。IRP参照。

国際自然保護連合(IUCN)＊＊

International Union for Conservation of Nature and Natural Resources。1948年に設立。本部はスイスのグランにあり、国や政府機関NGOなどが参加。地球の自然環境、生物多様性を保全し、自然資源の持続的な利用を実現するための政策提言、啓発活動、他団体への支援を目的とする。1996年に絶滅のおそれのある野生生物について記載した「レッドデータブック」を中心となって作成した。

国際人口開発会議(ICPD)

International Conference on Population and Development。1994年、179カ国の代表が出席してエジプトのカイロで開催された国際会議。リプロダクティブヘルス・ライツ（性と生殖に関する健康および権利）の推進が、今後の人口政策の大きな柱となるべきことが合意された。

国際森林年

森林問題が世界的問題になっていることを考慮し、国連は、2011年を国際森林年(the International Year of Forests)と定めた。その目的は世界で「持続可能な森林管理・利用」という森林の成長量を超えない範囲での木材を利用していくことの重要性に対する認識を高めることである。

国際生物学オリンピック

International Biology Olympiad (IBO)。毎年行われる高校生を主な対象とした生物学の問題を解く能力を競う国際大会。第1回大会は、1990年チェコスロバキアのオロモウツで開催。日本は第16回大会（北京、2005年）より参加している。

国際生物多様性の日

International Day for Biological Diversity、World Biodiversity Day。毎年5月22日。生物の多様性が失われつつあること、また、その認知を広めるために国際連合が制定した記念日（国際デー）。

国際熱帯木材機関(ITTO)

International Tropical Timber Organization。ITTO参照。

国際熱帯木材協定(ITTA)

International Tropical Timber Agreement。開発途上国の貿易にとって重要な 18 品目（コーヒー、茶、鉄鉱石、熱帯木材など）の貿易の安定を図ることを目的とした「一次産品総合計画」に基づいて採択された国際商品協定の一つ。発効は 1985 年。1997 年改定協定発効。

国際排出量取引(ET)

Emissions Trading。京都議定書に取り入れられた温室効果ガス削減の方法の一つ。先進国間で決められた排出削減枠について先進国間で売買する制度。

国際標準化機構(ISO)

ISO 参照。

国際フェアトレード認証ラベル

環境ラベル・マークなどの紹介参照。

国際連合＊(UN)

United Nations。国際連盟（The League of Nations）の後を受けて、1945 年第二次世界大戦直後に設立され、国際平和と安全の維持をおもな目的とする、普遍的な平和機構である。主権国家の集合体であるが、その権利は加盟国に平等である。強い強制力を持った機構でないためしばしば問題解決ができない場合がある。更に日独などを敵国とする「敵国条項」が残っている。

国際労働機関

ILO 参照。

国産エネルギー資源

国内で供給可能なエネルギー源としては、水力、石炭が従来からのエネルギーであるが、将来性のあるエネルギー源としては、再生可能エネルギーとしての太陽光、地熱、風力の他、メタンハイドレード、バイオマスなどがある。

国定公園＊

自然公園法に基づき国立公園に準じる風景地で、56 公園（2017 年 12 月現在）が指定されている。国立公園は国の管理であるのに対し、国定公園は都道府県が管理する。

国内希少野生動(植)物種＊

鳥類は、コウノトリ、オオタカなど 37 種。哺乳類は、イリオモテヤマネコなど 5 種。爬虫類は、キクザトサワヘビ 1 種。両生類は、アベサンショウウオ 1 種。魚類は、アユモドキなど 4 種。昆虫類は、マルコガタノゲンゴロウなど 15 種。植物は、アマミデンダ、ホテイアツモリなど 26 種が指定されている。

国内クレジット制度

京都議定書目標達成計画(2008 年)において、大企業による資金・技術などの提供を通じて中小企業などが行った GHG 排出削減量を認証、自主行動計画や試行排出量取引スキームの目標達成等のために活用できる制度。主管は経産省。他に環境省主管の J-VER があった。2013 年 4 月に同制度と J-VER 制度は統合され、J-クレジット制度として、経産省、環境省、農水省が共同で管活している。

国内総生産 (GDP)＊＊

Gross Domestic Product。一定期間内に国内で産み出された付加価値の総額。ストックに対するフローをあらわす指標であり、経済を総合的に把握する統計である国民経済計算の中の一指標で、GDP の伸び率が経済成長率に値

こ

する。原則として国内総生産には市場で取引された財やサービスの生産のみ
が計上される。

国内排出量取引制度
国、組織等ごとに温室効果ガスの排出枠を定め、達成した国等は未達成の国
等にその余剰の枠を売買する制度。日本において施行されている制度は、自
主的に参加企業が排出枠を設定し、その枠の余剰分を取引する制度である。
強制力を伴わないので、効果のほどが疑問視されている面もある。

国民健康・栄養調査
厚生労働省の調査で、毎年 11 月に実施する。健康増進法（2002 年・平成 14
年法律第 103 号）に基づき、国民の身体の状況、栄養摂取量及び生活習慣の
状況を明らかにし、国民の健康増進の総合的な推進を図るための基礎資料を
得るため実施する調査。

国民生活センター
国民生活の安定及び向上に寄与するため、総合的見地から、国民生活に関す
る情報の提供及び調査研究を行うことを目的として 1970 年に特殊法人とし
て設立された。2003 年 10 月 1 日、「独立行政法人国民生活センター法」に
基づき独立行政法人化された。

国民生活に関する世論調査
国民が生活の向上について、現在の暮らしにどの程度満足しているかなど，
国民の生活に関する意識や要望などを種々の観点から捉え，広く行政一般の
基礎資料とすることを目的とする調査で，1958 年から毎年実施している。
2002 年の内閣府の調査によれば、現代は「モノの豊かさ」よりも「心の豊か
さ」に重きを置きたいと考える人の割合が上回る傾向が見られる。

国民総幸福量(GNH)
Gross National Happiness。ブータン王国が国家建設のスローガンとして
打ち出した開発理念。国内総生産(GDP)のように経済発展の数値で示すので
なく、心の豊かさを示す「幸福度」を重視しようという考え方である。

国民の豊かさを測る幸福度
OECD が開発した指標。住宅、所得、地域のきずな、教育、行政など 11 の指
標で測り 2011 年 10 月に公表。その目的は、人々のより良い暮らしの政策決
定力強化に資するためとしている。OECD ではその後定期的にメンバー国の状
況を評価している。

国立環境研究所
1971 年環境庁発足に伴い、その研究所として国立公害研究所が 1974 年に発
足。2001 年 4 月環境省所管の独立行政法人国立環境研究所となる。目的は、
環境研究業務、環境情報の収集・整理・提供が主なもの。環境研究業務では、
地球温暖化、廃棄物、化学物質、など 7 分野が重点研究分野とされている。
所在地は、茨城県つくば市。

国立公園＊＊＊
国（国家）が指定し、その保護・管理を行う自然公園。日本においては狭義
には、自然公園法に基づき、日本を代表する自然の風景地を保護し利用の促
進を図る目的で、環境大臣が指定する自然公園の一つで、国（環境省）自ら
が管理する。2020 年 12 月末現在 34 地区。

国連＊
国際連合参照。

国連開発計画
United Nations Development Program：UNDP。1966 年、2 つの国連技術

こ

協力機関（国連特別基金と国連拡大技術援助計画）の統合で発足。国連総会と国連・経済社会理事会の管轄下にある国連機関の1つ。本部ニューヨーク。現在、177 の国・地域で活動をし、人々の健康、長寿、暴力の根絶、知識の向上などのグローバルな課題や国内の課題に対してそれぞれの国に合った解決策が見出せるよう取り組んでいる。また毎年「人間開発報告書」を発表して、人間開発指数による世界各国の評価を行っている。

国連環境開発会議
環境と開発に関する国連会議参照。

国連環境計画(UNEP)＊＊
United Nations Environment Program。1972 年 6 月、ストックホルム開催の「国連人間環境会議」で採択された「人間環境宣言」及び「環境国際行動計画」を実施に移すための機関として、1973 年発足。地球環境分野（オゾン層保護、気候変動、森林問題など）を対象に国連活動、国際協力活動を行う。本部はナイロビ。ワシントン条約、ウィーン条約、バーゼル条約の事務局でもある。

国連気候変動サミット＊
2009 年 9 月 22 日ニューヨークの国連本部で開催された気候変動問題に関する国際会議。鳩山首相（当時）は、2020 年までに温室効果ガスを 1990 年比で 25 パーセント削減することを表明。先進国による途上国への資金援助・技術協力を骨子とする鳩山イニシアチブを提唱した。

国連気候変動枠組み条約＊
気候変動枠組み条約参照。

国連教育科学文化機関(UNESCO)＊
United Nations Educational Scientific and Cultural Organization。UNESCO 参照。

国連グローバル・コンパクト＊
1999 年世界経済フォーラム（ダボス会議）で、アナン国連事務総長が提唱したイニシアチブ。企業を中心とした様々な団体が、持続可能な成長を実現するための世界的な枠組み作りへ参加する自発的な取り組み。2000 年 7 月発足。2015 年 7 月現在 160 か国 1 万 3000 を超える団体（うち企業約 8300）が署名し、人権・労働・環境・腐敗防止の 4 分野・10 原則を軸に活動中であったが、2015 年にはこれらは SDGs に包含された。SDGs 参照。

国連砂漠化対処条約(UNCCD)＊
United Nations Convention to Combat Desertification。UNCCD。1980 年代に 1960 年代から 70 年代にかけて発生したサヘル地域の干ばつが再発した。これを受け 1994 年に国連砂漠化対処条約が採択され、先進国途上国が連携した砂漠化防止への本格的取り組みが始まった。単に「砂漠化対処条約」ともいう。

国連砂漠化防止会議(UNCD)＊
United Nations Conference on Desertification。1960 年〜1970 年代にかけてアフリカで起こったサヘルの大干ばつの惨状をきっかけに、1977 年に開催され、国際的な砂漠化対策の取り組みが開始された。

国連持続可能な開発会議＊
リオ＋20 参照。

国連持続可能な教育のための 10 年＊
1992 年開催の地球サミット後 10 年を経て 2002 年にヨハネスブルグにて「持続可能な開発に関する世界首脳会議」が開催された。ここでは、経済発展・

社会開発・環境保全がテーマとされ、テーマ達成のためには教育がきわめて重要であることを確認。日本のNGOの提案もあり2005年からの10年を「国連持続可能な教育のための10年」とすることが採択された。

国連食料農業機関(FAO)＊

Food and Agriculture Organization of the United Nations。1945年設立。本部はイタリアのローマ。栄養水準の向上、食料・農産物の生産および流通の改善、農村住民の生活向上などを通じて、世界経済の発展および人類の飢餓からの開放を実現することを目的とする。

国連森林フォーラム(UNFF)

United Nations Forum on Forests。持続可能な森林経営を推進していくために2001年に設けられた国連の機関。

国連生物多様性の10年

United Nations Decade on Biodiversity：UNDB。世界規模の生物多様性の損失を防ぐため、2011年から2020年を、「生物多様性の10年」と位置付け、国際社会が協力して生態系保全に取り組むとの国際年に関する国連決議。日本のNGO及び「国際自然保護連合(IUCN)日本委員会」の提案により、日本政府からCOP10を通じて提案したもの。COP10ではその10年間の目標として、愛知ターゲットが採択された。

国連生物多様性の10年日本委員会

Japan Committee for UNDB。UNDB-J。2010年10月に名古屋で開催された生物多様性条約第10回締約国会議(COP10)で採択された生物多様性保全のための新たな世界目標である「愛知目標」の達成に貢献するため、国、地方公共団体、事業者、国民および民間の団体など、国内のあらゆるセクターの参画と連携を促進し、生物多様性の保全と持続可能な利用に関する取り組みを推進するため、2011年9月に設立された日本の委員会。

国連大学

United Nations University。国際連合の目的の達成のために、国際的な共通の課題について研究や人材育成を行うことを目的とする研究者らの国際的な共同体である。1975年活動開始。本部は東京都渋谷区。国際連合の日本における拠点である。日本国の「学校教育法」に規定する大学ではなく国際連合のためのシンクタンクである。2010年から大学院プログラム設置。日本の大学院大学に準ずる扱いを受けることとなった。

国連大学高等研究所

United Nations University Institute of Advanced Studies：UNU-IAS。国連大学に所属する研究機関。所在地神奈川県横浜市。

国連人間環境会議＊＊＊

ストックホルム会議。1972年にストックホルムで開催された環境に関する初めての国際会議。会議テーマの"かけがえのない地球"は環境問題が地球規模、人類共通の課題となってきたことを表す。また「人間環境宣言」および「世界環境行動計画」は同年に発表されたローマクラブによるレポート「成長の限界」とともに、その後の世界の環境保全に大きな影響を与えた。一方環境保全に重点を置く先進国と、未開発、貧困などが最も重要な人間環境の問題であると主張する開発途上国が鋭く対立した。

国連・水と衛生に関する諮問委員会(UNSGAB)

United Nations Secretary-General's Advisory Board on Water and Sanitation。持続可能な開発を達成するうえで中心的な問題となる水問題について、グローバルな対応を強化することを目的として、2004年アナ

ン事務総長により設立された独立諮問機関。橋本元総理が議長となり、その後策定された行動計画は「橋本行動計画」と呼ばれることとなった。

ココ事件
有害廃棄物の越境移動の事例の一つ。1988年イタリアなどからPCBを含む廃トランスなどが、ナイジェリアに投棄された事例。

古材文化の会
貴重な木造建築の保存や再生を促進し、保存がかなわず解体されていく建物や部材を多様な資源として活用していくことを意図して活動しているNPO法人。事務所は京都市東山区。2002年ごろより活動。

コジェネレーション＊＊＊
内燃機関、外燃機関等の排熱を利用して動力・温熱・冷熱を取り出し、総合エネルギー効率を高める、新しいエネルギー供給システムのひとつである。熱電併給とも言われ、エネルギー効率は75〜80％。

湖沼＊＊＊
まわりを陸に囲まれ、海と直接連絡していない、静止した水のかたまりである。湖沼のうち大きなものは湖、小さなものは池あるいは沼と呼ばれる。

湖沼法
湖沼水質保全特別措置法。1984年7月制定。湖沼の水質の保全を図るため、湖沼水質保全基本方針を定めるとともに、水質の汚濁に係る環境基準の確保が緊要な湖沼について水質の保全に関し実施すべき施策に関する計画の策定及び汚水、廃液その他の水質の汚濁の原因となる物を排出する施設に係る必要な規制を行う等の特別の措置を講じるとした。

固定化
ガス状物質を固体化すること。植物、特に森林は光合成の過程で二酸化炭素を大量に吸収し植物体内に固定化する。これによって大気中のCO_2濃度が一定に保たれる役割を果たす。

固定価格買取制度(FIT法)
Fit法参照。

こどもエコクラブ＊
環境省の支援する事業。2人以上の子供（3〜18歳）メンバーと活動を支える大人1名以上で構成される。2つの活動を目的とし、1つは「エコロジカルアクション」といい、生きもの調査、町のエコチェック、リサイクル活動など、環境に関することなら何でも。2つ目は「エコロジカルトレーニング」でニュースレターの中で紹介されるもので、毎日の生活の中で地球や環境のことを楽しく考えるプログラム。こどもの時から環境に関心のある人材の養成を行う活動でもある。

こどもの水辺再発見プロジェクト
子どもたちの体験活動、特に「川に学ぶ」体験を推奨する観点から、教育委員会、市民団体等が連携して「子どもの水辺」の選定・登録及び必要に応じて整備を行うことにより、子どもたちの河川の利用を促進し、地域における子どもたちの体験活動の充実を図ることを趣旨として進められている3省（文科省、国土交通省、環境省）連携のプロジェクト。

子どもパークレンジャー
環境省が文科省と連携して展開している事業。小中学生に各種の環境保全活動をしてもらうことにより自然とのふれあいを推進し環境の大切さを学んでもらうことを目的としている。

こ

こどもホタレンジャー＊
環境省の事業。水環境保全活動を広げていくため、とくにホタルの保護に取り組むこどもたちの活動を、「こどもホタレンジャー」と名付け、2004年度からそれを支援する「こどもホタレンジャー」事業を行っている。優れた活動に対し大臣表彰を行う。

コ・ベネフィット（アプローチ）＊＊
環境汚染対策と地球温暖化対策を同時に達成する方法。環境と経済を両立させる支援策として注目されている。温室効果ガス排出削減を行うついでにエネルギー効率改善、大気汚染改善などの他分野の好ましい効果が得られる。環境破壊の抑止、貧困・地域格差解消など、途上国が抱える開発問題に関してコ・ベネフィットが実現すると、途上国側の温暖化対策・CDMに対する主体性を高めることができると期待されている。

ごみ＊
役に立たなくなった不要なものをいう。「くず」や「かす」もほぼ同様である。最初から誰にとっても価値を生じない物体たとえば路傍の石などは、ごみとはされない。

ごみ排出量
日本の統計では、一般廃棄物および産業廃棄物の排出量がごみ排出量として把握されている。環境省によると、日本のごみ総排出量は4289万トン、920g/日・人（2017年度・平成29年）である。

コミュニケーションツール
意思や情報を伝達する道具をいう。企業環境情報を伝達するツールとしては、環境報告書などがある。

コミュニティ
community。地域共同体。同じ地域に居住して利害を共にし、政治・経済・風俗などにおいて深く結びついている地域の人々の集まり（社会）のこと。

コミュニティ・ガーデン＊
「地域の庭」、つまり公に使うことのできる庭＝公園ともいえる。地域住民が主体となって、地域のために場所の選定から造成、維持管理までのすべての過程を自主的な活動によって支えている『緑の空間』やその活動そのものをさす概念として用いられている。

コミュニティサイクル
CO2排出量の削減・市街地の渋滞緩和等のため、街中に多数の自転車貸出拠点（ポート）を設置し、利用者がどこでも貸出・返却できる交通手段のこと。「自転車シェアリング」「サイクルシェアリング」「都市型レンタサイクル」等とも称される。現在日本では都市部を中心に、導入のための社会実験が各地で実施されている。

コミュニティ・ビジネス＊
地域住民が主体となって、地域が抱える課題をビジネスの手法により解決し、またコミュニティの再生を通じて、その活動の利益を地域に還元するという事業のこと。

コミュニティプラント
廃棄物処理法に従い、市町村が設置する小規模な下水処理施設のこと。

コモンズ＊
commons。日本の入会地を典型とする共有の土地や空間のこと。

コラボレーション
環境問題への取り組みなどでは、官民一体となった協働が効果を発揮するために欠かせない。この協働をいう。

コロナガス
太陽の黒点群の領域で生じる爆発現象に伴い、太陽表面から放出される高温のガス。

コンセンサス会議
主に科学技術分野で社会的に争点となっている課題について、一般から募った数十人で構成される市民パネルが、専門家と対話しながら数日間かけてじっくりと話し合う会議のこと。

コンテンツツーリズム
コンテンツ（小説、映画、テレビドラマ、アニメなど）の舞台である土地を訪れる観光行動の総称。

コンパクトシティ＊＊
町の中心部に公共施設を集中させ住宅や商業施設を一定の範囲に集中させた都市。ヒトやモノのムダな移動を排除し、環境負荷を軽減する目的で計画された都市。富山市などがある。

コンバインドサイクル発電＊
ガスタービンと蒸気タービンを組み合わせた発電方式。最初に圧縮空気の中で燃料を燃やしてガスを発生させ、その圧力でガスタービンを回して発電を行う。ガスタービンを回し終えた排ガスは、まだ十分な余熱があるため、この余熱を使って水を沸騰させ、蒸気タービンによる発電を行う。

コンプライアンス＊＊
一般的に「法令遵守」と訳されるが、企業理念など広範な倫理も含めた用語として単に法令を守るだけでない場合に、それと区別して使用する場合が多い。

コンポスト＊＊
生ごみなどの有機性廃棄物を微生物の働きによって分解し堆肥にする手法、技術もしくは堆肥そのものを指す場合もある。

[さ]

サードパーティ＊
第三者団体（企業、機関 等）のこと。「サード」は第三者の「第三」であり、当事者からは独立した者ということである。

サードパーティロジスティックス＊
3PL。ファーストパーティ（製造業者）、セカンドパーティ（卸、小売業者）の業務を代行し、荷主に最適なシステムを提供する物流サービス。業者間の輸送回数の減少など、環境負荷の低減が期待できる。

サービサイジング
従来製品として販売していたものをサービス化して提供することを意味する用語。「財を売る」のではなく、サービス(機能)を売るという経済システムを意味する。例えば、洗濯機を売るのではなく洗濯という機能を提供するなど脱物質化につながる可能性が大きく環境ビジネスとして有望である。

サーマルリサイクル＊＊
廃棄物のリサイクル方法の一つで、再使用や再生利用ができないものでも、熱エネルギーの回収が可能なものについて行う第４番目のリサイクル方法の一つ。

再エネ賦課金制度
再生可能エネルギー発電促進賦課金。太陽光・風力などによる発電の拡大を
目的として、電力会社が「固定価格買取制度」によって買い取った従来型発
電に比べコスト高の部分の全部または一部を、電気利用者が使用電力に応じ
て負担する制度。

災害対策基本法
1959 年（昭和 34 年）に中部地区を中心に全国に大きな被害をもたらした伊
勢湾台風を契機に制定された。国土並びに国民を災害から護るため、防災に
関し、国、地方公共団体及びその他の公共機関を通じて必要な体制を確立し、
責任の所在を明確にするとともに、防災計画の作成、災害予防、災害応急対
策、災害復旧及び防災に関する財政金融措置その他必要な災害対策の基本を
定める。合わせて、総合的かつ計画的な防災行政の整備及び推進を図る。

災害廃棄物
地震や津波、洪水などの災害に伴って発生する廃棄物のこと。倒壊・破損し
た建物などのがれきや木くず、コンクリート魂、金属くずなど。

再資源化
リサイクル。一度製品化された物を再資源化し、新たな製品の原料として利
用すること。

再使用＊
reuse リユース参照。

再商品化制度
容器包装リサイクル法等で定められた制度で、廃棄・回収された容器包装類
の一定割合以上を再商品化する制度。

再商品化率
廃棄物の再商品化工程投入量に対する再商品化製品製造量の比率のこと。

最終エネルギー消費
発電所や製油所でのエネルギーロスを除外した、産業（工場など）、業務（オ
フィスなど）、運輸、家庭などでの実際に消費されたエネルギーのこと。

最終処分(場・量)＊
リサイクルが不可能な廃棄物を処分し埋め立てる場所またはその量をいう。
有害な産業廃棄物を埋め立てる「遮断型処分場」、廃棄物の性質が安定して
いる廃プラスチック類などを埋め立てる「安定型処分場」、遮断型、安定型
の処分場の対象外の産業廃棄物と一般廃棄物を埋め立てる「管理型処分場」
の 3 種類に分けられる。

再修理
repair。リペアー参照。

再使用
reuse。リユース参照。

再処理
原子力発電で使用済み核燃料からリサイクル可能なウラン、プルトニウムを
取り出す工程。

再生可能エネルギー＊＊＊
有限な化石燃料に対比して、自然環境の中で繰り返し利用できるエネルギー
の総称。具体的には、太陽光、太陽熱、水力、風力、バイオマス、地熱、波
力、温度差などを指す。自然エネルギーともいう。

再生可能エネルギー特別措置法(再生可能エネルギーの固定価格買取制度)＊
「電気事業者による再生可能エネルギー電気の調達に関する特別措置法」。

さ

再生可能エネルギー発電設備への新規投資を促し、再生可能エネルギー の利用を促進するため、2011 年 8 月 26 日成立した法律。電気事業者は、再生エネ法に基づき、太陽光、風力、水力、地熱、バイオマスを用いて発電された電気を、一定期間（10〜20 年）「固定価格」で全量買い取る義務を負う。

再生可能エネルギー賦課金
再生可能エネルギーを育てることを目的として、電気事業者は太陽光など再生可能エネルギーによって発電された電気について、国が定めた単価により購入し、電気事業者が購入に要した費用については、電気を利用する全ての人が賦課金として電気の使用量に応じ負担する制度。

再生紙使用マーク
タイプⅡ環境ラベルの一つ。環境ラベル・マークなどの紹介参照。

再生資源の利用促進に関する法律
「資源の有効な利用の促進に関する法律」参照。

再生能力＊
自然環境に与えられたある影響を、元の状態に戻す力（能力）をいう。例えば大気に有害な物質を排出しても自然の生態系の力によって修復しようとする能力をいう。別名自浄能力ともいう。

再生利用
recycle。リサイクル参照。

最貧国（LDC）
Least Developed Countries：LDC。後発開発途上国ともいう。国連が定めた世界の国の社会的・経済的な分類の一つ。開発途上国の中でも特に開発が遅れている国々を指す。国連は最貧国の定義を定めているが、その第 1 は国民 1 人あたり年収が 750 米国ドル以下の国である。その他識字率 20%以下、工業化率 10%以下の国。アフガニスタン、アンゴラ、エチオピア、ウガンダなど 48 カ国。

さ

サイレント・スプリング
「沈黙の春」参照。

酢酸エチル
Ethyl acetate。揮発性有機化合物（VOC）の一つ。化学式 $CH_3COOC_2H_5$。引火点-2℃の果実臭のする無色の液体で、有機溶媒として用いられる。光化学スモッグの原因物質の一つと考えられている。

サスティナビリティー＊
持続可能性のこと。人間活動、特に天然資源などの文明の利器を用いた活動が、将来にわたって持続できるかどうかを表す概念である。さまざまな活動に用いられるが、特に環境問題やエネルギー問題について使用される。

サスティナビリティー報告書（ガイドライン）＊
環境報告書は自社をよく知ってもらうために進化を続けているが、その一つの形態である。社会の持続的な発展のためには、環境だけでなく「環境、社会、経済」の 3 つのバランスの良い向上が大切である。これら 3 つの分野をカバーした報告書のひとつ。ガイドラインは、GRI という NGO がサスティナビリティ報告書の信頼できる作成の仕方を紹介したもの。

殺虫剤
害虫駆除のために開発された化学物質。使用する側にとっては大変有益な物質であったが、これを乱用することによって生態系に深刻な影響をもたらすことが分かっている。

サテライトオフィス
企業の従業員の居住地に近い郊外に設置されたオフィス。

里海
適切な人為的管理により海域が本来具備している生物多様性、生物生産機能、環境浄化機能を維持している豊かな海を指す。人手が加わることにより、生産性と生物多様性が高くなった沿岸海域とも定義される。瀬戸内海、伊勢湾、三河湾、藤前干潟など。

里地里山＊＊＊
奥山自然地域と都市地域の中間に位置し人間の働きかけを通じて環境が形成されてきた地域で、二次林、農地、ため池、草原などで構成される、多様な生物の生息・生育空間。同時に、人間の生活・生産活動の場であり、生活文化が育まれ、多様な価値や権利関係が錯綜する多義的な空間である。

里山(林)
里地里山参照。

砂漠化＊＊
乾燥、半乾燥、乾燥半湿潤地域におけるさまざまな要素(①気候変動などの自然要因、②人為的要因・急激な人口増加に伴う森林破壊・貧困などを含む)に起因する土地荒廃をいう。現在急速に進行している地域は、アジア、アフリカ、南アメリカ、オーストラリアなどである。1991 年現在 UNEP の報告によれば、約 36 億 ha で乾燥地域の 70%、世界人口の 6 分の 1 がその影響を受けている。

砂漠化対処条約＊
国連砂漠化対処条約参照。

砂漠と砂漠化に関する国際年
砂漠化対処条約発効から 10 年を記念して、国際連合において、2006 年をそのように定めた。日本においても記念国際シンポジウムが開催された。

サバンナ
熱帯に分布する乾季と雨季のある、疎林と潅木を交えた熱帯草原地帯。そこでは大型の草食動物が群れをなして多く生活している。

サプライチェーン排出量算定
より徹底した温室効果ガス削減のために、2015 年 3 月に環境省、経産省が考案した温室効果ガス把握の手法。製品だけでなく組織のサプライチェーン上の活動に伴う排出量を算定することが、企業活動全体を管理することにも繋がるため、算定対象範囲を自社及びその上・下流、国内のみならず国外も含め、CO_2 排出に関する全ての活動を対象として算定するものである。

サプライチェーン(マネジメント)＊＊
製造・サービスを消費者に提供する製造業者の観点から見て、製品設計、原料調達、製造、流通、最終の小売販売まで過程に含まれる企業の集合体のこと。およびその全体の効率を上げ経営効果を高める手法。マーケティング用語。

サヘルの干ばつ＊
サヘルはアフリカ・サハラ砂漠の南側の地域で、モーリタニア、セネガル、マリ、ニジェール、チャドなどの国々が含まれる。1968〜1973 年にかけて大干ばつが起こり数十万人の餓死者および難民が発生した。これをきっかけに1977 年に「国連砂漠化防止会議」が開催され国際的取り組みが開催された。

酸化
物質に酸素が化合する反応、または、物質が水素を奪われる反応などをいう。

参加型会議手法
関心の高い社会問題について、ステークホルダーや一般市民が参加して一定のルールに沿った対話を通じて、意見の一致点や相違点を確認し合い、可能な限り合意点を見出そうとする会議手法。

産業革命＊＊
18世紀後半にイギリスで始まった「産業の大変革」。手工業から機械工業への大変革であり、機械の動力として蒸気機関が発明され、石炭などの化石燃料の使用が急激に増加した。このことが人口増加の引き金となった。

産業公害（型）＊
事業活動に伴う公害を産業公害という。発生の態様によっていくつかの型に分類される。公害発生源が事業活動などの場合の型。これに対し生活・都市型の分類もある。これは大都市などでの自動車の排ガスによる大気汚染の型をいう。

産業構造審議会
産業構造の改善に関する重要事項、民間の経済活力の向上など経済及び産業の発展に関する重要事項などを調査審議することを目的に2001年1月経産省に設置された審議会。

産業構造や都市・社会構造の脱炭素化への転換
脱炭素化へ向けた3つの対策の1つで、重化学工業からソフト産業へ、省エネ型生活様式採用、省エネ型都市交通システムの採用などへ転換を図ること。

産業廃棄物＊＊＊
廃棄物処理法に定められた廃棄物の分類の一つ。企業などの事業活動によって生じた廃棄物のうち、法律で定められた20種類のものをいう。

産業廃棄物管理票＊＊
マニフェスト。産業廃棄物の収集・運搬や中間処理（無害化や減量化などの処理）、最終処分（埋め立て処分）などを他人に委託する場合、排出者が委託者に対して交付し委託した内容どおりに処理が適正に行われたかを確認するための帳票。

産業廃棄物行政情報システム
廃棄物処理法により導入されたマニフェスト制度（産業廃棄物管理制度）は、手作業でマニフェストの作成、管理から報告書に至るまでを行うことは、事務経費を増大させ、効率化が課題となるためIT技術の援用により導入されたのが当システムである。

産業廃棄物適正処理推進基金
1998年以降に発生した不法投棄事案を処理するために設けられた基金。国及び建設六団体などからの出捐金で設立された基金。平成11年度〜28年度までに103件の事業に援助されている。

産業廃棄物特別措置法
特定産業廃棄物に起因する支障の除去等に関する特別措置法。過去に不法投棄された特定産業廃棄物の原状回復を促進するため、国費等により、2003年度から2012年度にまでに集中的に対策を実施することを規定した法律。対象は1997年の廃棄物処理法改正以前に不適正処理が行われたものが対象。なお処理の困難さにより、2012年8月に有効期限が2023年3月末まで延長された。

珊瑚（礁）＊
腔腸動物門花虫（かちゅう）綱八放サンゴ亜綱ヤギ目サンゴ科に属する海産

動物、またはその動物の形成した骨軸。また、造礁サンゴの群落によって作られた地形の一つ。

珊瑚の白化（現象）＊
生息環境の変化などのストレスに対してサンゴは非常に弱く、異変があるとその組織内に共生する藻類を追い出す。すると、サンゴ本来の色にもどるが、これが白化と呼ばれる現象である。白化が長引き、共生藻が戻らなければ、共生藻から栄養分が得られなくなりサンゴは死滅する。

サンシャイン計画＊
1973 年の第一次石油ショックを契機として通産省の 1974 年にスタートした自然エネルギーを含む新エネルギーの開発実用化計画のこと。太陽，地熱，石炭，水素等の新エネルギー技術開発計画でもある。2000 年には新技術により，国内総エネルギーの 20%の充足を見込んでいた。1993 年度には，〈ムーンライト計画〉（工業技術院が 1978 年度に創設した省エネルギー技術開発制度のこと）と合体し，〈ニューサンシャイン計画（エネルギー・環境領域総合技術開発推進計画）〉が発足した。

三助(さんじょ)
地域コミュニティにおける助け合いの形態（自助、共助、公助）をいう。

酸性雨＊＊＊
工場のばい煙や自動車の排気ガスに含まれる SO_X や NO_X などの酸性物質が雨・雪に溶け込んで地表に降ってくる現象をいう。自然の雨も弱酸性を示すため、酸性雨は通常 Ph5.6 以下の雨とされている。

酸性雨長期モニタリング計画
東アジア地域において酸性雨対策を国際協調の下に推進していくため、2001年に環境省により策定された計画。2003 年度からモニタリング（湿性沈着、乾性沈着、土壌・植生、陸水）を行っている。

酸素＊＊＊
Oxygen。植物が行う光合成によって大気中に放出された気体。原子番号 8 の非金属元素。元素記号は O。標準状態では 2 個の酸素原子が二重結合した無味無臭無色透明の二原子分子である酸素分子 O_2 として存在する。大気の体積の 20.9%を占める。

さ

算定・報告・公表制度
地球温暖化対策推進法に基づき、温室効果ガス（GHG）を一定以上排出する特定排出者に、自らの GHG の排出量を算定し、国に報告することを義務付ける制度。

産廃特措法
特定産業廃棄物に起因する支障の除去等に関する特別措置法参照。

三フッ化窒素
NF_3。温室効果ガスの一つ。液晶ディスプレイなどの洗浄に使われる。地球温暖化係数は二酸化炭素の 17,200 倍である。1992 年までの生産量は 100 トンに達していなかったため、京都議定書外だが、使用量は増加傾向にあり、2015年 4 月地球温暖化対策の推進に関する法律の一部改正により、規制対象温室効果ガスに加えられた。

三方よし＊
江戸時代の近江商人の経営理念に由来する言葉。商取引においては、当事者の売り手と買い手だけでなくその取引が社会全体の幸福につながるものでなければならないという意味での、「売り手よし、買い手よし、世間よし。」をいう。

残余年数
現存する廃棄物の処分場が満杯のなるまでの残り期間の推計値。

残余容量
現存する廃棄物の処分場に、今後埋め立てることができる廃棄物量を示したもの。

三陸復興国立公園
2013年に陸中海岸国立公園から、青森県の種差海岸階上岳県立自然公園を編入して三陸復興国立公園となった国立公園。

残留性有機汚染物質(POPs)
Persistent Organic Pollutants。自然に分解されにくく生物濃縮によって人体や生態系に害をおよぼす有機物のこと。ダイオキシン類・ポリ塩化ビフェニル(PCB)・DDTなどが該当する。住宅品質確保促進法の住宅性能表示制度における室内空気環境で、測定対象となる化学物質。ホルムアルデヒド、トルエン、キシレン、エチルベンゼン、スチレンの5種類を指定。

[L]

シアン化合物
化合物のうち、シアン化物イオン(CN-)を陰イオンとして持つ塩を指す呼称。シアン化合物は、一般に人体に有毒であり、ごく少量で死に到る。シアン化ナトリウムなどがその代表例。

シアノバクテリア
藍藻。光合成によって酸素を放出する真正細菌の一つ。

シーア・コルボーン(Theo Colborn)＊
(1927-2014)。米国の環境活動家。1996年出版された「奪われし未来」の著者。本書において、彼女は膨大な科学データを丹念に検証し、野生生物の減少をもたらした最大の原因は外因性内分泌かく乱化学物質(いわゆる環境ホルモン)が後発的な生殖機能障害をもたらしたという仮説を提唱した。

シーベルト(Sv)
sievert。生体の被曝による生物学的影響の大きさの単位。人体は世界平均にして年間およそ 2.4mSv(=2,400μSv)の自然放射線にさらされている。2Sv(=2,000mSv)の放射線を全身に浴びると5%の人が死亡し、4Sv(=4,000mSv)で50%、7Sv(=7,000mSv)で99%の人が死亡するといわれている。

シェアサイクル
自転車を好きなタイミングに好きな時間使用できる制度。利便性の高さから都市部中心に普及している。

シェール(オイル)ガス＊
頁岩(けつがん・シェール)という固い岩盤のすきまに存在する石油混じりの天然ガス。北米、欧州、豪州、中国、印度など世界に広く分布し、推定埋蔵量は90兆㎥と既存天然ガスの半分ほどに達する。技術革新で、1980年代から採掘が可能になった。石炭に比べ CO_2 の排出が少なく、温暖化防止に役だつと期待されている。

ジェンダー＊
生物学的性別を示すセックス(sex)に対する、「社会的・文化的な性のありよう」のことを一般に日本ではジェンダーという。

支援的手法
環境保全のための手法の一つ。対象者が、問題の所在に気づき、何をすべき

かを知り、自発的な行動をとるよう教育の機会の提供、情報、資金などの提供などにより支援する手法。

紫外線(UV)＊＊＊
太陽光線の一つ。Ultraviolet から UV と略される。光のスペクトルで紫よりも外側になるのでこの名がある。有害な光線で、日焼けや皮膚ガンの原因となる。オゾン層により吸収されて地表にはごく一部しか到達しない。A, B, C の3種類あるが、UV-C が一番有害。

滋賀県レジャー利用の適正化に関する条例
琵琶湖におけるレジャー活動にともなう環境への負荷の低減を図るために2003年4月制定。

識別表示マーク
環境ラベルの一つ。「資源有効利用促進法」に基づいて指定表示製品に義務付けられているマーク。アルミ缶・スチール缶・ペットボトル・紙製容器包装・プラスチック製容器包装などのマークがある。環境ラベル・マーク参照。

事業系ごみ(廃棄物)＊
産業廃棄物以外の一般廃棄物のうち、オフィスや商店から発生するごみ。

事業者の判断基準
省エネ法に定められた特定輸送事業者等は、エネルギー使用合理化の中長期計画等を作成し国へ報告することが義務付けられているが、この際には国の定める基準に準拠した合理化が求められる。その判断基準をいう。

事業的手法
環境政策手法の一つ。自ら環境関連事業を行うか、環境保全に関する財・サービスを購入する手法。

ジクロロエタン＊
Dichloroethane。化学式 $C_2H_4C_{12}$。有機塩素系化合物で芳香臭のある無色透明の非引火性・不燃性の水より重たい液体。有機溶剤に用いられる他，ウレタン発泡助剤や冷媒等に用いられる。有害大気汚染物質で、人体への影響としては、麻酔作用や中枢神経障害が知られている。

ジクロロメタン
Dichloromethane。化学式 CH_2C_{12}。有機溶媒の一種。金属機械の油脂を洗浄する用途で多用されている。環境負荷とヒトへの毒性の懸念から PRTR 法により利用と廃棄が監視される物質でもある。

資源エネルギー庁
Agency for Natural Resources and Energy。石油、電力、ガスなどのエネルギーの安定供給政策や省エネルギー・新エネルギー(原子力、太陽光、風力、スマートコミュニティ等) 政策を所管する日本の経済産業省の外局のひとつ。1973年設置。

資源ごみ
一般に再資源化が可能なごみの総称。ビン、缶、古紙など。

資源生産性＊＊
国内総生産(GDP)を天然資源の投入量で割った指標。産業や人々の生活がいかにモノを有効に利用しているかを総合的に表す指標。

資源の有効な利用の促進に関する法律
リサイクル法、資源有効利用促進法ともいう。1991年制定の再生資源の利用の促進に関する法律が大幅に改正されて、資源の有効な利用の促進に関する法律に改題され、2001年4月施行された。資源が大量使用・大量廃棄される

し

ことを抑制し、リサイクルによる資源の有効利用の促進を図るための法律である。

資源有効利用促進法＊＊
資源の有効な利用の促進に関する法律参照。

自主行動計画
日本経済連合会が中心となり策定した、温暖化対策に関する自主目標設定に基づく行動計画。本計画は、京都議定書第一約束期間の最終年度である 2012 年度をもって終了。その後検討会を実施。これまでの成果の評価を総括し、国内外における自主行動計画に関する研究・分析等に供するとともに、2013 年度以降の産業界における低炭素社会実行計画に引き継がれた。

自主参加型国内排出量取引制度
「国内排出量取引制度」参照。

自主的取り組み＊
環境問題への対策手法の一つ。ほかに「規制的手法」「経済的手法」がある。組織や生活者の自由意志によって問題解決を図る方法。重要ではあるが、あくまでも自主的であるため、必ずしも社会が要求する水準まで対策が実行されるとは限らない。

自助
防災対策、災害対応の分野で使われる概念。自分や家族の命は自分で守るという概念。この他に、共助、公助という概念がある。

自浄（能力・作用）＊
自然環境が持っている環境に与えられた影響を元に戻す力。大気・水質・土壌などの汚染は、細菌、微小動物、植物による有機物を分解したり、汚泥を減らしたり、窒素、リンを除去したりする力によって元の姿に戻される。この復元力・作用をいう。

システム
仕組みまたは手順。ISO14001 では、環境方針を作る手順、改善するための環境目標を作る手順、環境教育を行う手順など、さまざまな環境負荷を削減する手順を作成することを定めている。

システムシンキング
様々な要因のパターンの相互関係からなる構造を明らかにし、事象の全体像を把握する思考法。

自然遺産＊＊
現代人が共有し、未来の世代に引き継いでいくべき文化財や自然環境を世界遺産というが、その中の一つ。ほかに文化遺産、複合遺産がある。

自然エネルギー＊
再生可能エネルギーとほぼ同義に用いられるが、実用段階にない「波力発電」「海洋温度差発電」を除いた「水力発電」「地熱発電」「太陽光発電」「風力発電」「太陽熱」「雪氷冷熱」「バイオマス発電・熱利用・燃料」をさす。

自然観
価値判断の根底にある自然への価値観のこと。自然環境・文化の差によって大きな違いがある。文化的に自然観を示唆しているもののうち最も古い起源をもつのは、諸社会で育まれた神話が物語る人間と自然の関係である。キリスト教の聖書や万葉集の詩歌の中に当時の自然観を知ることができる。

自然環境
人工によらない、自然元来の構成物により形成される環境をいう。動物・植物などの生物界、その生育・生息基盤となる地形・地質、これらが織りなす

生態系や景観、人と自然との触れ合いのための活動の場などを範疇として扱うことが多い。

自然環境保全地域＊
自然環境保全法、および都道府県条例に基づいて指定され、その保全に勤める地域。指定地域には、原生自然環境保全地域、自然環境保全地域、都道府県自然環境保全地域がある。

自然環境保全基礎調査
緑の国勢調査ともいわれる国土全体の自然環境の状況を、自然環境保全法第4条に基づき国が実施する調査。人間の行動が生態系に及ぼす影響はすぐに気づくものばかりではないので、定期的にその変化のモニタリングを実施している。1973年第1回調査実施。2005年～2012年に7回調査が実施されている。

自然環境保全法＊＊
自然保護のための基本理念を明確にし、自然環境の保全に関する基本的事項を定めた法律。1972年6月施行。自然環境の適正な保全を総合的に推進することを目的としている。

自然共生圏
生物多様性国家戦略2012-2020で示された新しい概念。生態系サービス、食料などの地域資源をできるだけ地産地消し、自立分散型のお互いにつながった一定範囲の社会地域をいう。

自然共生社会＊＊
生物多様性が適切に保たれ、地球上に生きる人間とすべての生物が、ともに生き、自然からの恵みを受け続けることができる社会。

自然公園法＊＊
1931年に制定された「国立公園法」を抜本的に改正し、1957年に制定された。日本の自然環境保全の中核的法律。自然公園を国立公園、国定公園、都道府県立自然公園の3種類に体系化しそれぞれの指定、計画、保護規制などについて規定。

自然再生事業＊
2002年度から環境省が始めた事業。自然再生推進法に基づく事業の一つ。開発行為等に伴い損なわれる環境と同種のものをその近くに創出する代償措置としてではなく、過去の社会経済活動等によって損なわれた生態系、その他の自然環境を取り戻すことを目的として行われるもの。

自然再生推進法＊＊
衰退した自然生態系の再生を推進するために、2003年施行された法律。国や自治体によって、国立公園、河川、港湾、里地里山など全国100地域以上で自然再生事業が進められている。

自然再生緑地整備事業
2002年国交省が始めた事業。埋立造成地や工場等からの大規模な土地利用転換地などの自然的な環境を積極的に創出すべき地域。また、廃棄物の埋立処分、投棄等により良好な自然的環境 が消失し、環境の保全・再生を積極的に図るべき地域において、都市における自然再生、多様な生物の生息生育基盤の確保等を推進するため、環境の向上に資する良好な緑地の整備を行うことを目的としている。

自然資源
天然資源のこと。

し

自然資本

natural capital。経済学の資本（生産の原資・手段）の概念を自然に対して拡張したもの。生態系サービスや鉱物資源（鉱石）・化石燃料の供給源である。言い換えると「未来にわたって価値のある商品やサービスのフローを生み出すストック」としての自然である。ミレニアム生態系評価では、従来型の自然資本の酷使に規制、負担金を含めた各国政府の政策転換を提案している。

自然体験型環境教育＊

エコツーリズム、グリーンツーリズムなどもその一つ。自然環境を実体験することによって自然環境の本質、重要さを学ぶ教育の形式。「楽しむ」「感動を得る」ことを通して得る知識や経験は、単なる座学で得る知識に比べ、その後の本人の環境への取り組みに大きな効果を生み出すことが知られている。

自然の循環作用

大気や水、生物の運動は太陽の放射熱をエネルギーとして、物質やエネルギーを次々と移動させる循環運動を行っている。この作用をいう。

自然の生存権の問題

動物や植物、生態系、地形などの人間以外の自然にも生存の権利があり、人間はそれを守る義務があるという環境倫理学上の考え方の一つ。

自然の恵み

生態系サービス参照。

自然被ばく

自然界にもともと存在している放射線による被ばくをいう。宇宙線、大地放射線、ラドンの吸収などによる被ばくが該当する。

自然保護条例

「東京都における自然の保護と回復に関する条例」。2000年12月制定。都民が豊かな自然の恵みを享受し快適な生活を営むことができる環境を確保することを目的とする。

自然林

人が手を加えていない森林。天然林、原始林、原生林などともいう。

持続可能性＊

環境やエネルギー問題に関して用いられる概念。将来にわたって持続できるかどうかを表す人間活動の概念。化石燃料の有用な便益を将来の子孫にまで享受させるためには、循環型の自然エネルギー（太陽光、水力、風力など）の活用が不可欠である概念でもある。

持続可能性報告書＊

環境報告書の一形態。事業者が単に環境のみならず、経済、社会の分野までカバーした記載内容の報告書で「サスティナビリティー報告書」ともいう。

持続可能な開発(社会)＊＊＊

将来世代のニーズを満たす能力を損なうことが無いような形で、現在の世代のニーズも満足させるような開発(社会)。1987年「環境と開発に関する世界委員会（ブルントラント委員会」」が提唱した開発概念。

持続可能な開発委員会

Commission on Sustainable Development。1993年設立。CSD。アジェンダ21に関する国連や各国の活動の実施状況のレビューと監視、アジェンダ21の実施に関する勧告の国連総会への提出などを行う。事務局は国連本部内に設置。

持続可能な開発に関する世界首脳会議＊

ヨハネスブルグサミット。WSSD。2002年8月に南アフリカ共和国のヨハネスブルグで開催。「地球サミット」10年後にあたり、アジェンダ21の実施促進やその後に生じた課題を話し合うため開催。しかし、先進国と開発途上国との対立が深刻化した。最終的には「持続可能な開発に関するヨハネスブルグ宣言」などが採択された。なお、我が国が提案した「持続可能な開発のための教育の10年」が合意された。

持続可能な開発のための教育（の10年）(ESD)＊＊

Education for Sustainable Development (ESD)。2002年のヨハネスブルグサミットで日本の市民と政府が共同提案し、同年12月の国連総会で実施が決議されたもの。その中の「持続可能な開発のための教育の10年」は、2005年から14年までをその期間として国連が各国政府に働きかけた。なお、ESD-Jなどを中心として2015年4月以降、ESDセカンドステージが開始された。

持続可能な開発のための人類の行動計画

アジェンダ21参照。

持続可能な開発のための世界経済人会議。

WBCSD参照。

持続可能な開発目標(SDGs)＊

SDGs参照。

持続可能な漁業(法)＊

漁業資源が多い年には多く、少ない年には少なく、魚業資源が常に一定になるように獲る。これをConstant Escapement Strategy(CES)という。

持続可能なまちづくり

地域（まち）が将来の環境や次世代の利益の享受を損なわないよう配慮しながら、社会発展を進めようとする時に、直面する様々な課題に対して、ハード・ソフト両面から課題の解決を図ろうとするプロセスのこと。

持続可能な森林経営＊

森林生態系の健全性を維持し、その活力を利用して、人類の多様なニーズに永続的に対応できるような森林の取扱いを行おうとする森林経営形態。1992年の「国連環境開発会議」（地球サミット）で採択された「森林原則声明」を踏まえ、森林と持続可能な開発に関する世界委員会（WCFSD）が設置されて検討が行われている。

持続性の高い農業生産方式の導入の促進に関する法律

略称「持続農業法」。1999年制定。土づくり、化学肥料低減、化学合成農薬の低減の技術により持続性の高い農業生産方式を促進する対策を盛り込んだ法律。エコファーマー制度などもその一つである。

持続農業法

「持続性の高い農業生産方式の導入の促進に関する法律」参照。

持続(性)農法

化学肥料や農薬を極力使わない農法で、有機肥料などで栽培を行う農法。自然の摂理に反しないため自然環境を保全することができ、人間だけでなく全生命体が調和し共存することを理念とした農法。

シダ類＊

植物界シダ植物門に属する植物、維管束植物で胞子により世代交代を行う。藻類から進化したと考えられているが、古生代には大きな樹木のようになっ

し

た先祖があり、いずれも多くの種を抱えていたとされる。石炭はこれらの植物が地中に埋もれ化石化してできたといわれている。

シックハウス（症候群）＊＊＊
揮発性有機化合物（VOC）による室内の汚染によって引き起こされる健康障害のこと。国土交通省では、住宅性能表示のための特定物質として、ホルムアルデヒド、トルエン、キシレン、エチルベンゼン、スチレンの5つの VOC を指定している。

シックハウス法
2003 年 7 月施行のシックハウスの原因物質であるホルムアルデヒドなどに関する建材、換気設備の規制などを定めた改正建築基準法をいう。

湿式法
窒素酸化物（NOx）排出抑制技術の一つ。窒素酸化物をオゾン等で酸化し亜硫酸ナトリウム溶液に吸収させる方法。

湿（原）地＊＊＊
淡水や海水により冠水する、あるいは定期的に覆われる低地。生物、特に水生生物やそれを餌とする鳥類の重要な生育・生息場所となる。

湿地評価テクニック（WET）
Water and Environment Technology。一定の条件で選んだ種の理想的な生息環境に比べて、調査する湿地がどのような状態かを指標化し定量的に評価する手法。

湿性降下物
雨などに溶け込み地表に降ってきた酸性物質。

室内化学物質濃度指針値＊
シックハウス対策のため、厚労省がホルムアルデヒドなど 13 物質につき室内濃度について定めた基準値。

シップリサイクル条約
船舶の安全かつ環境上適正な再生利用のための香港国際条約。2009 年 5 月採択。耐用年数を経過した船舶の解体に伴う環境破壊など（特に途上国において）を防止するための条約。同条約発効後は、500 国際総トン以上の全ての船舶にインベントリ（船舶に存在する有害物質等の概算量と場所を記載した一覧表）の作成及び維持管理が義務付けられる。また、所管官庁により承認された船舶リサイクル施設でなければ船舶を解体・リサイクルすることができなくなる。

視程障害
濃霧など見通しのきかなくなる現象を気象学では視程障害という。霧、靄、霞、煙霧などがある。

指定廃棄物
2011 年の原発事故による放射性物質で汚染された草木等の焼却灰や下水汚泥等の廃棄物のうち、放射性セシウム濃度が 1 キロ当たり 8000 ベクレルを上回るもの。2017 年 12 月末時点で、福島第一原発周辺の 1 都 10 県合計で約 20 万 3500 ㌧、このうち最多の福島県では約 17 万 5800 ㌧。

自転車活用推進研究会
2000 年 9 月に、学識経験者、マスコミ関係者、自転車愛好家、NPO 関係者などが集まって「自転車の安全利用の促進及び自転車の駐車場対策の総合的推進に関する法律」の改正までも視野に入れた活動を行っている団体。（財）社会経済生産性本部が事務局となっている。

自動車の環境対策（エコドライブ）

日本自動車連盟のＨＰ（エコドライブ 10 のすすめ）には、①不要なアイドリングをやめる、②タイヤの空気圧のチェック、③急発進・急加速をやめる、④不要な荷物は降ろすなど 10 項目がリストされている。

自動車のグリーン税制

燃費効率がよく、排出ガス中の NOx（窒素酸化物）や PM（粒子状物質）などの有害物質を低減した自動車の自動車税や自動車取得税を軽減するための制度。2012 年 4 月以降は、新グリーン税制と新エコカー減税により自動車税・自動車取得税・自動車重量税が減税される。ハイブリッドカーでは取得税・重量税が全額免除。ハイブリッドカー以外の車でも一定の基準を満たせば、減税される。

自動車の保管場所の確保に関する法律

通称は車庫法。自動車の保有者等に自動車の保管場所を確保し、道路を自動車の保管場所として使用しないよう義務づけ、道路使用の適正化、道路における危険の防止及び道路交通の円滑化を図ることを目的として制定された法律。

自動車 NOX・PM 法＊

「自動車から排出される窒素酸化物および粒子状物質の特定地域における総量の削減等に関する特別措置法」。初めはディーゼル自動車からの窒素酸化物（NOx）を抑制することを目的に、1992 年に関東および関西圏の市区町村を対象に制定された法律。しかし、多くの地域で NOx などが健康に悪影響を及ぼしているという問題（名古屋南部大気汚染公害訴訟）などを受けて、2001 年 6 月に、新たに粒子状物質の抑制も含め「自動車 NOx・PM 法」が制定され、対象地域も、中部圏が追加された。

自動車排出ガス＊

ガソリン・軽油などの燃料がエンジンで燃焼したりすることで生ずる気体（exhaust gas）で、大気中に放出されるものをいう。排出ガスは大部分が無害な二酸化炭素と水蒸気であるが、一部有害物質を含む。一酸化炭素(CO)、炭化水素(HC)、窒素酸化物（NOx）あるいは粒子状物質(PM)などである。

自動車排出ガス測定局

大気汚染防止法に基づいて設置された測定局のうち、道路や交差点などの自動車排出ガスの影響を受けやすい区域における大気汚染の状況を把握するために設置されたもの。略称「自排局」。2006 年度末で、全国の都道府県及び大気汚染防止法上の政令市により、451 局設置されている。

自動車リサイクル法＊＊

「使用済み自動車の再資源化等に関する法律」。循環型社会形成基本法の下位法規・個別法のひとつであり、自動車メーカー等や関係事業者による再資源化等の実施に関する事項を定めること等により、有効利用を図る目的で、2005 年 1 月制定された。

ジニ係数

所得分配の不平等の度合いを示す指標。0 は完全な平等状態を 1 に近いほど格差が大きいことを示す。名称は、これを提案したイタリアの統計学者コラド・ジニにちなむ。

し尿

人間の大小便を合わせた呼び方。

し

地熱（発電）＊＊＊
地球内部の熱源に由来する熱エネルギーである。近年持続可能なエネルギーとして再び注目を集めている。通常は蒸気発電という方法で利用が図られる。

地盤沈下＊＊
地盤が圧縮され沈んでいく現象。地殻運動などによる自然沈下のほか、人工的な地下水の過剰揚水や天然ガス採取等による地層の収縮から起こるものがある。典型7公害の一つ。被害の形状としては、建物等の構造物の破損などがある。

地盤沈下防止等対策要綱
地盤沈下を防止するため地下水くみ上げ規制などの総合的対策として、1985年に濃尾平野、筑後・佐賀平野について、1991年に関東平野北部について、関係閣僚会議の決定という形で同要綱が策定されている。

市民協同社会
市民同士が、お互いにそれぞれの特性を活かしながら協力し、地域や社会の課題に取り組み、行政とも協力しながら、より良いまちづくりを行っていくことが可能な社会。

社会起業家＊
社会サービス（医療・福祉・教育・環境・文化など）をボランティアでなく「事業」として起こす人々。

社会貢献（活動）＊
個人や企業や団体等の社会的集団が社会全体に対し貢献すること。ボランティア活動。企業が行うメセナ活動などもその一つ。

社会的責任投資(SRI)＊＊
Socially Responsible Investment。投資を行う際に従来の投資基準に加え、企業の社会的・倫理的基準を考慮して投資判断を行うこと。企業の社会的責任(CSR)を満たす企業を、投資の面で評価するもの。例えば人権・労働・差別問題に対する企業の姿勢を調べて投資の可否を判断するような投資行動も含まれる。

社会的リターン
企業、市民等の社会貢献活動などによる社会的課題の解決による効果などのように、社会全体が受け取るもの。

遮熱性
日射を吸収しないように反射したり、日射を吸収した結果、温度の高くなった面から出る長波長放射（人が熱を感じる領域）が室内に入らない様にする性質のこと。

遮熱舗装＊
近赤外線を高反射して、舗装路面の温度上昇を抑制する舗装。一般の舗装よりも表面温度の上昇を抑制できるため、歩行者空間や沿道の熱環境の改善、ヒートアイランド現象の緩和が期待できる。

臭化メチル
化学式 CH_3Br。農地の消毒・検疫用薬剤などとして有用で、国際的に広く使用されているが、オゾン層破壊物質に指定され、段階的に削減が進められている。1997年9月に開催されたモントリオール議定書第9回締約国会合において規制強化が検討され、1999年以降段階的に削減して、2005年に全廃することが定められた。

臭気指数
臭気を感知しなくなるまで希釈した場合の希釈倍数の対数を10倍した値で、悪臭防止法（1971年6月公布）及び同法施行規則により定義されている。

臭気判定士（臭気測定業務従事者）
嗅覚測定法を行うための資格で、パネルの選定、試料の採取、試験の実施、結果の求め方まで全てを統括する国家資格。工場・事業所からのにおいを測定するのが主な業務。測定方法には分析機器による測定法と人の嗅覚を用いる嗅覚測定法の2通りあるが、自治体からの委託を受けるには必要な資格である。

獣害
中山間地域におけるシカ、イノシシ、サルなどの野生鳥獣による農林水産業の被害をいう。近年被害が深刻化・広域化しているため、2008年2月に「鳥獣による農林水産業等に係る被害防止のための特別措置に関する法律」が施行された。市町村が中心に被害地域を支援している。

重金属＊
比重が4〜5以上の金属元素のこと。一般的には鉄以上の比重を持つ金属の総称。ある一定量を超えた重金属は、一般に、生物に対し毒性をもつ。ただし、毒性の強い重金属であっても、微量では生体必須元素として機能するものがある。

集塵装置＊
気体中に浮遊している粉塵などの微粒子を集めて取り除く装置。空気の清浄化や、ガス中の金属粉など有効成分の捕集、煙の有害成分の除去などに用いる装置・機械。火力発電所などの大規模施設では電気集塵装置が活用されている。

住生活基本法
国民に安全かつ安心な住宅を十分に供給するための住宅政策の指針となる法律。2006年6月公布・施行。

臭素系ダイオキシン類
ダイオキシン類の塩素の一部が臭素に置換された化学物質。臭素系難燃プラスチック製造過程の工程等で検出される。環境汚染や人体への毒性が報告されている物質で、瀬戸内海や大阪湾で検出されたことが報告されている。

住宅性能表示制度
2000年4月に施行された「住宅の品質確保の促進等に関する法律」に基づく制度。住宅性能は、国に登録された第三者機関が評価する。2015年4月に評価の項目が9分野から4分野へと大幅に緩和された。

住宅太陽光発電
太陽光（発電）参照。

住宅のトップランナー基準
断熱基準に加え冷暖房設備や給湯設備・換気・照明などの各設備一次エネルギーを抑えるために設けられた基準。断熱性能が1999年に改正された「次世代省エネ基準」を満たし、さらに設備機器の一次エネルギー消費量が2008年時点の一般的な住宅に比べ、一次エネルギー消費量で10%削減できる機能・性能を有した住宅をいう。2009年4月施行。

住宅のライフサイクルコスト
建物にかかる生涯コストのこと。建物の企画・設計に始まり、竣工、運用を経て、寿命がきて解体処分するまでを建物の生涯と定義して、その全期間に

し

要する費用を意味する。その中で、建築費は全コストの4分の1程度で、残りの4分の3はランニングコストだともいわれている。

住宅版エコポイント制度
省エネ住宅の新築やエコリフォームの普及を図るなどを目的に、一定の省エネ性能を有する住宅の新築やエコリフォームに対して、様々な商品等と交換できるポイントを発行する制度。2009年12月スタート。発行されたポイントの商品交換は、2016年1月15日で終了した。

住宅品質確保促進法
「住宅の品質確保の促進等に関する法律」「品確法」。1999年6月公布2000年4月施行。この法律は、住宅の性能に関する表示基準及びこれに基づく評価の制度を設け、新築住宅の瑕疵担保責任について特別の定めをすることにより、住宅の品質を確保。購入者等の利益の保護及び住宅に係る紛争の迅速かつ適正な解決を図ることを目的とする。

集中豪雨
限られた地域に対して短時間に多量に雨が降ること。同じ場所で数時間にわたり強く降り、100mmから数百mmの雨量をもたらす雨いう。一般に市街地における排水能力は時間雨量50ミリ前後を想定しており、これを超える場合には内水氾濫（堤防で守られた内側にある排水路などが溢れること）になりやすい。

終末時計
核戦争によって人類が滅亡するまでの時間を象徴的に表す時計。滅亡時刻を零時とし、残されている時間を分で表す。1947年に米国の科学誌「原子力科学者会報」に初めて掲載された。実物はシカゴ大学にある。2021年は2月現在1分40秒前、今までで零時に最も近づいたのは、米国とソ連の水爆実験が本格化した1953年の2分前。最も遠ざかったのは、冷戦終結から2年後、ソ連解体の行われた1991年の17分前。なお89年10月号からは，環境問題も時刻の基準に加えられるようになった。

重油 ＊
原油の常圧蒸留によって塔底から得られる残油、あるいはそれを処理して得られる重質の石油製品。ガソリン、灯油、軽油より沸点が高く重粘質であることから名付けられている。重油の成分は炭化水素が主成分。若干（0.1〜4%程度）の硫黄分及び微量の無機化合物が含まれている。大気汚染の原因となる重油中の硫黄分を低減するため、脱硫を行なうことが近年では一般的。

種間戦争
種の間で餌やすみかを奪い合う行動。負けた種は絶滅することもある。「食い分け」「すみ分け」は競争を回避する行動である。

ジュゴン
儒艮、Dugong dugon。カイギュウ目ジュゴン科ジュゴン属に分類される熱帯や亜熱帯の浅海に生息する哺乳類。全長3メートルほど。体重およそ450kg。体色は灰色で、腹面は淡色。全身は長い柔毛と短い剛毛でまばらに被われる。モザンビーク北部やマダガスカルから、紅海・ペルシャ湾・インド・インドシナ半島・ボルネオ島・ニューギニア島・ニューカレドニア・バヌアツ近海にかけて分布する。北限は日本（沖縄諸島北緯30度周辺）、南限はオーストラリア（南緯30度周辺）。日本哺乳類学会のレッドリストでは、南西諸島のジュゴンを絶滅危惧種に指定しており、水産庁のレッドデータブックでも「絶滅危惧種」となっている。

首都圏近郊緑地保全法
首都圏の既成市街地の近郊に存在する自然環境の良好な地域を保全することが、首都及び周辺地域住民の健全な生活環境を確保し、秩序ある発展を図るために必要な事項を定めた法律。1966 年制定。国土交通省が所管し、近郊緑地保全区域の指定、同区域内の各種行為の規制、保全に要する費用の負担等が定められている。

種の多様性＊
ある一地域に存在する生物種のバリエーション。地球上に存在する生物の種類の多さをいう。種の違いで表現する生物多様性を「種の多様性」という。現在までに生物学が認知している生物の種数は約 150 万種であるが、これは地球上の生存している種のごく一部で、実際には数千万以上か、億を超える数の種が実在していると推定されることもある。

種の宝庫
熱帯林を指す言葉。生物種の宝庫ともいう。熱帯林には、全世界の生物種の半数以上が生息しているともいわれる。最近急速に減少が進み、かつて地表の 14％であったが、現在 6％まで減少している。それに伴って絶滅する生物種の数は年間 5 万種ともいわれている。

種の保存法＊
「絶滅の恐れのある野生動植物の種の保存に関する法律」。希少野生動植物の保存を図るため、これらの捕獲、採取、輸出入などの禁止を定めている。1992 年 6 月制定。ワシントン条約（1975 年）を国際的に遵守するだけでなく、国内においても遵守強化のため定められた。2018 年 6 月から個体等の登録に関する事項が変更になっている。

シュバルツバルト（黒い森）＊
ドイツ語で「黒い森」を意味する。ドイツ・バーデン＝ヴュルテンベルク州に位置するモミの木などが密集する豊かな森・山地。第二次世界大戦後、酸性雨の被害によって、多くのシュバルツバルトの木々が枯死したため、森の属する州や都市で、環境問題への本格的な取り組みが進んでいった。

主要国首脳会議
G8 サミットの和訳。現在はロシアが外れて G7。単に「サミット」と呼ばれることも多い。G7（ジーセブン）、先進 7 ヶ国首脳会議とも呼ばれている。現在の G7 参加国は、米、英、日、仏、独、伊、加、および EU である。年 1 回集まり、国際的な経済的、政治的課題について討議する。従前は、全世界に大きな影響力を発揮したが、新興国の台頭により、影響力は徐々に弱まりつつある。

シュレッダーダスト＊＊
工業用シュレッダーで廃家電や廃自動車を破砕し鉄や非金属などの再利用資源を回収した後、廃棄物として捨てられるプラスチック、ガラス、ゴム、樹脂などの破片の混合物が埋められてきたが水銀・鉛・ＰＣＢ・カドミウムなど有害物質が流れでる問題を発生させている。

旬
ある特定の食材について、他の時期よりも新鮮で美味しく食べられる時期。季節を先取りする「はしり」や「収穫量がピークとなるもの」も言うことがある。

循環運動
太陽エネルギーによって、生物の行動、水や大気が地球上において次々と移動し姿形を変えたりして繰り返す運動。例えば、「水循環」とは、暖められ

し

た海水から蒸発した水蒸気がやがて雨となって地上に降り注ぎ、大地を潤し川となってやがて海に帰っていく循環運動をいう。

循環型社会＊＊＊
環境への負荷を減らすため、自然界からの採取する資源を削減と有効活用、廃棄物などの発生抑制し、製品の再利用の推進、3Rの推進で地球と環境の自然の循環を尊重したやさしい社会。

循環型社会形成推進基本計画＊
循環型社会形成推進基本法に基づき、循環型社会の形成に関する総合的視点から施策定め、推進する計画。循環型社会のイメージを明らかにするとともに、経済社会におけるモノの流れ全体を把握する「物質フロー指標」などについての数値目標、国の取り組み各主体の役割などを定めている。2018年6月第4次循環型社会形成推進基本計画が閣議決定。

循環型社会形成推進基本法＊＊＊
廃棄物処理法と各種リサイクル法の制定等、廃棄物処理やリサイクルを推進し、「循環型社会」の構築を促す目的で基本方針を定めた法律。2000年6月公布。環境省所管。排出される不要物などのうち、再び利用できるものを「循環資源」と定義し、再使用やリサイクル推進を定めた。さらに3Rにおける「排出者責任」と「拡大生産者責任」を明確化し、3Rの優先順位を、発生抑制→再使用→再生利用→熱回収→適正処分と定めた。

循環型生態系
生態系は元来循環することによって保全される。里山では、小川や雑木林の手入れが行われて、多様な植物群落を形成し、共生する虫およびそれをエサとする小鳥や小動物が豊かな生態系を形成している。人々はそこから薪炭、食物、木材などの資源を自然の機能を保ちながら確保してきた。このような生態系をいう。

循環法制度
循環型社会形成のために整備された循環型社会基本法を中心とする法制度。廃棄物処理法、資源有効利用促進法、グリーン購入法、容器包装リサイクル法など6種のリサイクル法など。

循環利用率(量)＊
循環型社会を実現するために、国が循環型社会形成推進基本計画で採用している指標の一つ。社会に投入された資源のうち、どれだけのものが循環利用されているかを表す。

旬産旬消＊＊
旬の食材を旬の時期に消費すること。季節はずれに栽培される野菜は旬の時期のものに比べ、投入エネルギーが4倍以上かかるのに対し、栄養価は30〜70%程度といわれている。旬の魚の栄養素も同様である。食材生産・流通に費やされるエネルギーへの疑問・批判などから，地産地消にちなんでいわれるようになった。

旬の食材
野菜類では、冬・春季のものとして、大根、蓮根、キャベツ、白菜、春菊など、夏ものとしては、カブ、ジャガイモ、トマト、なす、キュウリなど、秋ものとしては、茗荷、にんじん、枝豆などがある。魚介類では、ブリ、マグロ、ヒラメなどは冬物で、タコ、イカ、うなぎ、キスなどは夏が旬である。

省エネ住宅
ZEH参照。

省エネ商品
省エネ・節電の取り組みがなされた商品。省エネ性能の高い商品の普及のために省エネラベリング制度が実施されている。対象商品は、エアコン、冷蔵庫、テレビ、電気便座、蛍光灯器具などである。

省エネ診断
省エネ法に基づき、使用中のビル・工場などを、省エネルギーの観点から、建物の仕様や設備システム及び現状のエネルギー使用量に到る各々について調査を行い、この調査結果に基づき、専門家が詳細な分析を行い、各建物に合った省エネルギー手法を提案するサービス。

省エネ性マーク
省エネラベリング制度参照。

省エネ達成率
家電製品の省エネ性能をパーセンテージで表した数値のこと。家電量販店などでは、商品の値札とともにこの数値が表示されており、省エネ達成率が高いほど省エネ性能も高く、電気代を抑えることができる。これは、「省エネ基準値÷その製品のエネルギー消費効率×100」という計算式で算出される。つまり、省エネ基準値を上回れば、省エネ達成率は100%を超えることになる。

省エネ法＊
「エネルギーの使用の合理化等に関する法律」の通称である。2度にわたるオイルショックを契機としてエネルギー使用効率を大幅に改善していくことが必要と考えられ、1979年に制定された。2008年改正されエネルギー管理を企業全体に義務付けられた。2010年エネルギー使用量がキロリットル以上の企業は届け出し、特定連鎖化事業者に指定されエネルギー管理企画推進者各1名選任し、管理体制を推進することが義務付けられた。

省エネラベル
2000年8月「省エネラベリング制度」により、JIS規格として導入された表示制度によるラベルで、エネルギー消費機器の省エネ性能を示すもの。

省エネラベリング制度＊
省エネ法により省エネ基準をどの程度達成しているかを表示する制度。目標値を100%達成している製品には緑色を、100%未達成製品には橙色のマークを表示する。2000年JIS規格によって規格化された。ラベルには、省エネマーク・省エネ基準達成率・エネルギー消費効率・達成目標年度が表示される。対象機種はエアコン、テレビ、冷蔵庫、蛍光灯、変圧器（2004年追加）、スイッチング機器（2013年5月現在）など18機種。

省エネ(ルギー)＊＊
同じ社会的・経済的効果をより少ないエネルギーで得られる様にすることである。略して省エネと言われることも多い。日本では、オイルショックのときにエネルギーの安全保障の面から始められた。1990年代からの地球環境問題、特に温室効果ガスの削減の為にも重要なものとなっている。

省エネルギー技術
エネルギーの利用効率を高めて、消費量を減らす技術をいう。その分野は①設備効率の改善、②廃熱利用技術、③ヒートポンプ技術、④エネルギー自体の節約技術、⑤エネルギー供給方法、⑥コジェネレーション技術、⑦省エネ支援サービス（ESCO）などである。さらに自然エネルギー（太陽光・水力・風力・バイオマスなど）の活用技術なども含まれる。

し

省エネローン
金融機関による環境配慮型商品の一つ。エコ住宅・オール電化住宅などの購入に対して優遇処置をとるもの。

浄化槽
浄化槽法によれば、水洗式便所と連結して、屎尿や雑排水を処理し、終末処理下水道以外に放流するための設備。なお、法律改正前単独処理浄化槽については「浄化槽とみなす」（みなし浄化槽）と分類している。浄化槽の目的として、旧法、および「廃棄物の処理法」では、汚水の衛生処理（伝染病の予防、蔓延の防止等）を目的としていたが、現法ではこれと併せて環境保全目的としている。

浄化槽の日
10月1日。浄化槽の普及促進及び浄化槽法の周知徹底を通じて、生活環境の保全、公共用水域の水質保全を目的として、1987年に厚生省、環境庁、建設省の3省庁が主唱し、制定。これは、「浄化槽法」が、全面施行されたことによるもの。

浄化槽法
1983年5月制定。浄化槽の設置、保守点検、清掃及び製造についての規制、浄化槽工事業者の登録制度及び浄化槽清掃業の許可制度の整備、浄化槽設備士及び浄化槽管理士の資格を定めること等により公共用水域等の水質の保全等の観点から浄化槽によるし尿及び雑排水の適正な処理を図り、生活環境の保全及び公衆衛生の向上に寄与することを目的とする法律。

小規模水力(発電)＊
小規模な水力発電を意味し、様々な水流を利用して発電をする。出力100ｋｗ以下を「マイクロ水力発電」、出力100ｋｗから1000ｋｗ未満の「ミニ水力発電」と区別している。大規模水力発電のように地域環境に大きな負荷を与えることがなくクリーンな再生可能エネルギーとして近年脚光を浴びている。

商業的(過剰)伐採＊
熱帯林などを木材の製造販売のために持続的生産が可能な伐採量以上の量の森林伐採を行うこと。森林破壊の原因の70%以上がこの商業的伐採などによるといわれている。

詳細設計
環境配慮設計における設計プロセスの一部。その工程は①製品企画、②概念設計（製品コンセプトの決定など）、③環境・設計レビュー、④詳細設計（概念設計の結果を具体化し、詳細寸法などを決定）などである。

硝酸(塩)＊
硝酸は窒素のオキソ酸で、化学式HNO_3。代表的な強酸の1つ。様々な金属と反応して塩を形成する。硝酸塩は1個の窒素原子と3個の酸素原子からなる硝酸イオンNO_3-を持つ塩である。水の浄化の際の副生物であり、動物やヒトの排泄物が分解されたあとに生成する。湖沼などの富栄養化の原因物質の一つでもある。

硝酸性窒素
硝酸(塩)参照。

蒸散(効果・作用・熱)＊
植物体内の水分が、呼吸などで水蒸気として排出されることをいう。その際気化熱を奪うので植物の蒸散活動は周囲の気温を下げる効果を持っている。

省資源(社会)＊
化石燃料・鉱物資源などが極めて効率よく利用または節減が実現している持続可能な社会。経産省は、第一に、生産・消費活動での資源利用に際して徹底的に無駄を最小化し、第二に、投入資源の利用効率を最大化することを通じて、枯渇性資源の新規投入量が最大限抑制された、世界最高水準の省資源社会の実現を目指すとして、産業構造全体で実現していくとの提言を公表した。

使用済み核燃料
ある期間原子炉内で使用されたのちに取り出したの燃料。超濃縮ウラン・プルトニウムや核分裂生成物を大量に含む高レベル放射性廃棄物である。

使用済小型電子機器等の再資源化の促進に関する法律
小型家電リサイクル法参照。

使用済み自動車
「使用済自動車に係る自動車重量税の廃車還付制度」「自動車リサイクル法」の施工対象となる廃車。

使用電力表示
省エネ家電製品などに表示されている単位時間当たりの使用電力の表示をいう。

消雪用水
交通の確保、屋根雪の処理等のため、水の持つ熱エネルギーや運動エネルギーを利用した除排雪のために使われる水。

消費期限＊
食品や物品の期限表示で、そのものの安全な消費期限の限界を表示したもの。ある定められた保存法であれば品質劣化の心配がなく食せる製造者が記載した商品の食用可能な期限。食料品以外では、化学変化や時間の経過によって想定しない化学変化を発生する工業製品に製造者が定めた期限をいう。

消費者＊
財やサービスを消費する主体。食物連鎖では植物を生産者、動物を消費者という。一般的には代価を支払って最終的に商品の使用するまたは、サービスを受ける人をいう。

消費者運動
消費者保護などに関する運動のこと。市民運動の一つ。価格や品質さらには環境に関する様々な問題を取り上げて活動を行っている。日本の場合、経企庁は、時代の性格を反映して、昭和20年代を生活維持の運動の時代、30年代を消費者問題発生の時代、40年代を消費者主張の時代と区分している。

消費者基本法
消費者の権利、事業主の責務、行政機関の責務等を規定した法律。1968年制定の、消費者保護のための「消費者保護基本法」が前身。その後、社会状況の変化等にも対応するため、2004年に、消費者がより自立するための支援をする目的に改正され「消費者基本法」となった。

消費者教育推進法
「消費者教育の推進に関する法律」で消費者が自らの利益を守るために自主的かつ合理的に行動できるように、消費生活に関する教育や啓発活動を推進することを目的として制定された法律。2012年8月制定。

消費者市民(社会)
消費者教育推進法における概念。消費者自らがその行動によってフェアトレ

し

ードなど公正で持続可能な社会の形成に進んで参加していく市民及びその
人々で形成される社会。

消費者団体
消費者全体の利益擁護のために差止請求権を適切に行使できる適格性を備
えた消費者団体として、内閣総理大臣の認定を受けたもの（消費者契約法第
2条第4項）。適格要件として、特定非営利活動法人又は民法 34 条に規定
する法人、不特定多数の消費者の利益擁護のための活動を主たる目的とし、
相当期間継続して適正に行っていることなど5要件が挙げられている。

消費者庁＊
内閣府の外局。消費者の視点から政策全般を監視する組織。 2009 年 5 月に
関連法が成立し、同年 9 月 1 日に発足した。

消費生活アドバイザー（制度）＊
1980 年消費者と企業・行政などの"架け橋"として誕生。消費者からの苦情
相談などを受け、適切なアドバイスができる人材を育成し、企業経営または
行政へ提言し反映させる資格を持った人またはその制度。主な役割として商
品・サービスの苦情相談・安全性などの買い物相談・商品企画への提言・パン
フレットなどのチェック・モニターなどがある。

消費生活センター
消費者安全法に基づき、地方公共団体に設置が義務付けられている消費生活
に関する相談窓口。商品やサービス等、消費生活全般の問題、苦情、問合せ
を受付公正に対処し、問題解決を支援する。事業者に対する消費者の苦情相
談、消費者啓発活動や生活（衣食住）に関する情報提供などを行っている。

商品の一生
LCA 参照。

情報公開法（制度）＊
国の行政機関が保有する資料を、原則、公開することを定めた法律。および
それに基づく制度。2001 年施行。これら機関は、公開の請求を受けてから原
則として 30 日以内に公開か非公開かを決定しなくてはならないとされる。

情報セキュリティ
情報の機密性、完全性、可用性を維持することで3つの頭文字から「情報の
CIA」ともいう。

情報的手法
環境保全の政策手法の一つ。事業活動や製品サービスに関する情報を開示し、
投資や購入等利害関係者に際して、環境負荷が少ない製品などを選択できる
ように、事業主に対して情報開示を促す手法。

賞味期限＊
食品に表示されている記載されている方法で保存した場合の品質保持期限。
したがって期限を過ぎてもすぐに食べられなくなるわけではない。品質の劣
化が比較的遅くて、ある程度の期間保存がきく食品に表示されている。

静脈産業＊
使い終わった製品を回収し、再利用し、あるいは再生し、あるいは廃棄する
ことに関わる産業のことをいう。これに対し、製品の製造・配送等を行う産
業は動脈産業と呼ばれる。

消滅可能都市
日本で、将来少子化・過疎化などで消滅する可能性がある自治体をいう。民
間有識者で創る日本創成会議が 2014 年 5 月に発表した考え方で、2040 年ま

でに全国の約半分に当たる 896 自治体が該当するという。早急な人口対策などが必要である。

照葉樹林 *
照葉樹林は冬でも葉を落とさないで、一年中緑色をしている常緑広葉樹が優占する森林。温暖で夏に雨が多く、冬に乾燥する気候条件下で成立。ヒマラヤ山地から中国南部、台湾、沖縄、日本の南西部に至る東アジアの暖温帯に分布。主な樹種はカシ、シイ、タブノキやクスノキなどのクスノキ科、サカキやヤブツバキなどのツバキ科など。

常緑広葉樹林 *
落葉する時期のない、主として広葉樹からなる森林のことである。熱帯から暖温帯の雨の多い地域にだけ見られる。別名熱帯多雨林。生物多様性の宝庫といわれる。

条例
地方公共団体が自治立法権に基づいて、自治体が法律の範囲内で制定することを保障された規定など。

昭和 53 年度規制
昭和 40 年代後半の自動車排ガス公害の顕在化に伴い、昭和 48 年ころから段階的に排ガス規制が強化された。その一部が昭和 53 年の規制である。米国のマスキー法を完全にクリアし、当時世界で一番厳しい規制といわれた。

食アレルギー
食品中のアレルギー物質（アレルゲン）を体内に取り込むことによって起こる様々な反応のことをいう。体の免疫機能が排除の対象を間違えたり、過剰に反応した場合におきるのがアレルギー反応である。

食育 *
食の知識や食を選択する力を獲得し、健康的で安全な食生活を送るための教育をいう。

食育インストラクター
食に関する正しい知識と望ましい食習慣を身につけることができるよう授業のサポートをしたりする仕事や役割をこなす、食についての専門知識を持った有資格者。「NPO 日本食育インストラクター」の資格などがある。

食育基本法 *
食育に関する基本理念を定めるとともに、国を始めとする地方公共団体等の役割責務を明らかにし施策の基本となる条項を定めた法律。食育を総合的活合理的に推進し、健康で文化的な国民の生活と豊かで活力ある社会の実現を目指した法律。2005 年 7 月施行。

食育白書
食育基本法第 15 条に規定する「食育の推進に関して講じた施策に関する報告書」であり、政府（内閣府）が毎年国会に提出しているもの。平成 18 年（2018 年）から毎年発行。

食材
料理の材料となる食品。一般に生鮮食品とよばれるものであり、調理されたものは加工食品と称される。我々は生物を消費することによって、栄養とエネルギーを得ている。液体でそのまま摂食可能なものは飲料。

食事バランスガイド
健康で豊かな食生活の実現を目的に策定された「食生活指針」（2000 年 3月）に具体的な行動に結びつけるモノとして 2005 年 6 月に厚生労働省と農

林水産省で決定した。1 日の食事のとり方や量や望ましい組合せをイラストで分かり易く示した。

食生活
食事において健康の保持、生命の維持、被等の回復、慰安を求める生活をいう。食事の時刻、回数、調理法、内容には文化や宗教、栄養学、好みが反映されることをいう。

食生活アドバイザー
食に関する深い知識を持ち、食の大切さを伝えるコミュニケーション力を兼ね備えていることを証明する資格。資格認定機関は「一般財団法人日本能力開発推進機構」で、職業能力の開発や雇用機会の拡充、経済活動の活性化を目指している。

食の安全
食品の安全性のこと。人間が健康に生きるための根本の問題であるにもかかわらず、食の安全に関係する大事件は、頻繁に発生し後を絶たない。安全に不安を覚える理由は、「偽装表示」「無登録農薬の使用」「違法食品添加物の使用」「農薬・抗生物質・化学薬品の残留」「ダイオキシン・水銀などの有害化学物質の汚染」「遺伝子組み換え食品」「BSE の発生」など。

食品安全基本法
2003 年 5 月成立。食品の安全性の確保に関し、基本理念を定め、施策の策定に係る基本的な方針を定めた。食品の安全性の確保に関する施策を総合的に推進することを目的とした法律。

食品衛生法＊
日本において飲食によって生ずる危害の発生を防止するための法律。所管は厚生労働省。食品と添加物と器具容器の規格・表示・検査などの原則を定める。1948 年（昭和 23 年）1 月施行。2003 年の改正によってその目的は第 1条に、「食品の安全性確保のために公衆衛生の見地から必要な規制その他の措置を講ずることにより、飲食に起因する衛生上の危害の発生を防止し、もつて国民の健康の保護を図ること」と明確になった。2018 年改正され、国際化の流れから HACCP の制度化、食品リコールの報告の義務化、健康食品の規制強化等が見直しされた。

食品関連事業者
食品の製造、加工、卸売、小売業、飲食店業などに従事する者をいう。2020年 HACCP（食品関連事業の者衛生管理手法）導入の義務化がされた。

食品公害
広く流通している食品を摂取することによって健康が害される公害。カネミ油症事件、森永ヒ素ミルク事件など。

食品添加物
食品の製造の過程において又は食品の加工若しくは保存の目的で、食品に添加、混和、浸潤その他の方法によって使用するものをいう（食品衛生法第 4条第 2 項）。具体的目的としては、製造や加工に必要な製造用剤や風味や外観を良くする甘味料、着色料、香料など。

食品廃棄物（食品ロス）＊
食品リサイクル法でいう対象は、加工食品の製造過程や流通過程で生じる売れ残り食品、消費段階での食べ残し、調理くずなどで一般家庭から出る生ごみは含まない。2015 年度推計では食品廃棄物 2842 万トン、食品ロス 646 万トンと推定された。

食品表示マーク
食品の表示には色々な制度があり、認証や認定を受けたものには特別なマークが表示されることがある。代表的な例として、「特定保健用食品の許可証票」「条件付特定保健用食品の許可証票」「特別用途食品の許可証票」「総合衛生管理（HACCP）厚生労働大臣承認マーク」「JAS マーク」など 32 個あり、官庁や地方公共団体や NPO などの規格に適合したものなどに表示。

食品リサイクル法＊
「食品循環資源の再生利用等の促進に関する法律」。食品廃棄物の発生抑制・再利用を促進するため、食品関連事業者の再生利用の実施、再生利用業者の登録等について定めている。2001 年施行。その後数回改正。2019 年新たな基本方針が公表され、同法に基づく基本理念において食品ロスを明記し、SDG s も踏まえ 2030 年度を目標年次としてサプライチェーン全体で 2000 年度の半減とする目標を新たに設定。

植物＊＊＊
草木の類の、陸上で光合成をする生物と、それらに近縁な生物をいう。ただし、諸説あり明確な定義はない。

植物群系
同じ場所で一緒に生育している植物群をいう。植物の構成（樹木、潅木、草）、葉の形式（広葉樹、針葉樹）、密度（森林、サバナ）その他気候などの因子に基づいて定義される。

植物工場
光、温度、栄養などを制御して季節や天候に左右されずに農産物を連続的に栽培する施設・設備などをいう。

植物(性)プランクトン＊＊
プランクトンのうち独立栄養生物の総称。光合成によってエネルギーを生産し、海や湖の水面で生活する。地球上の酸素の維持に大きな役割を果たし、植物全体の酸素生産量のおよそ半分を担っている。食物連鎖の基礎になっており、一例として、オキアミがこれを食べ、そのオキアミをヒゲクジラが食べるというもの。

食物網
生物の間の食う・食われるの関係を食物連鎖というが、実際には食う・食われるの関係は複雑な入り乱れた網目状の関係をしている。これを食物網という。

食物連鎖＊＊＊
生物間における「食べる-食べられる」の関係をいう。一般にその基礎をなす植物を「生産者」、動物を「消費者」、遺骸などを処理する土壌生物やバクテリアを「分解者」といい循環する流れを形成している。「消費者」である動物は、草食動物から大型肉食獣まで様々であるが、これを一次消費者、二次消費者と呼んで区分することもある。

食料危機
食料生産が不良で食料需給が逼迫し、食料価格の高騰、餓死者発生の恐れのある状態。

食料自給率＊＊＊
国民が消費する食料のうち、国内産でまかなうことのできる割合。一般的にはカロリーベースで考える「供給熱量自給率」の事を指す。そのほか金額（生産額）ベースなどがある。2019 年の日本のカロリーベース食料自給率は、37%である。

し

食料需給
食料の需要と供給問題。人口増加に伴う需要増に応じて増産が求められる一方、農地の劣化や環境破壊、深刻化する水不足が供給上の大きな問題としてクローズアップされてくることが予想される。

除染＊
放射能や有毒な化学物質・生物兵器による汚染が生じた際、放射性物質などあるいは放射性物質などが付着した物を除去し、もしくは遮蔽物で覆うなどして、人間の生活空間の線量などを下げることをいう。

除染廃棄物
除染によって除去された人の健康にとって有害な廃棄物をいう。福島原発事故で発生したものとしては、土壌、汚泥、草木、水などの廃棄物をいう。

除草剤
不要な植物（雑草）を枯らすために用いられる農薬。接触した全ての植物を枯らす非選択的除草剤と、農作物に比較的害を与えず対象とする植物を枯らす選択的な除草剤に分けられる。使用については種類も多く製剤方法も多岐に渡っているため、適切に取り扱うことが大切である。

白神山地＊
青森県の南西部から秋田県北西部にかけて広がる山地で、人の手が加えられていないブナの原生林からなる地域。1993 年、日本で最初に世界自然遺産に登録された。

白川郷・五箇山＊
白川郷の荻町地区は合掌造りの集落である。独特の景観をなす集落が評価され、1976 年重要伝統的建造物群保存地区に選定、1995 年には五箇山（相倉地区、菅沼地区）と共に白川郷・五箇山の合掌造り集落として、ユネスコの世界遺産（文化遺産）に登録された。

知床(半島)＊
北海道東部、オホーツク海に長く突き出た半島。半島の南側は根室海峡に面し、その対岸に国後島が伸びている。原生的な豊かな自然を擁し、1964 年に知床国立公園が設定され、2005 年には世界遺産に登録された。

塵埃
粉じんやちりなどともいわれ、空気中に浮遊する 100μ 以下の固体状粒子。

人為的発生源
火山の爆発など自然由来の大気汚染ではなく、事業活動や自動車排ガスなどに起因する発生源。

新エネ法
新エネルギー利用等の促進に関する特別措置法参照。

新エネルギー＊＊
再生可能エネルギーの別名。1997 年に成立した「新エネルギー法」に基づく定義。現在、「新エネルギー利用等の促進に関する特別措置法施行令」により指定されている新エネルギーは、バイオマス、太陽熱利用、雪氷熱利用、地熱発電、風力発電、太陽光発電など、すべて再生可能エネルギーである。自然エネルギーやリサイクルエネルギーも含まれる。

新エネルギー利用等の促進に関する特別措置法＊
「新エネルギー法」。資源制約が少なく石油代替エネルギーで、環境特性に優れたエネルギーの導入に係る長期的な目標達成を図る目的に 1997 年制定。経済産業省所管。「新エネルギー利用等」とは、太陽光、風力、太陽熱、温度差エネルギー、廃棄物発電、廃棄物熱、廃棄物燃料製造、バイオマス発電、

し

バイオマス熱、バイオマス燃料製造、雪氷熱利用、クリーンエネルギー自動車、天然ガスコージェネレーション、燃料電池が該当する。

進化＊
生物の遺伝的形質が、さまざまな要因によって世代を経る中で変化していく現象のことである。

新型コロナウィルス(COVID-19)
2019年に発見されたヒトに感染する7種のコロナウイルスのうちの一つ。コロナウイルスとは数百というウイルスの種類の一つで、発熱や呼吸・消化器疾患を引き起こす。当ウイルスは、今世紀に入ってから動物からヒトに感染したことがわかっている3番目のコロナウイルスである。2019年12月に中国で報告されてから世界的な緊急事態を引き起こしており、これまでに多数の感染者と死者を出している。2003年に世界的規模の集団発生となったSARSも新型のコロナウイルスが原因である。パンデミック参照。

進化論
evolution theory。生物進化の事実，機構，原因などに関する理論、またはそれらを研究する学問分野。生物は不変のものではなく長期間かけて次第に変化してきた、という説が有力。進化論は古代から存在したが、近代的な進化論としては、1859年出版のダーウィンの『種の起源』が著名。

真核生物
核膜で囲まれた核を細胞内に持つ生物。動物、植物が該当。構造上明確な核を持たない生物を原核生物といい、細菌(バクテリア)が該当する。

新幹線騒音
1964年東海道新幹線の開業により、沿線各地に発生した騒音問題。1975年名古屋市内沿線住民が訴訟を起こし「新幹線鉄道騒音に係る環境基準」が定められた。

しんきゅうさん
環境省が公開・運用している省エネ製品買い替えナビゲーションシステム。パソコンや携帯電話を利用して、省エネ製品への買換えによる二酸化炭素削減効果や毎月の電気代などのランニングコスト低減効果等を簡単に知ることができるシステム。

新・京都議定書達成計画
京都議定書採択に伴い、日本では2005年にその目標達成のため達成計画が閣議達成されたが、その後、定量的な評価・見直しのため、社会資本整備審議会・交通政策審議会環境部会で2006年秋より進捗状況の評価と今後の対策・施策の方向性の審議を行い、2008年3月に新京都議定書目標達成計画として閣議決定されたもの。

人口(増加)＊
ある集団を構成する人間の総数を指す統計上の概念。一般的には、国や地域の公共団体などについて用いられる。世界の人口は、2019年6月現在77億人超と推計されている。2050年には98億人を越えると見込まれている。

人工光合成
太陽光を利用して、炭酸ガスと水を原料（資源）にして、有用な物質を合成する技術。大気中の CO_2 濃度をマイナスにする技術として注目されている。日本が世界でも先行しているが、実用化には2017年以降十数年を要すると思われる。

人口の都市集中
経済の拡大発展に伴い、先進国・途上国の別なく人口が都市に集中する。そ

の結果さまざまな環境問題が発生する。主なものとして①廃棄物による汚染②自動車の増加による交通渋滞や大気汚染③住宅や工場の密集による騒音・振動・悪臭などの感覚公害の増加④緑地不足、コンクリート建造物の密集などによるヒートアイランド現象の発生、などである。

人工排熱 *
人工排熱とは、建物の冷暖房、工場での生産活動、自動車の利用など、電力や石油などの消費によって発生している排熱をいう。都市部では人口の集中により、多量のエネルギーが消費されている。こうした排熱が都市を温暖化する原因の一つとなっている。

深刻な干ばつまたは砂漠化に直面する国(特にアフリカの国)において砂漠化に対処するための国際連合条約
国連砂漠化対処条約参照。

新興国
投資や貿易が盛んになり、急速に経済成長を続けている国。発展途上国・開発途上国参照。

新・国家エネルギー戦略 *
原油価格の高騰をはじめとする世界のエネルギー情勢の変化を踏まえ、経済産業省・資源エネルギー庁が 2006 年 5 月に策定した日本の新しいエネルギー政策の指針。現在のエネルギー戦略は、2003 年施行のエネルギー政策基本法に基づき 3 年ごとに見直されている「エネルギー基本計画」により、2013 年が最新版である。

人材認定等事業の登録
2003 年制定の「環境の保全のための意欲の増進及び環境教育の推進に関する法律（環境保全活動・環境教育推進法）」の第 11 条に基づく、民間による人材認定等事業の登録制度。

審査登録機関
認証機関と同義。ISO9001 などの認証を希望する組織・企業に対して審査を実施し、一連の手続きを経て認証書を交付する機関。認証機関の適合性を審査する機関は認定機関といい、原則として一国に 1 機関である。

深層循環
水温と塩分が海水の密度を変えることから、海域ごとの海水密度の違いから発生する現象。全海洋を一巡するのに 1000 年以上かかるといわれている。熱塩循環ともいう。

深層水 *
地球上の海は水深 200 メートル付近を境に、表層と深層に分かれている。表層部分を流れる海流と同様に、深い海の底でも海洋深層水による地球規模の大きな循環がある。深層循環参照。

薪炭材の過剰伐採 *
森林破壊の要因のひとつ。途上国の人口増加に伴い、炊事などのエネルギーとして化石燃料に頼ることのできない地域では、薪炭の伐採が再生力を超えとして化石燃料に頼ることのできない地域では、薪炭の伐採が再生力を超えて行われている。

振動 * * *
状態が安定せず揺れ動く現象をいう。公害としての振動は、工場などにおける事業活動や建設工事に伴って発生する相当範囲にわたる振動をいう。典型 7 公害・感覚公害の一つ。2017 年の発生件数は全国計約 1,780 件。

振動規制法
1976 年制定。振動や道路交通振動などに適切な措置を定めることにより、これを防止しようとするもの。

浸透性舗装
道路面に降った雨水を舗装内の隙間から地中へ逃がす機能を持った舗装。

振動防止技術
振動の発生源対策、伝播対策に関する技術。振動発生設備と基礎の間に防振ゴム・金属バネの挿入などによる防止技術がある。

身土不二
地産地消・食養運動のスローガン。本来は仏教用語。人間の身体は住んでいる風土や環境と密接に関係していて、その土地の自然に適応した旬の作物を育て、食べることで健康に生きられるという考え方。

じん肺＊＊
粉じんを吸い込むことによって引き起こされる肺の疾患。鉱山や炭鉱で始まったじん肺だが、現在さまざまな職場でじん肺が発生している。近年特に、アスベスト（石綿）の粉じんを吸い込むことによって発生すると思われる悪性中皮腫が大きな問題となり、法規制を始め様々な対策が取られることとなった。

針葉樹林
主として針葉樹で構成された森林。広葉樹が森林を構成できない寒冷な地域では針葉樹が大規模な森林を作る。いわゆる亜寒帯がこれにあたり、シベリア・北アメリカ大陸にはタイガと呼ばれる、広大な天然の針葉樹林が広がっている。

森林＊＊＊
相当範囲にわたって樹木が繁茂しているところをいう。そこにすむ生物や土壌を含めた総体をさすこともある。森林の分類は樹木の種類によるもの、気候によるものなどで行われる。前者では常緑樹林、針葉樹林、混合樹林など、後者では熱帯雨林、温帯林、亜寒帯林など。さらに人工の入り具合による分類があり、原始林、人工林などと区分する。

森林火災
森林は CO_2 を吸収するなど地球温暖化防止に大きな貢献をしているが、気温の上昇による乾燥が進み、大規模森林火災が頻発している。CO_2 の吸収力が減少し、温暖化に拍車がかかる可能性が否定できない状況である。

森林環境税及び森林環境譲与税
温室効果ガス排出削減目標の達成、災害防止を図る為の森林整備等に必要な財源を安定的に確保する観点から創設されたもの。2019 年 3 月公布。

森林環境税
地方公共団体が自ら森林整備事業等を行い、その費用負担を幅広く求める目的で法定外目的税として徴収する税。2003 年高知県が初めて導入した。

森林管理協議会(FSC)
Forest Stewardship Council。責任ある森林の管理のため、世界中の森林および木材を認証している独立した非営利団体。1993 年にカナダ、トロントで第一回 FSC 総会が開催された。FSC 認証は適切に管理された森林から伐採された木材であるという証明となるため、当該製品を買うことが世界の森林保護につながる。環境ラベル・マークなどの紹介参照。

森林吸収源活動(対策)＊
温室効果ガス削減に係る京都議定書では、削減の内容として一定の条件にあ

し

る森林の CO2 吸収量も削減と見做すと決めている。その条件を満たすような森林の整備活動をいう。

森林原則声明 *
1992 年 6 月開催されたいわゆる「地球サミット」で採択された森林の保護・育成に関する声明。当初は熱帯林保全のための、「世界森林条約」が目標であったが、木材が主要経済資源でもある途上国の反対により、温帯林も含めた法的拘束力のない声明となった。

森林生態系保護地域 *
国有林野事業で行われている保護林制度の一つ。1991 年の制度改正により設けられた。指定の基準は、①日本の主要な森林帯を代表する原生的天然林の区域で、原則として 1,000ha 以上の規模のもの、②その区域でしか見られない特徴を持つ希少な原生的天然林の区域で、原則として 500ha 以上の規模。

森林セラピー
森林浴を一歩進めたもの。医学に裏付けされた森林浴効果をいい、森林を利用して心身の健康維持・増進、疾病の予防を行うことを目的としている。

森林蓄積
森林を構成する樹木の幹の体積をいう。日本の森林面積はほぼ横ばいだが、森林蓄積は年々増加しており、過去 40 年間で 2.3 倍に増えている。人工林では 5 倍に達している。これは森林管理が適切でないための現象で、山林の荒廃が進み土砂崩れの発生などが懸念される。

森林認証
FSC（マーク）参照。環境ラベル・マークなどの紹介参照。

森林の衰退・減少・破壊・伐採問題 ***
地球上の陸地面積の約 31%を占める森林が近年徐々に減少している。2000 ～2010 年の間に毎年約 520 万 ha の森林が減少した。原因は、酸性雨、森林火災、非伝統的焼畑農業、過剰伐採、過剰放牧、農地転用などがあげられる。森林破壊による影響は、土の流失、木材資源の減少、野生生物種の現象、気候変動の促進などがあげられる。

森林の役割
主なものとして 1. 光合成による二酸化炭素の吸収と酸素の放出 2. 地上動物生存のための環境をつくる 3. 水を蓄え土の流出を防ぐ（緑のダム）4. 木材資源の供給の 4 つが挙げられる。

森林浴
樹木などが発する揮発性の化学物質であるフィトンチッドに触れると、すがすがしく爽やかな気持ちになる。森林に入ってこのような気持ちになることをいう。フィトンチッド参照。

森林・林業再生元年
国の森林を守るための国家戦略プロジェクトの名前。2011 年に国連で決議された国際森林年を「森林・林業再生元年」として森林・林業を再生することとなった。

[す]
水銀 **
元素記号 Hg。原子番号 80 の元素。常温、常圧で液体である唯一の金属元素。生物に対して毒性が強いために、近年は使用が控えられている金属である。水俣病は有機水銀化合物によって引き起こされた。

し
す

水銀に関する水俣条約
水俣条約参照。

水源涵養機能
樹木と土壌が一体となって雨水の貯留や流出を調節していることをいう。森林が「緑のダム」と呼ばれるもととなっている機能。

水源税
環境政策手法の一つで、森林がもつ多様な公益的機能を回復、維持するための負担を住民に求めるもの。2003 年の高知県をはじめとして、各地の地方自治体が条例により法定外目的税としての森林環境税を導入している。

水酸化カルシュウム溶液
化学式 $Ca(OH)_2$ で表されるカルシウムの水酸化物。消石灰(しょうせっかい)とも呼ばれ水溶液はアルカリ性を示す。火力発電所の排ガス中の硫黄酸化物の除去、酸性化した河川や土壌の中和剤、凝集剤としても用いられる。

水酸化マグネシウム溶液
化学式 $Mg(OH)_2$。溶液は排煙脱硫装置に使用され、排ガスを硫酸マグネシウムとして除去する。

水質汚濁・汚染(物質)＊＊＊
公共用水域(河川・湖沼など)の水の状態が、主に人の活動によって損なわれる事や、そのような状態を引き起こす物質。原因は、生活や産業活動に伴って発生する廃棄物や排出水による汚染・汚濁など。水質汚濁は、人々の健康や生活環境の水準を低下させ、水産業などに被害を生じさせる公害の一因として用語が定義されている。典型 7 公害の一つ。

水質汚濁防止技術
物理・科学的方法としては、沈降分離、凝集沈殿、凝集加圧浮上、清澄濾過など除去する方法がある。生物学的方法としては活性汚泥法、そのほか生物膜法、窒素、リンの除去技術がある。

水質汚濁防止法＊
1971 年 6 月に施行された公共用水域の水質汚濁の防止に関する法律。工場及び事業場から公共用水域の排出及び地下に浸透する汚水を規制。生活排水対策の実施を図り、国民の健康とともに生活環境の保全を図る。並びに、工場及び事業場から排出される汚水及び廃液で人の健康に被害が生じた場合、事業者の賠償責任について定め、被害者の保護を図る。

す

水蒸気＊＊
水が気化した気体。空気中の水蒸気量、特に飽和水蒸気量に対する水蒸気量の割合を湿度という。水蒸気は無色であり、目には見えない。雲、霧、湯気などは、水滴の集まりであり、水蒸気ではない。

水蒸気の温室効果
水蒸気は広い波長域で赤外線を吸収するため、温室効果としてもっとも大きな寄与(60％)を持つ。しかし水蒸気はすべての波長の赤外線を吸収するわけではなく、15μm 付近の赤外線は二酸化炭素によってよく吸収される。このため全温室効果に対する二酸化炭素による寄与は 26％程度になる。

水素＊＊＊
原子番号 1、原子量 1.00794[1]の元素。元素記号は H。非金属元素のひとつ。元素およびガス状分子の中で最も軽い。地球上では水や有機化合物の構成要素として存在する。

水素イオン濃度
ｐH（ピーエッチ）。酸、アルカリの強さの程度を示す尺度として用いられる。ｐH0（ゼロ）が最も強い酸、14が最も強いアルカリを示す。

水素ステーション
燃料電池車に水素を補給するための施設。ガソリン車のガソリンスタンドに該当。水素ステーションはまだまだ数が少なく、これが燃料電池車の普及の妨げの一つになっている。

水力（発電）＊＊
水の落下するときのエネルギー。古来水車による製粉、用水などに利用されてきた。またそれを活用した発電。現在最も一般的なのは、発電用水車を水の力によって回転させることで発電を行う。

スーパー台風
風速70m/秒以上の台風をいう。日本では2017年9月現在未経験である。地球温暖化の影響で、今後発生の可能性が高まるといわれている。

スーパーファンド法
米国の環境法規の一つ。過去の土壌汚染に関わる者に対し、広範囲に浄化コストの負担を求める法律。汚染責任者が特定されるまでの期間、環境保護庁がスーパーファンドから浄化費用等を負担し、将来責任者が判明した時、その責任者に負担させる仕組み。

スクリーニング
地域環境特性や事業計画の内容等を踏まえて、発生する環境影響の予見を行い、環境アセスメントの実施が必要な事業か否かの判断を行うこと。

スコーピング＊
環境アセスメントにおいて、手法、方法等、評価の枠組みを決める方法書を確定させるための手続き。環境アセスメントの方法を公開し、その手法の公正さを確保することを目的としている。

スターン（レビュー・報告）＊
2006年10月、英政府顧問のニコラス・スターン教授が英国政府に提出した報告書。温室効果ガスの削減策は、気候変動に伴う影響のリスクを回避するための投資と見なし、気候変動問題への取り組みは、長期的に経済成長を促す。今後20〜30年に十分な対策をとらないと、今世紀末から来世紀にかけて、2度の世界大戦や世界経済恐慌に匹敵する大規模な混乱を引き起こす危険があると警告している。

スチレン
Styrene。化学式：C_8H_8 揮発性有機化合物の一つ。塗料や発泡スチロールの原料として使用されている。

ステークホルダー＊＊＊
企業活動を行う上で関わるすべての人のこと。利害関係者。顧客、地域住民、官公庁、株主、研究機関、金融機関、そして従業員も含む。

ステークホルダーダイアログ（ミーティング）＊
株主総会とは別な形式で、企業に関係する株主、消費者、NPOらと企業が行う対話集会をいう。株主総会とは別な形で、社外からの発言を企業活動に生かしていくのが目的。CSR（企業の社会的責任）活動の重要な一環。

ストックホルム会議
国連人間環境会議参照。

ストックホルム条約
POPs条約参照。

ストックホルム宣言
人間環境宣言参照。

ストレス症候群
精神的なストレスによって生じた身体の不調の総称。心身症。シックハウス症候群との関連性などが研究されている。

砂濾過法
砂、砂利、小石を利用した水の浄化方法。

スノースマット
燃料の燃焼によって発生した煤が核となって、燃料中の硫黄から燃焼により生成した硫酸を吸着して燃焼ガスの露点温度付近で雪状に成長したもの。煙突から排出された場合、質量が大きいため煙突の周辺に落下して被害を与える。

スペイン風邪
1918 年から 1919 年にかけ全世界的に大流行した H1N1 亜型インフルエンザの通称。流行源は不明。感染情報の初出がスペインであったため、この名で呼ばれる。感染者は、全世界でおよそ 5 億人とされ、死亡者数は 1 億人を超えていたと推定されており、人類史上最も死者を出したパンデミックのひとつである。現状の歴史的・疫学的データでは、その地理的起源を特定できていない。

スベンスマルク(効果・理論)
デンマークの科学者 H・スベンスマルクが 1997 年に唱えた地球温暖化に関する学説。太陽活動が活発になると太陽磁場も増加し、地球に降り注がれる宇宙線の量が減少する。最近の地球温暖化現象は、太陽活動により地表を覆う雲量の減少により起こったもので、人為的活動により増加した CO2 などの温室効果ガスのせいではないとする説。現在は少数意見である。

スマートアグリ
SMARTAGRI：Smart Agriculture の略。農産物を、IT 技術と農業技術の活用により、また栽培条件などの温度、湿度、養分などをセンサーネットワークと連携して自動化し、省エネで再生可能エネルギーなども利用しながら、生産する技術。植物工場に代表される高度に自動化された農業技術で、農業に新たな産業革命をもたらす技術でもある。

スマートグリッド
smart grid。次世代送電網。電力の流れを供給側・需要側の両方から制御し、最適化できる送電網。専用の機器やソフトウェアが、送電網の一部に組み込まれている。オバマ政権が、米国のグリーン・ニューディール政策の柱としたことから、一躍注目を浴びることとなった。

スマートコミュニティ
Smart Community。情報通信技術（ICT）を活用しながら、再生可能エネルギーの導入を促進しつつ、電力、熱、水、交通、医療、生活情報など、あらゆるインフラの統合的な管理・最適制御を実現し、社会全体のスマート化を目指すもの。

スマートシティ＊
Smart City。スマートグリッドなどによる電力の有効利用に加え、熱や未利用エネルギーも含めたエネルギーの「面的利用」や、地域の交通システム、市民のライフスタイルの変革などを複合的に組み合わせた、エリア単位での次世代エネルギー・社会システムの概念。

す

スマートセンサー

Smart sensor。各電気機器の電気使用量、運転状況等の物理量を感知・計測する機能とその物理量を演算処理する機能を持ったセンサー。

スマートマンション

マンション全体でエネルギー管理や節電、電力消費のピークカットを行い、エネルギーの効率的な利用を実現するマンションのこと。

スマートムーブ

Smart move。地球温暖化に歯止めをかけるために、CO_2 をなるべく排出しない賢い移動のことをいう。

住まいの変遷

日本においては古代から室町まで庶民の住居となってきたのは、竪穴式住居である。平安時代貴族の住居としては寝殿造り。中世の公家・武家の住居として書院造が広がった。近世には庶民の家も書院造が多く深い軒と縁側が典型である。明治時代に入って西洋風建築も取り入れられた。第二次大戦以降は、 n LDK などの各室機能分化を図った団地スタイルが出現した。

スマートメーター

Smart meter。検針業務の自動化や住宅用エネルギー管理システム用機器等を通じた電気使用状況の見える化を可能にする電力量計のこと。

スモーキーマウンテン

フィリピンマニラ市北方に位置するスラム街。名称の由来は、自然発火したごみの山から燻る煙が昇るさまから名付けられた。1954 年に焼却されないゴミの投棄場になった。それ以来マニラ市内（マニラ首都圏）で出たごみが大量に運び込まれ、ゴミの中から廃品回収を行い僅かな日銭を稼ぐ貧民が住み着き、急速にスラム化した。一時期フィリピンの貧困の象徴といわれた。

スモッグドーム

日射の加熱で不安定化した大気の層で、都市中心部を排ガス・煙などがドーム状に覆うことを言う。

スモール・イズ・ビューティフル

Small Is Beautiful。1973 年に英国の経済学者、エルンスト・F・シューマッハーが執筆したエッセイ集。エネルギー危機を予言し、第一次石油危機として現実化した。また、大量消費を幸福度の指標とする現代経済学と、科学万能主義に疑問を投げかけ、自由主義経済下での完全雇用を提唱した。招かれたビルマで見た仏教徒に感銘を受け、仏教経済学を提唱した。

スモン病

整腸剤キノホルムによる薬害。当初は原因不明の風土病とされた。症状は、服用後激しい腹痛が起こり、2～3 週間後に下肢の痺れ、脱力、歩行困難などの症状が現れる。舌に緑色毛状苔が生え、便が緑色になる（緑色物質はキノホルムと鉄の化合物である）。1970 年以降日本では製造販売および使用禁止により新たな患者の発生はない。

スラム(slum)

都市部で極貧層が居住する過密化した地区。都市の他の地区が受けられる公共サービスが受けられないなど荒廃状態にある状況を指す。世界中のほとんどの大都市にスラムがある。

スローフード(Slow Food)(運動)＊

イタリア人カルロ・ペトリーニによって提唱された運動。ファストフードに対立する概念。郷土食などを守り、食と味覚の教育と持続性農業を推進し、食の喜びを尊重する文化を普及させる国際活動をいう。1986 年イタリアビエ

ンテモ州の町で協会が設立された。日本では 1999 年に支部が誕生し、2004
年 6 月に「スローフードジャパン」が設立された。

スローライフ（Slow Life）
生活様式に関する思想の一つで、地産地消や脱モータリゼーション型社会
を目指す生活様式を指す。日本ではスローフードが拡大解釈されて浸透した
言葉。

[せ]
生活環境項目＊
公共水域における水質汚濁の環境基準の１つで生活環境の保全に関する環境
基準をいう。BOD、COD 全亜鉛など。もう一つの基準は「人の健康の保護に関
する環境基準（健康項目）」でカドミウム、鉛などをさす。

生活系ごみ
一般家庭から日常生活に伴って排出されるごみ。

生活者
単なる消費者ではなく、時には生産者であり、あるときは消費者となって暮
らし社会に参加している人をいう。アルビントフラー教授が「第三の波」で
示したプロシューマーと捕らえた見方もその一つ。

生活排水＊
炊事や洗濯など一般的な人間の生活に伴って発生し排出される水。いわゆる
家庭ごみとともに、廃棄物処理法における一般廃棄物に分類される。これは
生活雑排水（台所・風呂・洗濯排水）と、し尿の二つに分類され、前者の環
境負荷は 70％、後者は 30％となっている。

生産者＊
生態学の分野では、食物連鎖や栄養段階、生態ピラミッドなどを考える上で
生産者という言葉を使う。いわゆる植物（藻類を含む広い意味で）のこと。

生産情報公表 JAS マーク
消費者が生産履歴の明らかな食品を安心して購入できるように、食品の生産
情報が正確に公表等されているかを、公的に認定された生産者等自らが JAS
規格に適合しているか検査を行い、その検査に合格したものに貼付される
JAS マーク。現在牛肉、豚肉、農産物及び養殖魚について制定されている。
環境ラベル・マークなどの紹介参照。

生産緑地＊
都市計画上、農林漁業との調和を図ることを主目的とした地域地区のひとつ。
その要件等は生産緑地法によって定められている。また、この制度により指
定された農地または森林のことを生産緑地という。

生産緑地法
1974（昭和 49）年制定。目的は、生産緑地地区に関する土地計画に関して必
要な事項を定め、農林漁業との調整を図りつつ、良好な都市環境の形成に資
すること。生産緑地地区内で建築物の新築・改築・増築、宅地の造成等を行
う場合には、原則として、市町村長の許可が必要。

脆弱性
地球温暖化による気候変動の悪影響に対する弱さの度合い。

生殖機能障害
子孫を残すために必要な機能に生ずる障害。

税制のグリーン化
環境負荷に応じた税の差別化のこと。

税制優遇措置
一定の要件を満たした団体については通常とは違う有利な課税措置がなされるということ。特定公益増進法人という資格をもった社会福祉法人などに、個人や企業が寄付をすると税金が一部控除される制度。また収益事業をして得た収益に係る税金も会社に比べて安くなる。

生鮮食品
野菜・果実・魚介・精肉など、特に新鮮さが要求される食料品。一般的に加工食品は含まれない。

成層圏＊＊
地球上の大気の層の一つ。地上から二番目の層で、約 10〜50 k m のところに存在する。大気密度は小さく（10 分の 1〜1000 分の 1 気圧）、気温も 0〜−15℃ 程度。ここにはオゾン層があり、生物にとっての有害物質である紫外線を吸収している。

生息地等保護区＊
種の保存法に基づいて国内希少動植物種の生息・生育環境を保全するために必要に応じて指定される保護区。

生態学的オーバーシュート
生態系の再生・処理能力を超える速度で資源が利用（消費）される状態をいう。

生態系＊＊＊
ある一定の区域に存在する生物と、それを取り巻く非生物的環境をまとめ、ある程度閉じた一つの系と見なすことができるとき、これを生態系と呼ぶ。

生態系サービス＊＊
生態系がわれわれに与えてくれる"恵み"をいう。大きくは次の 4 つに分類される。①基盤的サービスで、他の生態系サービスの基盤となるもので、土壌形成・栄養塩循環・一次生産など、②供給的サービスで、食料・水・燃料・化学物質など、③調整的サービスで気候・病気・洪水の制御など、④文化的サービス。

生態系サービスへの直接支払い＊
PES（Peyment for Ecosystem Services）。生態系サービスを持続的に利用するために、コストとして受益者がその対価を支払うという考え方。その例として、ガソリン税等を森林保全の財源とする制度や、良質の水を必要とする企業がその水源の保全に協力する畜産農家に対し費用を支払う仕組みが挙げられる。

生態系と生物多様性の経済学
TEEB 参照。

生態系ネットワーク＊＊
エコロジカル・ネットワーク。遮断された野生生物の生息地を森林や緑地、開水面などで連絡することにより、生物の棲息空間を広げようとする取り組み。

生態系の多様性＊
様々な場所の環境に応じて成立している生態系の多様さを指す。生態系を構成する生物種の組み合わせは無数に存在し、気候、地質など自然環境により異なる。この生態系の多様性が種の生物種の多様性をつくり出す。

生態系ピラミッド＊
生態系の各段階において食物連鎖や栄養段階において、各段階の生物量にかかわる言葉である。一般に、段階が高いほどその量が少ないので、これを積み上げ式に表示すれば、ピラミッドのように見えることから、その名がある。

成長の限界＊＊＊
1970年設立のローマクラブが著した、深刻化しつつある環境汚染や天然資源の枯渇・人口爆発などで、このままでは100年以内に人類の発展が止まるであろうとの警告の書である。1972年発表。

清澄ろ過法
水質汚濁防止技術の一つ。凝集沈殿法や凝集加圧浮上法で除去できなかった微量の懸濁物質をさらにろ過して除去する。ろ材としては一般に砂が使われる。

製品の環境負荷
製品の製造などは必ず環境に負荷を与える。例として、鉄鋼の生産においては、溶解のためにコークスを燃焼させCO_2を排出するなど。環境保全と経済発展を両立させ、持続可能な社会づくりを目指すため、より負荷の少ない製造方法などが開発されねばならない。

製品のライフサイクル＊
環境学上は、製品の原料採取から製造・使用を経て廃棄されるまでの一連の工程をいう。製品が一生の間に環境に与える負荷などを評価するときの概念として使用される。経済学上は、製品が市場に投入されてから最終的には市場から消滅していく過程をいう。

政府開発援助
ODA参照。

生物＊
自己増殖能力、エネルギー変換能力、恒常性（ホメオスタシス）維持能力、自己と外界との明確な隔離などの性質をもったもの。しかし、ウィルスの存在など生物と無生物を完全に区分することは現時点では難しい。

生物化学的酸素要求量
Biochemical Oxygen demand (BOD)。BOD参照。

生物化学的方法
水質汚濁防止技術の一つ。微生物などを利用して汚水中の有機化合物を除去する方法。浮遊物の除去などの一次処理に対して二次処理という。

生物圏保存地域＊
1970年に開始されたユネスコの「人間と生物圏計画」（Programme on Man and the Biosphere；MAB計画)に基づいて成立した国際的な指定保護区の名称。日本ではユネスコエコパークと呼ばれ、「志賀高原」、「白山」、「大台ヶ原・大峰山・大杉谷」、「屋久島・口永良部島」、「綾」、「只見」、「南アルプス」、「祖母・傾・大崩」、「みなかみ」、「甲武信」の10地域が指定されている。

せ

生物資源＊
食料、衣料、薬品など人間の生活上に必要な資源として利用される生物のこと。通常、自然資源（または天然資源）（Natural Resources）と呼ばれることもあるが、厳密には自然資源には水資源や鉱物資源なども含まれるのに対して、生物資源は生物由来のもののみをさす。

生物資源の持続的な利用
生物資源の利用・消費をその自然回復力の範囲で利用・消費すること。資源の効率的利用により消費量を減らす方法と、より量の多い資源への転換、養殖・植林などにより供給量を増やす方法が考えられる。

生物種＊
生物分類上の基本単位。現在、命名済みの種だけでおよそ200万種以上あり、実際はその数倍から10数倍以上の種の存在が推定される。

生物進化
生物の形質が世代を経る中で変化していく現象。

生物種の絶滅（速度の増大）＊
地球上に生命が誕生以来、化石などの記録から過去に5回の大絶滅があったことが確認されている。最も新しい大絶滅は、6500万年前の恐竜の絶滅で、原因として隕石の衝突などによる地球環境の大幅な変化が考えられている。自然現象による大絶滅では、数百万年かけて徐々に生物は絶滅していると考えられていたが、1975年には1年で約1,000種が絶滅し、現在では、1年間に40,000種もの生物が絶滅していると考えられている。

生物生産力
biocapacity（環境収容力）。再生可能資源を生産し廃棄物を吸収する能力。

生物多様性＊＊＊
Biodiversity。地球全体に、多様な生物が存在していることを指す用語。現在名前のついた生物の種だけでも200万種以上にのぼり、全生物種は、少なくとも3000万種以上といわれる。この多様性は「種の多様性」だけでなく、同じ種であっても異なる個性を生む「遺伝子の多様性」や「生態系の多様性」などがある。

生物多様性アクション大賞　2018
2013年度に創設、2014年度よりUNDB-Jと一般財団法人セブン-イレブン記念財団との共催で実施している生物多様性の10年の広報活動。国民一人ひとりが生物多様性との関わりを自分の生活の中でとらえることができるよう「5つのアクション」（たべよう、ふれよう、つたえよう、まもろう、えらぼう）を広く呼びかける活動。

生物多様性及び生態系サービスに関する政府間科学-政策プラットフォーム
IPBES：Intergovernmental Science-Policy Platform on Biodiversity and Ecosystem Services。生物多様性と生態系サービスに関する動向を科学的に評価し、科学と各国政策のつながりを強化するための政府間組織。2012年4月に設立。事務局はドイツのボン。科学的評価、能力開発、知見生成、政策立案支援の四つの機能を柱とする。気候変動分野で同様の活動を進める「気候変動に関する政府間パネル」（IPCC）を手本にしていることから、IPCCの生物多様性版と称されることもある。2013年1月にボンで第1回総会を開催し、初期作業計画などを策定した。総会の参加国は105か国。日本は環境省所管。

生物多様性オフセット
開発などを行う際に、事業の実施者が、生態系への影響を最小化することを十分に検討し、それでもなおマイナスの影響を及ぼすおそれがある場合、別の生態系を復元または創造することで、生態系への影響を代償（オフセット）する仕組みをいう。

生物多様性及び生態系サービスに関する政府間科学政策プラットフォーム
Intergovernmental Science-policy Platform on Biodiversity and Ecosystem Services。IPBES。生物多様性と生態系サービスに関する動向を科学的に評価し、科学と政策のつながりを強化する政府間のプラットフォームとして、2012年4月に設立された政府間組織。科学的評価、能力開発、知

見生成、政策立案支援の4つの機能を柱とし、気候変動分野で同様の活動を進めるIPCCの例から、生物多様性版のIPCCと呼ばれることもある。

生物多様性基本法＊
わが国初の、生物多様性の保全を目的とした基本法として2008年6月に施行された。「環境基本法」の下位法として位置付けられる基本法で、生物多様性に関する個別法に対しては上位法として枠組みを示す役割を果たす。政府による生物多様性国家基本計画の策定や、地方自治体による計画策定等も定めている。

生物多様性国家戦略(2012-2020)＊
生物多様性条約に基づき、生物多様性の保全と持続可能な利用に関わる国の政策の目標と取組の方向を定めたもの。国は、1995年10月に「生物多様性国家戦略」を決定し、ほぼ5年毎に見直している。2012年9月には「生物多様性国家戦略2012-2020」を閣議決定。第5回（2020年10月）次期生物多様性国家戦略研究会では、他の主体との連携が必要とされ検討を進めている。

生物多様性情報システム(J-IBIS)
Japan Integrated Biodiversity Information System：J-IBIS。1998年の環境庁「生物多様性センター」発足と同時に、インターネットを通じて「自然環境保全基礎調査（通称：緑の国勢調査）」の成果や、レッドデータブック、その他の自然環境データを閲覧できるシステムとして運用開始されたもの。

生物多様性条約＊＊＊
1992年の地球サミットにおいて採択された生物の多様性を保全するための条約。

生物多様性条約戦略(計画)
2002年COP6(オランダ・ハーグ)で採択された戦略計画。全体目標を「現在の生物多様性の損失速度を2010年までに顕著に減少させる（2010年目標）」とし、7つの分野に11の最終目標と達成測定のための21の個別目標を設けた。なお、世界の生物多様性2010年目標が大幅な未達成となったことなども受けて、日本では2010年3月に閣議決定された「生物多様性国家戦略2010」では、2050年を年次目標とした中長期的目標「生物多様性の状態を現状以上に豊かなものとすること」を掲げている。

生物多様性条約戦略計画 2011-2020
2010年名古屋市で開催のCOP10で採択され、今後10年間に国際社会がとるべき道筋を示したもの。

生物多様性条約第10回締約国会議(COP10)＊
2010年10月名古屋市で開催。179の締約国と国際機関、NGO/NPOなど約1万3000人が参加。遺伝資源の採取・利用と利益配分（ABS）に関する枠組みである「名古屋議定書」や、生物多様性の損失を止めるための新目標である「愛知ターゲット」などが採択された。また、途上国への資金援助や、「SATOYAMAイニシアティブ」など生物多様性を守るための国際的な取り組みに関するさまざまな取り決めがなされた。

生物多様性総合評価検討委員会
2007年11月に閣議決定された第3次生物多様性国家戦略を受け、環境省が設置した委員会で、我が国の生物多様性の現況及び変化の動向を把握するための指標の開発と、それらの指標を用いた生物多様性総合評価を開始するための委員会。2010年5月に初回の結果発表。それによると、生物多様性の損

せ

失は今も続いており、特に、陸水生態系、沿岸・海洋生態系、島嶼生態系における生物多様性の損失は大きいという。

生物多様性地域戦略
生物多様性基本法に基づき地方公共団体が努力義務として策定する、生物の多様性の保全及び持続可能な利用に関する基本的な計画。2012-2020までにすべての都道府県が策定していることを目標としている。

生物多様性の危機
過去に地球上で起った生物の大量絶滅は5回あったといわれているが、これらの自然状態では数万年～数十万年かかっており、年平均にすると年平均0.001種程度であったと考えられている。しかし、1975年以降の絶滅数は1年につき4万種程度といわれており、まさに生物多様性の危機である。

生物多様性の10年
2011年から2020年までの10年間は、国連の定めた「国連生物多様性の10年」。生物多様性条約第10回締約国会議（2010.10愛知県名古屋市）で採択された新たな世界目標である「愛知目標」の達成に貢献するため、国際社会のあらゆるセクターが連携して生物多様性の問題に取り組む。環境省に「国連生物多様性の10年日本委員会（UNDB-J）」が設立された。

生物多様性保全推進支援事業
地域の生物多様性の保全・再生に有効な活動等に対して必要な経費の一部を交付して支援する事業。環境省所管事業。2008年以降毎年新規事業を募集し、一定の要件をクリアした事業が対象となる。

生物多様性民間参画ガイドライン
生物多様性の持続的利用と保全は民間の自主的参画がより効果的であるとして「生物多様性企業活動ガイドライン検討会」の検討を得て、環境省が取りまとめたもの。2008年8月公表。

生物濃縮＊＊
生物が、外界から取り込んだ物質を環境中におけるよりも高い濃度に生体内に蓄積する現象をいう。蓄積性のある物質（特にDDT、PCB、ダイオキシンなどの化学物質など）が食物連鎖により生物濃縮を起こす。この場合には、食物連鎖の高次に位置する生物でより高濃度に濃縮され、その生物に影響を及ぼす。有機水銀による水俣病などの公害病その具体例である。

生物の大量絶滅
地球に生物が誕生以来、生物の大量絶滅が今までに5回出現している。いずれの場合でも70%以上の生物の絶滅があったと思われるが、ペルム紀（2億9千万年～2億4千万年）の大絶滅では95%の生物が絶滅したといわれる。現在の生物多様性の危機は第6回目の大絶滅であるという学者もいる。

生物農薬
狭義には、生物そのものを農薬として使う場合をいい、広い意味では生物由来の物質を使う場合も含む。アブラムシ駆除目的のテントウムシ、田の除草のためのアイガモ、防虫剤としての除虫菊などがそれにあたる。化学農薬に比べ生態系への悪影響が比較的低いため利用価値が大きい場合が多い。

生物ポンプ＊＊＊
海洋の大気中二酸化炭素吸収メカニズムのひと一つ。海洋表層（有光層）から海洋内部へ炭素を輸送する経路。植物プランクトンの光合成によって表層に溶け込んだCO_2から有機物が生まれ、粒子中の有機炭素は、中・深層でバクテリアなどの働きによって分解・再生されて無機炭素に戻る一方、一部は海底に堆積物となって蓄積する。

せ

生物膜法
水質汚濁防止技術の一つ。支持体に微生物を付着生育させた生物膜を用いて、汚濁物質を分解除去する方法。

生分解性(プラスチック)＊
微生物により分解されるプラスチックである。主流はバイオプラスチックであり、でんぷんを原料とするものが多い。最終的に水と CO_2 になるので環境負荷の少ない材料といえる。

政府開発援助
Official Development Assistance。ODA。先進国の政府または政府の実施機関によって開発途上国などに供与されるもので、開発途上国の経済・社会の発展や福祉の向上に役立つために行う資金・技術提供による公的資金を用いた協力のこと。

セイヨウオオマルハナバチ
昆虫綱・ハチ目(膜翅目)・ミツバチ科に分類されるマルハナバチの一種。ヨーロッパ原産。日本には 1992 年から温室内で栽培されているトマト等の花粉媒介昆虫として導入された。その直後から日本在来のマルハナバチ種に対して悪影響を及ぼす恐れがあったが、農業資材としての効用から簡単に規制できず、その恐れは的中してしまった。外来生物法により特定外来生物に指定されている。

セーフティステーション(活動)＊
日本フランチャイズチェーン協会に加盟するコンビニエンスストアが商品・サービスの提供に加え、地域住民・国・地方自治体の協力のもと「まちの安全・安心な生活拠点づくり」並びに「次世代の青少年健全育成」へ取り組む自主的な活動。地震などの大災害時には一次避難場所となることも想定している。

世界遺産＊＊
1972 年のユネスコ総会で採択された「世界の文化遺産及び自然遺産の保護に関する条約」(世界遺産条約)に基づいて、世界遺産リストに登録された遺跡や景観そして自然など、人類が共有すべき「顕著な普遍的価値」をもつ不動産を指す。その内容によって、自然遺産、文化遺産、複合遺産に大別される。ユネスコに事務局「世界遺産センター」がある。

世界遺産委員会
世界遺産条約に基づいて設置されたユネスコの組織。世界遺産に関して意見交換するための国際連合教育科学文化機関の委員会。事務局は 1992 年設立の世界遺産センター。

世界遺産基金
ユネスコ の世界遺産保護を目的として設立された信託基金。締約国の分担金や任意拠出金、寄付金などを財源として、危機にさらされている世界遺産(危機遺産)の保護や、発展途上国の新規世界遺産登録の援助などに役立てられている。

世界遺産条約＊
世界遺産参照。正式名称「世界の文化遺産及び自然遺産の保護に関する条約」。

世界遺産センター
世界遺産委員会参照。

世界がもし 100 人の村だったら
世界的に流布した世界の人々の相互理解、相互受容を訴えかける「世界村」(en:global village)について示唆を与える文章。2001 年前後から世界的

せ

に広まった。米国イリノイ州出身のドネラ・メドウス教授（環境科学）は 1990 年、「村の現状報告」と題した小文を著した。この小文では世界をひとつの村にたとえ、人種、経済状態、政治体制、宗教などの差異に関する比率はそのままに、人口だけを 1,000 人に縮小して説明している。これがネットを介して伝えられていくうちに、100 人に人数が減り、また部分的に削除されたり、逆に加筆されたりして流布しているものと考えられる。

世界環境行動計画
環境国際行動計画参照。

世界環境デー
World Environment Day。6 月 5 日を環境保全に対する関心を高め啓発活動を図る日として制定された。世界環境デー。国連による国際的な記念日でもある。由来は、1972 年 6 月 5 日からスウェーデンのストックホルムで開催された「国連人間環境会議」。

世界記憶遺産
ユネスコの事業の一つ。損失の危機にある文書や映像フィルムなどの記録を保存し、次世代に引き継ぐためのもの。マグナカルタ（大憲章）、ベートーベン直筆の交響曲第 9 番楽譜、ヒッタイトのくさび形文字を記した粘土板などが登録されている。記憶遺産。1997 年から 2 年毎に登録事業を行っている。日本からは 2011 年 5 月、炭鉱記録画家・山本作兵衛作「筑豊の炭鉱画」など 697 点の作品が登録された。

世界気象機関
World Meteorological Organization。WMO 参照。

世界銀行
各国の中央政府または同政府から債務保証を受けた機関に対し融資を行う国際機関。当初は 1946 年 6 月業務開始の国際復興開発銀行を指したが、1960 年に設立された国際開発協会とあわせて世界銀行という。気候変動対策や生物多様性保全に関する資金を途上国に提供している。

世界（経済）賢人会議
世界経済フォーラム参照。

世界賢人会議（ブダペストクラブ）
1993 年アーヴィン・ラズロ博士の提案により設立された。その目的は、ローマクラブ（主に政治・経済面の問題を扱う）を、ハンガリーが芸術・文化面からアプローチしてローマクラブの活動を支援することであった。

世界幸福度ランキング
ブータン政府が国民総生産（GNP）よりも国民総幸福量（GNH）を提唱し実現した。次の、ランキング項目を数値化して公表。1. 人口当たりの GDP、2. 社会的支援、3. 健康な平均寿命、4. 人生の選択をする自由、5. 性の平等性、6. 社会の腐敗度、いずれも欧米の価値観に沿ったものとなっている。2020 年の 153 か国ランキングは、1 位フィンランド、2 位デンマーク、3 位スイス、日本は 62 位、アメリカ 18 位、韓国 61 位、中国 94 位。ワースト 1 位アフガニスタン、など。3 月 20 日は、国連が定めた「世界幸福デー」である。

世界ジオパーク
ユネスコ世界ジオパーク参照。

世界資源研究所
WRI；World Resources Institute。地球環境と開発の問題に関する政策研究と技術的支援を行う独立した機関。1982 年設立。ワシントン DC 在。

世界自然遺産

自然遺産参照。

世界自然保護基金

World Wide Fund for Nature（WWF）参照。

世界重要農業資産システム

Globally Important Agricultural Heritage Systems。GIAHS。国連食糧農業機関が 2002 年に発足させたプロジェクト。伝統的農法や生物多様性が守られた土地利用システムを保全し、次世代に継承する目的で創設された。2020 年現在 22 か国 62 サイトが認定されている。主なものはアンデス農業、イフガオの棚田（フィリピン）、マサイ族の放牧など。日本では、「佐渡の里山」「能登の里山里海」など。持続可能な農業の実践地域。

世界循環経済フォーラム

World Circular Economy Forum：WCEF。日本の環境省及びフィンランド・イノベーション基金（SITRA）が主催する会議体。持続可能な開発目標（SDGs）の達成や循環型社会の構築に向け、資源効率性の向上・３Ｒ推進や、関連するステークホルダーの協力等の重要性が認識されている状況に鑑み、2017 年 6 月、日本、フィンランド、スウェーデン、ロシア、カナダ、ケニア等各国の閣僚クラスや国連環境計画（UNEP）、国連工業機関（UNIDO）などの国際機関、IBM、DELL、IKEA やフィリップスなどの国際企業を含む、105 か国からの約 1500 人が参加し、フィンランドで開催された循環経済フォーラムをいう。これを契機に毎年各国持ち回りで開催されることとなった。因みに第 2 回世界循環経済フォーラムは 2018 年 10 月に日本・横浜で開催された。

世界森林資源評価 2020

FAO（Food and Agriculture Organization of the United Nations　国際連合食料農業機関）が、1946 年以来、5-10 年ごとに世界の森林資源を調査・分析してまとめた世界の森林資源に関する資料の 2020 年版。減少は鈍化。

世界人口

2019 年の世界人口は、77 億人。2050 年には 97 億人と見込まれる。

世界適応ネットワーク(GAN)

Global Adaptation Network（GAN）。世界における気候変動への適応に関する知見共有を目的とした、国連環境計画（UNEP）提唱のネットワーク。2015 年 3 月にパナマ共和国のパナマシティで第 1 回フォーラムが開催された。約 30 カ国の政策決定者、実務者、研究者など約 100 人が出席し、GAN が適応分野において経験や知見を共有する仕組みとして最適なものであるという考えが共有された。地球温暖化による被害を軽減するには、「緩和」と「適応」の対策を車の両輪のように進めていく必要がある。緩和は、温暖化の原因となる二酸化炭素（CO2）などの温室効果ガス排出量を、省エネや再生可能エネルギー導入などの直接的な取り組みにより削減していくこと。適応は、緩和に力を入れても避けられないさまざまな影響を、自然や社会のあり方を調整することにより軽減していく対策を指す。この適応を世界規模で進めるため、COP15 における国連環境計画（UNEP）の提唱を受けて発足した。GAN は、適応に関する知見を共有することで、脆弱なコミュニティや生態系、経済を気候変動に適応できるようにする支援の実施を主な目的としている。第 2 回フォーラムは、2018 年 3 月にアラブ首長国連邦のアブダビ市において開催された。

世界の家畜飼育数

豚（2019 年）8 億 5 千万頭、牛 15 億 1,100 万頭（出典：FAOSTAT）。

せ

世界の漁業・養殖業生産量
2016 年現在約 2 億㌧（内約 1 億㌧が養殖生産量）。（出典：eco 検公式テキスト 8 版）

世界農業遺産
世界重要農業資産システム参照。

世界貿易機関
World Trade Organization：WTO。自由貿易促進を主目的とした国際機関。事務局はスイス・ジュネーブ。1995 年 1 月 GATT を発展解消させて成立。

世界保健機関
World Health Organization。WHO 参照。

世界水フォーラム
世界の水関係者が一堂に会し、地球上の水問題解決に向けた議論や展示などが行われる世界最大級の国際会議。世界水会議（WWC、水分野の専門家や国際機関の主導のもと 1996 年に設立された民間シンクタンク）とホスト国により共同で 3 年毎に開催される。

世界野生生物の日
3 月 3 日。国連が環境保全上だけでなく経済的、文化的にも重要な野生動植物の保護の取組を強化することを目的として 2013 年に設定した日。

赤外線＊
電磁波のうち、波長がおよそ 0.7〜400 マイクロメートルのもの。赤色の光（可視光線）よりも波長が長い。温度の高い物体から出て、熱作用が強いという性質がある。

石炭＊＊＊
古生代の植物が完全に腐敗分解する前に地中に埋もれ、そこで長い期間地熱や地圧を受けて石炭化したことにより生成したもの。植物の化石。

石炭ガス化複合発電
Integrated coal Gasification Combined Cycle。IGCC 参照。

石炭火力発電
世界中の電気の約 4 割を生み出しているのが石炭火力である。2014 年の日本の電気の 34%、中国では 73%、アメリカでは 40%の発電に石炭が利用され、ヨーロッパでも多く利用されている。2040 年に世界の発電電力量は 2014 年の約 1.6 倍に増加すると考えられる。石油は、中近東にかたよって産出されるため政情不安の影響を受けやすい。一方、石炭は世界中に広く分布しているため手に入れやすく、値段も安定している。また石炭は主なエネルギー資源の中で最も埋蔵量が豊富で、可採年数は石油、天然ガスの約 2 倍と言われ、ますます増大するエネルギー需要に対応するため、欠かすことのできない"重要な存在"である。日本の石炭火力設備・技術の輸出は、地球温暖化の面から非難を受けているが、石炭火力を除いて電力の確保は難しいと思われる。今後石炭火力は一層の CO_2 排出量を減らす技術の開発が望まれる。

赤道
地球の自転軸が地球を貫く点（南北極）から角度 90 度の点を結んだ線の軌跡を地球の赤道という。

石油＊＊＊
炭化水素を主成分として、少量の硫黄などを含有する液状の鉱物油である。生成の多数説は百万年以上の長期間にわたって厚い土砂の堆積層に埋没した生物遺骸は、高温と高圧によって石油に変化したとする説。この由来から、石炭とともに化石燃料とも呼ばれる。

石油依存度

1979年の第二次石油ショックの発生は、石油代替エネルギーの導入の促進に、エネルギー政策のより大きな重点が置かれる契機となった。さまざまな施策により、日本の電源構成をみると、1973年には76%であった化石燃料依存度は、2010年度（震災直前）には62%まで下がった。しかし、東日本大震災を契機とする原子力エネルギー供給の大幅減少により、2013年には、海外の化石燃料依存度は88%まで拡大した。

石油危機（ショック）＊

オイルショック。1970年代に二度発生。原油の供給逼迫および価格高騰と、それに伴う経済混乱のことを指す。第1次オイルショックは、1973年勃発した第四次中東戦争により、第2次オイルショックは1978年のイラン革命によって発生。

石油代替エネルギー法

「石油代替エネルギーの開発及び導入の促進に関する法律」。1980年のオイルショックを境に、石油への過度な依存からの脱却を目指して制定された法律。石油代替エネルギーの開発などを規定。2009年、地球温暖化対策促進などの観点から同法の見直しが行われ、非化石エネルギー法（正式名称は「非化石エネルギーの開発及び導入の促進に関する法律」）に改称された。

セキュリティ

安全性のこと。環境用語としては、食品の安全性、化学薬品の安全性などとして使用される。

セクター別アプローチ＊

地球温暖化の原因となる温室効果ガスの国別削減量を決めるための手法の一つ。産業・運輸・家庭などの部門（これら部門のことをセクターという）ごとに温室効果ガス削減可能量を算出し、その合計を国別の総量目標とすること。

世代間倫理・衡平（原則）

年齢の異なる世代や生存していない過去・未来の世代の間で、義務や権利、倫理を主張する考え方。環境倫理学の基本の考え方の一つ。現在を生きている人類が、環境問題の解決に当たって、先延ばしせず責任を持って行動するための根拠となる。

世代責任

世代間倫理参照。

石灰岩

炭酸カルシウムを主成分とする堆積岩。世界中に広く分布する。海水中の二酸化炭素と海中の成分とが反応して生じた炭酸カルシウムやサンゴや貝殻、骨格など生物遺骸が沈殿・堆積したもので、二酸化炭素の膨大な貯蔵庫でもある。

雪氷利用熱

冬季に貯蔵した雪や氷を、夏季の冷房用や農産物の保冷に利用する熱利用の方法。洞爺湖サミットの会場となったホテルで雪氷熱利用の冷房が利用され話題となった。

説明責任＊

Accountability。アカウンタビリティー。政府・企業・団体などの社会に影響力を及ぼす組織で権限を行使する者が、株主や従業員（従業者）といった直接的関係をもつ者だけでなく、消費者、取引業者、銀行、地域住民など、

せ

間接的関わりを持つすべての人・組織にその活動や権限行使の予定、内容、結果等の報告をする必要があるとする考えをいう。

絶滅危惧種（動物・植物）＊
絶滅の危機にある生物種のこと。IUCN（国際自然保護連合）が調べた約4万7千種の動物や植物のうち、絶滅しそうな種（しゅ）は1万7千以上である。日本においては環境省がアセスメントを実施し、定期的にレッドリスト・レッドデータブックを公表している。

絶滅の恐れのある野生動植物の種の保存に関する法律＊
種の保存法参照。

瀬戸内海環境保全特別措置法
瀬戸内海の水質環境の保全を推進するための法律。施設設置の規制、富栄養化被害の防止、自然海浜の保全などに関する制度を定めている。

セベソ汚染土壌搬出事件
1976年にイタリア北部都市・セベソの農薬工場の爆発事故で広範囲な居住地区にダイオキシン類が飛散し、家畜などの大量死などの災害が発生した。事故により生じた汚染土壌（ダイオキシンなどを含む）はドラム缶に封入・保管されていたが、1982年に行方不明になり、8ヶ月後に北フランスで発見された。農薬工場の親会社がスイスにあったことから、スイス政府が道義的責任に基づき回収している。

セリーズ原則＊
企業の環境責任10原則参照。

セルロースナノファイバー
Cellulose Nanofibers。CNF。木質繊維（パルプ）を処理してナノメートルサイズまで細かくしたもの。植物由来のため環境負担が少なく、リサイクル性にも優れている。鋼鉄と比較し、5分の1の比重だが、同等の曲げ強度と5倍の引っ張り強度を確保できる。熱変形は石英ガラス並みに小さく温度変化に強い。用途としては、樹脂との複合材として自動車部品・航空機材、高性能フィルター、有機ELディスプレー、ガスバリアー性包装材、食品・医薬品の増粘剤など。今後はこれまでの増粘や消臭といった添加剤用途に加え、自動車部品・部材、電子デバイス、医療といった分野などでの補強材（複合材料化）利用などで普及拡大が期待されている。

ゼロエネルギー住宅
ZEH(ゼッチ・NET　ZERO　ENERUGY　HOUSE)参照。

ゼロ・エミッション（運動・構想）＊
自然界の食物連鎖に見習い、産業から廃棄される廃棄物や副産物が他の産業の資源として活用されるよう工夫改善を進める運動。廃棄物ゼロを目指す活動ともいわれる。

ゼロカーボンシティ
地球温暖化推進法によりにより策定が義務づけられたGHG削減計画の一環として、2050年にその排出量を実質ゼロとすることを表明した地方自治体（2020年11月現在175）」をいう。

繊維状ケイ酸塩＊
アスベストなど蛇紋石や角閃石が繊維状に変形した天然の鉱石で無機繊維状鉱物の総称。

全球気候観測システム
Global Climate Observation System (GCOS)。1992年に発足した国際気候モニタリング計画。世界気象機関（WMO）、国連環境計画（UNEP）などがス

ポンサーとなり、途上国とりわけ後発発展途上国に焦点をあてた気候モニタリングと社会経済面も含めた関連研究を行っている。

全国地球温暖化防止活動推進センター
1998年「地球温暖化対策の推進に関する法律」によって設置されたセンター。主な業務は地球温暖化防止に関する「啓発・広報活動」「活動支援」「照会・相談活動」「調査・研究活動」「情報提供活動」など。この取組みを地域でも推進するため、各地に地域地球温暖化防止活動推進センターが設置された。

線状降水帯
発達した雨雲（積乱雲）が次々と列をなして発生して、数時間にわたってほぼ同じ場所を通過、停滞することで作り出される雨域。災害を発生させるような集中豪雨を作り出す。線状に伸びる長さ50〜300ｋm程度、幅20〜50ｋm程度の強い降水をともなう雨域。

先進国＊＊＊
国際社会では「先進国クラブ」とも呼ばれている経済協力開発機構(OECD)加盟国を先進国として扱う傾向にあるが、明確な定義はない。

ぜんそく（喘息）＊
のどがゼイゼイ鳴ったり、咳や痰（たん）が出たりして呼吸が苦しくなる病気。「慢性的な気管支の炎症」である。原因としてはアレルギー性のものと、空気の汚染・風邪ウイルスなどによって起こる場合がある。

潜熱
物質の相が変化するときに必要とされる熱エネルギーの総量。通常は融解に伴う融解熱と、蒸発に伴う蒸発熱（気化熱）の２つをいう。

戦略的環境アセスメント＊
Strategic Environmental Assessment。政策決定、上位計画決定や事業の意志決定段階、適地選定段階で実施される環境アセスメントのことをいう。戦略的段階とは、一般的に「Policy（政策）＞Plan（計画）＞Program（プログラム）」の３つのＰの段階を指すと説明されているが、抽象的な概念で、どの段階から戦略的環境アセスメントと呼び得るか、厳密な定義は難しい。

戦略2011-2020
生物多様性条約の３つの目的、①生物多様性の保全、②生物多様性の構成要素の持続可能な利用、③遺伝資源の利用から生ずる利益の公正かつ衡平な配分、を達成するため、COP10（名古屋）で採択された2011〜2020年の新たな世界目標をさす。「戦略計画」（2010年目標）が達成することができなかったため、COP10では2010年以降の世界目標となる新戦略計画（愛知目標）が策定された。

［そ］

騒音＊＊＊
典型7公害の一つ。都市・生活型公害で、快・不快といった主観的な"感覚公害"である。苦情件数が、ここ数年は15,000件台で推移している。東京、大阪、愛知、埼玉、神奈川の5都県で全国の55%をしめている。発生源別では、工場、建設、営業などの順となっている。

騒音規制法
この法律の目的は、事業活動並びに建設工事に伴って発生する相当範囲にわたる騒音について必要な規制を行なうとともに、自動車騒音に係る許容限度を定めること等により、生活環境を保全し、国民の健康の保護に資することである。1986年制定。

せ
そ

騒音防止技術
防止対策として発生源対策と,伝播対策が考えられるが、発生源を遮蔽する方法、発生源に吸音材を巻くなどの方法がある。

総合調整機能
政府の各省庁、機関の調整を行う機能。環境施策は各省に深くかかわることから、環境省にその機能が置かれている。

総合的病虫害・雑草管理
Integrated Pest Management。IPM 参照。

相利共生
アリとアブラムシのようにお互いに利益となるような、異なる生物間の密接な関係をいう。

総量規制(基準)＊
環境関連用語としては、大気汚染や水質汚濁の防止にあたって、一定地域における汚染・汚濁物質の許容排出総量を算定し、これをその地域内の工場などに配分して、総排出量を規制する方式及びその基準。

藻類
光合成を行う生物のうち、主に地上に生息するコケ植物、シダ植物、種子植物を除いたものの総称。ミドリムシ植物 、黄色植物（ケイ藻類を含む）、黄褐色植物，藍藻植物など。

ソーシャルディスタンス
社会的距離。感染症対策の文脈で用いる場合は、密接を避け、1から2メートルの距離を開けることをいう。

ソーシャルネットワーキングサービス
Social Networking Service（SNS）。登録された利用者同士が交流できる Web サイトの会員制サービスのこと。

ソーシャルビジネス＊
自然環境、貧困、高齢化社会、子育て支援などといったさまざまな社会的課題を市場としてとらえ、持続可能な経済活動を通して問題解決に取り組む事業のこと。ただし、「社会性」「事業性」「革新性」の3つの要件を備えていること。

ソーシャルビジネス推進研究会報告書
経済産業省が、今後のソーシャルビジネス推進の在り方を検討するため、「平成22年度 地域新成長産業創出促進事業」の一環として、「ソーシャルビジネス推進研究会」を設置して検討を重ね、その検討結果をとりまとめたもの。

ソーシャルファイナンス
社会的な課題に関連して金融サービスを行なう社会性を有する金融のあり方。課題や機能によってコミュニティ・ファイナンス、NPO バンク等さまざまな名称で呼ばれる。

ソーシャルマーケティング＊
消費者を無視した利益追求型のマーケティング手法に対して、企業の社会的責任の観点から、消費者の利益や安全性、環境保全などを主眼においたマーケティング。

ソーラーシェアリング
農地の上に太陽光発電設備を設置し、農作物を作りながら、同時に発電も行う新しい農業の様式。農家は農業と発電の両方からの収入が得られるうえ、クリーンなエネルギーでできた農作物を作る「環境調和型」の農業が可能と

そ

なる。2017 年 5 月現在、全国で既に 1,000 件以上のソーラーシェアリングが行われている。

ソーラー発電
太陽光発電のこと。

ソサエティ 5.0
Society 5.0 参照。

組織の社会的責任
SR 参照。

外断熱
住宅の断熱技法の一つ。外壁に断熱材を近接させる方法。反対の工法が内断熱。

ソフィア議定書*
長距離越境大気汚染条約(1979)に基づく、窒素酸化物(NOX)削減に関する議定書。主に欧州における酸性雨等の越境大気汚染の防止対策を目的とするもので、カナダ、オーストリア、ノルウェー、スウェーデン、米国、英国など 49 カ国が加盟（日本は加盟していない）。1988 年採択、1991 年発効。

そらまめ君
大気汚染物質広域監視システムの愛称。2000 年 6 月に開設され、全国の大気汚染状況について、都道府県などが設置する大気汚染常時監視測定局の測定した 1 時間の値を、ウェブサイトにて 24 時間提供している。

[た]

第 1 種事業
環境影響評価法（1999 年）において、その事業内容、規模要件等から、必ず環境アセスメントを実施なければならない、とされている事業のこと。高速道路、新幹線、湛水面積 100ha 以上のダム、2500m 以上の滑走路など。

第 1 次産業*
自然界に働きかけて直接に富を取得する産業。農業、林業、漁業、鉱業。

第1次石油危機(オイルショック)*
1973 年 10 月第 4 次中東戦争が勃発した際、石油輸出国機構（OPEC）に加盟のペルシア湾岸の産油 6 カ国が、原油公示価格を 1 バレル 3.01 ドルから 5.12 ドルへ 70%引き上げることを発表。さらに、アラブ石油輸出国機構（OAPEC）が、原油生産の段階的削減を決定した。物価は 1974 年に 23%上昇し、「狂乱物価」という造語まで生まれた。

第2種事業
環境影響評価法（1999 年）において、その事業内容、規模要件等から、環境アセスメントが必要とされるかどうか個別に判断される事業。第 1 種事業の例に準ずる程度の事業。

第 2 次石油危機(オイルショック)
1978 年末から 79 年春のイラン革命によって、産油量が減り、原油価格が急騰した事案。石油高騰（30 ドル台へ）を第 2 次石油危機と呼ぶ。アラブ諸国がオイル・ダラーで潤う一方、先進工業諸国は経常収支赤字、インフレ、スタグフレーションの併発（三重苦：トリレンマ）に陥った。

ダイオキシン(類)**
炭素・水素・酸素・塩素の化合物で、現在、200 種類以上がダイオキシン類として分類されている。ダイオキシン類は塩素を含む物質の不完全燃焼や、

薬品類の合成の際、意図しない副合成物として生成する。最も毒性の高いものの中には、発がん性や動物実験で催奇性が確認されているものもある。

ダイオキシン類対策特別措置法
ダイオキシン類による環境の汚染の防止及びその除去等を図るため、ダイオキシン類に関する施策の基本となる耐容一日摂取量（TDI）及び環境基準の設定とともに、大気及び水への排出規制、汚染土壌に係る措置等を定めた法律（1999年制定）。環境省所管。

大気汚染(物質)＊＊＊
人間の経済的、社会的活動によって大気が有害物質で汚染され、人の健康や生活環境、動植物に悪影響が生じる状態のことまたはその物質。環境基本法第2条第3項に規定された「典型七公害」の一つである。

大気汚染物質広域間システム
そらまめ君参照。

大気汚染防止技術
燃焼改善、良質重油の精製、集塵装置、排煙脱硫装置、排煙脱硝装置などを支える技術をいう。

大気汚染防止法＊＊
大気汚染防止対策を総合的に推進するために、1962年制定の「ばい煙の排出の規制等に関する法律」を廃止して、1968年に制定された法律。工場などの事業活動や建物の解体に伴うばい煙、揮発性有機化合物、特定粉塵、および粉塵の排出を規制するため、大気汚染の原因となる施設の事前届け出、吹きつけ石綿等を使用している建物の解体作業の事前届出排出基準の遵守および測定義務等を定めている。

大気環境配慮型 SS
環境省及び資源エネルギー庁が、大気環境保全を図るため、燃料蒸発ガス回収機能を有する計量機を設置した給油所を「大気環境配慮型 SS」（愛称：e→AS(イーアス)）として認定する制度を創設。この認定制度の受付を 2018年7月から開始。

大気境界層
地表から約1kmの範囲の大気の層をいう。対流圏の下層にあり、公害や防災、健康を考えるうえでも重要な大気である。

大気圏
大気の球状の層をいう。地球上では5つの層からなる。地上に近い方から対流圏、成層圏、中間圏、熱圏、外気圏である。

大気循環＊
主に対流圏で起こり、ここでは地表や海面が太陽エネルギーを吸収して温められた空気が上昇し、上空で冷やされた大気が下降する。又、この水蒸気や各種気体を地球規模で移動させ、気温格差を縮め、暑さ寒さをやわらげたりもする。地球上の大循環の1つ。

待機電力(待機時電力)＊
コンセントに接続された家電製品が、電源の切れている状態でも消費する電力のこと。待機電力を多く消費する機器の体表的な例は、給湯器、エアコン、オーディオ、ビデオ機器、などである。

大気の窓
大気による吸収の影響を受けずに地表に到達しやすい波長領域のことである。大気の窓を通過する波長の主なものには、可視光線や赤外線(近赤外線)、一部の電波などがある。X線は大気の窓を通らない波長である。

た

体験型教育
体験型教育の典型。環境教育においては、歴史上の遺跡や景勝地を巡ったり、農山漁村での実地体験などが極めて有効であるといわれている。

第5次エネルギー基本計画
2018年7月閣議決定。その基本は「3E＋S」。2030年に向けた数値目標を決定している。その内容は、①再生可能エネルギー電源構成比率を22~24%とする②原子力は安全性を最優先し20~22をめざす③化石燃料発電は脱炭素技術の開発を行うが、その利用はやむを得ない④省エネの更なる徹底⑤二次エネルギー構造改革の検討、である。

第5次環境基本計画
環境基本計画は、環境基本法に基づき、政府の環境の保全に関する総合的かつ長期的な施策の大綱等を定めるもの。2018年4月閣議決定。そのポイントは、①SDGs・パリ協定採択後に初めて策定される計画 ②その中で、地域の活力を最大限に発揮する「地域循環共生圏」の考え方を新たに提唱し、各地域が自立・分散型の社会を形成しつつ、地域の特性に応じて資源を補完し支え合う取組を推進していくこととしていること。

第5次産業革命
AIなどの情報技術による第4次産業革命に対して、人間の人間による人間のための産業"を創造する革命。人工知能（AI）による「第4次産業革命」と最新のバイオテクノロジーの融合により、健康・医療から、工業、エネルギー、農業まで起きる大きなパラダイムシフトといえる。これを「スマートセルインダストリー」と表現することもある。

第5次評価報告書
IPCCが、2014年に第5回目の報告書として公表したもの。世界の平均地上気温の変化から、気候システムの温暖化は疑う余地がないとして、人間活動が20世紀半ば以降に観測された地球温暖化の要因であった可能性が極めて高いと結論付けた。

策地域内廃棄物
放射性物質汚染対処特措法に基づき、環境大臣が、国がその地域内にある廃棄物の収集・運搬・保管及び処分を実施する必要があると指定した地域で発生した原発事故により発生した廃棄物。福島県楢葉町、富岡町、大熊町、双葉町、浪江町、葛尾村及び飯舘村の全域並びに田村市などの区域のうち旧警戒区域及び計画的避難区域である区域が対象。

第三次産業
第一次にも第二次にも入らない産業。サービス業が主体。小売業や運送業や飲食・宿泊や教育・介護・医療など『形に残らない』ものを扱う産業といえる。

第三者意見表明書＊
環境報告書の信頼性・公平性向上のために、作成者以外の第三者が環境報告書の記載内容などについて意見を表明したもの。

第三者審査報告書
環境報告書の的確性などを審査する機関として、報告書を作成する事業者以外の独立した第三者（ISO審査機関等）が環境報告書の記載内容について網羅性・正確性の審査を行い、その結論（報告書）が環境報告書に掲載される。

第三者認証
組織の構築した環境マネジメントシステムなどが基準に適合しているか第三者である認証機関等が認証する仕組み。

た

代償ミティゲーション
開発によって生じる環境影響を回避最小化した上で、それでも残る、影響を代償するために代替措置を講じること。例えば干潟の埋立を行う際、消失する潟の代償として近くに人工干潟を造成するなど。

帯水層
地下水を含んだ地層。

代替フロン＊
オゾン層破壊性の強い特定フロン（CFC）に代わって使用されるようになった HCFC、HFC をいう。しかし、強力な温室効果ガスであり、地球温暖化を促進する。さらに HCFC は、CFC と比べるとオゾン層破壊係数が低いことから代替とされていたが、モントリオール議定書において、オゾン層破壊物質に指定された。

大都市地域における特別区の設置に関する法律
大都市地域特別区設置法。いわゆる「大阪都構想」のなかで主題化した、道府県の区域内の市町村を廃止し、現行の市町村よりも権限と財源を移譲した特別区の設置を可能にする法律である。2012 年 9 月施行。

第二次産業
第一次産業で生産した原材料を加工する産業。製造業や建築業や工業など。

第二水俣病
新潟水俣病参照。

堆肥＊
有機物を微生物によって完全に分解した肥料のこと。

タイプⅠ（環境ラベル）＊
学識経験者、有識者などの第三者が、環境配慮型製品の判定基準を制定し、認証したものに貼付されるラベル。日本では「エコマーク」が該当する。

タイプⅢ（環境ラベル）＊
製品の環境負荷を LCA（ライフサイクルアセスメント）による定量的データとして表示し、環境配慮型製品として判断を購入者に委ねるもの。

タイプⅡ（環境ラベル）＊
企業や業界団体などが独自の基準を設定し、自主的に製作したもの。製品の環境改善を市場に主張するときや宣伝広告に使用される。古紙パルプを一定以上使用した製品などにつける「グリーンマーク」などが該当する。

台風 19 号
令和元年東日本台風（令和元年台風第 19 号）。2019 年 10 月 6 日マリアナ諸島近海で発生し、12 日に日本に上陸した台風。関東・甲信・東北地方などで記録的な大雨となり、甚大な被害をもたらした。2018 年（平成 30 年）に日本の気象庁が定めた「台風の名称を定める基準」に相当することとなったため、1977 年 9 月の沖永良部台風以来、42 年 1 か月ぶりに命名された。

た

太陽光（発電）＊＊＊
太陽電池を利用し、太陽光のエネルギーを直接的に電力に変換する発電方式。再生可能エネルギーの一種で、太陽エネルギー利用の一形態。

太陽光パネル＊
太陽光発電のために太陽電池を複数並べて相互接続し、パネル状にしたもの。ソーラーパネル、太陽電池パネル（photovoltaic panel）、太陽電池モジュール（photovoltaic module）ともいう。

太陽光発電（の余剰電力）買取制度＊
CO2 排出策の一環として打ち出された制度。2010（平成 22）年 4 月からスタ

ート。太陽光発電によって発電した電力のうち、自家消費せずに余った電力を電力会社が買い取り、その買取コストを、電気を使用する全ての需要者で負担するという制度。この制度は、のちの固定価格買取制度となり FIT 制度ともいわれた。初年度から余剰売電を開始した人は 2019 年度に買取価格が終了。FIT 制度後の買取制度は供給側・電力会社等で様々である。

太陽定数
地球大気表面の単位面積に垂直に入射する太陽のエネルギー量で約 1366 W / ㎡である。

太陽電池
太陽の光エネルギーを吸収して直接電気に変えるエネルギー変換素子で、シリコンなどの半導体で作られており、この半導体に光が当たると、日射強度に比例して発電する装置・機器。

太陽熱(利用)
太陽熱を発電、冷房、暖房、給湯などに利用するシステム。

太陽風(たいようふう)
太陽から吹き出す極めて高温で電離した粒子（プラズマ）のこと。1 秒間に数百 km というスピードで宇宙空間を流れていて、地球にも吹き付けている。しかし、地球には磁場があるので直接地球にぶつかることはない。このような太陽風による現象の一つがオーロラである。

第 4 次循環型社会形成推進基本計画
循環型社会形成推進基本法に基づき、循環型社会の形成に関する施策の総合的かつ計画的な推進を図るために定められる計画。同法の中で、本計画は概ね 5 年ごとに見直しを行うものとされており、同法の制定以来第一次（2003年）、第二次(2008 年)、第三次（2013 年）と策定され、第四次循環型社会形成推進基本計画については、2018 年 6 月に閣議決定された。

対流圏＊
地表から 14、5 キロメートル内外の大気の範囲。上層は成層圏に連なる。日射・放射冷却によって対流が起こり、雲の生成や降雨など通常の気象現象が見られる。大気の 75％、水蒸気の大半が含まれる。

大量生産・大量消費・大量廃棄＊
循環型社会形成により地球環境の劣化を防ごうとする概念が生まれる以前の先進工業国の典型的な経済的行動。高度経済成長時の日本などはその典型。発展途上国の一部には、先進国並みの経済的豊かさを追求するあまり、今でもそのような行動がみられる。

大量絶滅
生物の誕生以来 5 回の大絶滅が化石の記録などから確認される。最も新しいのが、約 6,500 万年前の恐竜の絶滅で、隕石の衝突などの環境変化と考えられている。現在進んでいる絶滅は、人間が起こしたものという学者もいる。

第六次産業＊
農業者が農産物などを生産し（第 1 次産業）、これを加工し（第 2 次産業）、販売する（第 3 次産業）ことに主体的かつ総合的に関わることによって、加工賃・流通マージンなどもまとめて得ることにより農業を活性化させようとすること。第一次産業の 1 と第二次産業の 2、第三次産業の 3 を足し算（掛け算）すると「6」になることをもじった造語である。

ダウンサイジング
技術進歩により、より小さな容積・重量で従来と同機能か、より高性能な物

た

（工業製品）を作ること。コスト削減等を目的として、従来品よりも小型の機器を用いて対応することをいう。

高潮
台風や発達した低気圧により高波やうねりが発生して、海面の高さが通常より、異常に高くなる現象。

宅配ボックス
宅配個数は 2006 年以降 1.3 倍の 10 億個増となった。その約 2 割が再配達となっており、長時間労働の原因となっている。再配達削減のため設置が推薦されている。

多段階評価制度＊
家電製品などで、省エネ性能の高い順から 5 つ星から 1 つ星までの 5 段階で表す統一省エネラベルの制度をいう。

多段的リサイクル
カスケードリサイクル参照。

脱温暖化 2050 プロジェクト
日本・英国の環境省が共同で取り組む「低炭素社会の実現に向けた脱温暖化 2050 プロジェクト」で 2006 年 2 月発足。共同研究の目的は、科学的な知見に基づいて低炭素社会に向けて大幅な温室効果ガスの削減が必要となることの理解を深めることや 世界各国の国別の低炭素社会実現シナリオをレビューすることなど 6 項目を挙げている。

脱硝（技術・装置）
燃料などの燃焼による排ガスから「窒素酸化物」を除去する技術及び又はその装置。

脱炭素社会
人間活動に起因する GHG の排出が、実質ゼロの安定した気候の下での持続可能な社会をいう。

脱硫（技術・装置）＊
硫黄成分を取り除く技術・設備。排煙脱硫技術・装置がその代表例。

田中正造
（1841-1913）。日本初の公害事件と言われる足尾銅山鉱毒事件を告発した政治家として有名。栃木県出身。

棚田
傾斜地にある稲作地。

ダボス会議
世界経済フォーラム年次会議参照。

タラノア対話（Taranoa dialogue）
2018 年にポーランドで開催された第 24 回気候変動枠組条約締約国会議（COP24）において実施された促進的対話。「タラノア」は意思決定の透明性を意味するフィジー語である。フィジーは COP23 の議長国である。パリ協定では、5 年ごとに目標を見直し、強化していくという仕組みが導入され、2018 年以降、5 年ごとに世界全体での取り組みの進捗確認と見直しを行い、その内容を受けて、2020 年から毎年 5 年ごとに各国は目標を提出していくことが求められている。その最初の世界全体での取り組みの進捗確認と見直しに当たるのが、タラノア対話（「2018 年の促進的対話」）であり、パリ協定全体の成否にとって極めて重要である。

炭酸同化作用
生物が CO_2 を吸収して有機物を合成する作用。緑色植物が行う光合成のほか、細菌が行う化学合成・光合成がある。

単収
単位面積当たりの収穫量のこと。世界の農産物の収穫面積は過去 50 年ほぼ横ばいであったが、単収を大幅に伸ばすことで需要の増加に対応してきた。

炭化水素＊＊
炭素原子と水素原子だけでできた化合物の総称。ＨＣ参照。

淡水＊
塩分をほとんど含まない河川や湖沼、地下水の水。「塩分濃度が 0.5‰以下の水」と定義されている。淡水は人間を含むほとんどの陸上生物にとって必要不可欠な資源である。水の 2.5％が淡水である。

炭水化物＊
単糖を構成成分とする有機化合物の総称であり、タンパク質、脂質、核酸に並ぶ重要な生体物質である。炭水化物は主に植物の光合成でつくられる。

炭素化合物＊
炭素を成分として含む化合物。有機化合物はすべて炭素化合物である。

炭素換算
CO_2 の中に含まれる炭素（C）の重量をいう。CO_2 の分子量 44 と炭素の原子量 C から 1Kg-CO2 を炭素換算すると 0.273KG-C となる。

炭素吸収（能力）
海洋、森林、土壌など自然界が持つ CO_2 吸収能力としては、海洋への溶解、森林の光合成による吸収、土壌の植物の葉や昆虫の死骸の貯蔵などがある。人為的なものとしては炭素貯留技術がある。

炭素固定
植物などが空気中から取り込んだ二酸化炭素を炭素化合物として留めておく機能のこと。　この機能を利用して、大気中の二酸化炭素を削減することが考えられている。

炭素循環＊
地球上における炭素の循環のこと。地球上の生物圏、岩石圏、水圏、大気圏の間で行われる炭素の交換という生化学的な循環で、これらは炭素の保管庫となっている。大気中の二酸化炭素が植物の光合成によって炭水化物になり、食物連鎖などを経て、再度大気に還元するまでの過程をいう。

炭素生産性
名目 GDP ベースで以下の式で表される数値をいう。炭素生産性＝GDP/CO_2。CO_2排出量 80％削減、名目 GDP600 兆円以上を達成するには、当該数値を現状より 6 倍以上引き上げる必要がある。

炭素税
環境改善を促す環境税の一種。石炭・石油・天然ガスなどの化石燃料に、炭素の含有量に応じて税金をかけて、化石燃料やそれを利用した製品の製造・使用の価格を引き上げることで需要を抑制し、結果として CO_2 排出量を抑えるという経済的な政策手段。

炭素繊維
アクリル繊維またはピッチ（石油、石炭、コールタールなどの副生成物）を原料に高温で炭化して作った繊維。特徴は軽くて強いこと。用途の代表例としては、宇宙・航空機用部材がある。

炭素貯留＊
大気中に放出されるなどした二酸化炭素を人為的に集め、地中・水中などに封じ込めること、またその技術。

た

炭素リーケージ
carbon leakage。炭素漏れ。ある国が環境規制を強化することで、大量のCO_2を排出する産業が環境規制の弱い国へ移動すること。先進国企業が、工場を途上国に移転して生産活動を行うことなどがその例。その結果、世界規模で見るとCO_2排出量が増えてしまう可能性がある。

断熱ガラス
一般住宅では、窓などの開口部から冬の暖房の約6割夏の冷房の約7割が流出している。このため窓を複層ガラスなどの断熱ガラスにすることによって断熱性能を大幅に改善できる。

断熱サッシ
断熱性、気密性向上のためサッシの単板ガラスを二重にしたサッシ。

断熱性
熱の出入りをシャットアウトする性質。断熱をした住まいは熱が伝わりにくく、外界の暑さ、寒さなどの影響を受けにくい構造のため、冷暖房費を節約することができる。さらに、家の中の温度を均一にするために、ヒートショック（急激な温度差が人体に悪影響を与える事）も解消できる。

暖流
まわりよりも水温の高い海流。黒潮など。大陸の気候などに影響を与えるものもある。

[ち]
地域環境問題
地球規模で起きている環境問題に対し、影響が地域的に限定され原因の人為的行為と影響との関係を比較的明瞭にとらえられる環境問題をいう。廃棄物問題、水質汚濁、感覚公害、ヒートアイランド問題等。

地域コミュニティ
地域住民が生活している場所、地域における住民の行動（消費、生産、労働、遊び、祭りなど）に関わり合いながら、住民相互の交流が行われている地域社会、あるいはそのような住民集団をいう。

地域循環型市民社会
地域に暮らす一人ひとりが主体的に関わり、資源の有効利用・循環的利用を実現させていく社会。1980年10月、使い捨て社会や環境破壊への危機感から、「できるところから始めよう」と有志が集まってスタートさせたNPOが「中部リサイクル運動市民の会」が実現を目指す社会である。

地域循環共生圏
循環型社会構築のため、地域で循環可能な資源はなるべく地域で循環させ、それが困難なものについては物質が循環する環を広域化させていき、重層的な地域循環を構築していこうという考え方。2013年の第3次循環型社会形成推進基本計画に明記。環境省所管。

地域地球温暖化防止活動推進センター
地球温暖化対策推進法（1998年制定）に定められた様々な温暖化対策の一つに挙げられた温室効果ガス抑制策などの普及啓発を行うために設置された機関。全国センターと58か所の地域センターが一体となって対策・研究に取り組んでいる。

地域通貨
法定通貨ではないが、ある目的や特定地域内などで、法定貨幣と同等の価値あるいは全く異なる価値があるものとして発行され使用される貨幣。2004

年高田馬場で誕生した「アトム通貨」、20011 年の京都市「KYOTO エコマネー」など。

地域の庭造り
コミュニティーガーデンづくり。居住環境改善のため、行政が主体ではなく、地域住民が主体となって学校や企業・行政と連携し、未活用の民間の空き地や小さな空き地を活用して花壇や畑を作って管理する活動。これは多くの人々の出会いの場を提供し、近隣の美観や景観を向上させ、人々に地域愛を喚起させる活動でもある。

地域版 EMS
IS014001 など世界的・日本全国的に普及している環境マネジネメントシステムに対し、日本各地で開発された EMS の基本をとらえつつも、中小規模の組織・企業が採用しやすい比較的簡易な EMS。HES（北海道環境マネジメントシステムスタンダード）、みちのく環境管理規格、KES（京都環境マネジメントシステムスタンダード）など。

地域リサイクルシステム
NPO 法人中部リサイクル運動市民の会が進める循環型社会形成のシステム。「リサイクルステーション（家庭から排出される 11 品目の資源を 1 か所で回収できる）」を名古屋市内に 42 か所作るなどして活動するシステム。

地域冷暖房
駅やビル、商業施設、マンションなど地域内の建物に対し、まとめて冷暖房や給湯を行うシステム。従来、戸別に行ってきた冷暖房・給湯を地域ぐるみで行うことで、より効率よく、快適な生活環境づくりが実現できる。

地下資源
地中に埋蔵されている鉱物などの中で、特に人間に有益である物の総称。化石燃料、鉄・銅などの金属、金などの希少金属、レアメタル、ウランなどの核燃料がある。

地下水依存率（度）
農業用水、産業用水、生活用水に使用される地下水の割合。日本では生活用水の約 22%、工業用水の 28%、農業用水の 6%、全体では水の使用量の 12% が地下水である。

地下水涵養＊
地表の水（降水や河川水）が帯水層に浸透し、地下水となること。都市化により涵養が進まなくなると都市洪水、ヒートアイランド現象などの被害が発生しやすくなる。これを防ぐため人工涵養が実施されている。その方法は、ため池などの底面から地下に浸透させる方法（拡水法）、井戸から地下帯水層に涵養する方法（井戸法）である。

地球温暖化＊＊＊
20 世紀半ば以降の世界平均気温の上昇傾向をいう。その原因の半分以上は、人為起源の要因による可能性が極めて高い(95%以上)とする説が有力である。この説によれば、人間活動による CO_2 などの温室効果ガスの増加が温暖化の主な原因という。これは国連の IPCC（気候変動に関する政府パネル）の第 5 次評価報告書（2013〜2014 年）を主軸とする考え方で、関係学会等においても多数意見である。一方、この地球温暖化やその原因等に対し異論を主張する学者も存在する。

地球温暖化係数
Global Warming Potential：GWP。地球温暖化に影響する温室効果ガスの

ち

度合いを、CO_2を 1 として比較し表した数値。メタン 25、一酸化二窒素 298、フロン類は数千倍から数万倍のものもある。

地球温暖化対策推進計画
京都議定書第 1 約束期間終了後の目標達成のための計画として、2013 年の温暖化対策推進法の改正により導入された計画。さらに 2016 年 3 月、パリ協定に提出した我が国の CO_2 削減計画（2030 年までに 2013 年比 26％削減）達成のために同法が改正されたのに伴い同計画も改正された。

地球温暖化対策推進法
地球温暖化対策の推進に関する法律。京都議定書目標達成計画の策定及び温室効果ガスの排出抑制を推進するため、一定量以上の温室効果ガス排出者による排出量の定期報告（毎年）などを定めている。1998 年 10 月公布。その後京都議定書の円滑な達成のため数回の改訂が実施されたが、温室効果ガスの排出の抑制等のための普及啓発の推進及びパリ協定達成のための事項を追加するなどのため、2016 年 5 月さらに改訂が行われた。

地球温暖化対策地域協議会
民生部門における温室効果ガスの排出量を削減するため、「地球温暖化対策推進法第 26 条」の規定に基づき、地方公共団体、都道府県地球温暖化防止活動推進センター、地球温暖化防止活動推進員、事業者、住民等の各界各層が構成員となり、連携して、日常生活に関する温室効果ガスの排出の抑制等に関し必要となるべき措置について協議し、具体的に対策を実践することを目的として組織されたもの。

地球温暖化対策（のための）税
いわゆる環境税。2012 年 10 月施行。すべての化石燃料の利用に対し、CO_2 排出量に応じて負担を求めるもの。急激な負担増を避けるため、税率は 3 年半かけて 3 段階に分けて引き上げられる。税収は 2012 年度 391 億円、2016 年以降は 2,623 億円が見込まれている。

地球温暖化対策に関する世論調査
内閣府は、2016 年度の世論調査の一環として「地球温暖化対策に関する世論調査」を実施し、9 月その結果を公表した。　今回の調査では地球温暖化問題に対する関心や、家庭や職場で行う地球温暖化対策、環境等の税に関する国民の意識をテーマとしている。本調査の概要は、内閣府ホームページに掲載されている。

地球温暖化防止活動推進委員
地球温暖化対策推進法第 23 条に基づき、地球温暖化防止の取り組みを進める者として、都道府県知事が委嘱。地球温暖化対策について、住民の理解を深めること。住民に対し、求めに応じ調査・指導及び助言をすることなどが主な活動内容。2019 年 11 月現在、46 の道府県及び 10 市で 6,218 名の推進員が委嘱されて、各地域のコアメンバーとして活発な活動を行っている。

地球温暖化防止京都会議＊
気候変動枠組み条約第 3 回締約国会議（COP3）の別名。

地球温暖化防止月間
1997 年 12 月に京都で開催された気候変動枠組条約第 3 回締約国会議（COP）を契機として、翌年の 1998 年度から、毎年 12 月を「地球温暖化防止月間」と定め、国民、事業者、行政が一体となって様々な取組を行うことにより、地球温暖化防止を図ることとしている。

地球温暖化防止コミュニケーター
地球温暖化の地球環境に対する重大な悪影響などを理解し、対策に関しても

ち

関心を持って行動できることをめざして、市民への直接伝達の場を通じて、地球温暖化の現状や対策の伝え手として育成・登録されるもの。2013 年度に前身の「IPCC レポートコミュニケーター」事業として発足。2016 年度から、国民運動「COOL CHOICE」（2015 年 6 月スタート）や、同年 12 月に COP21 で採択されたパリ協定などの新しい動きを受けて事業の拡充を図るとともに、「地球温暖化防止コミュニケーター」へと名称変更している。

地球カレンダー
46 億年の地球の歴史を 1 年間に圧縮したもの。地球上のさまざまな出来事を 1 年というメジャーの中で感覚的に把握できるというメリットがある。

地球環境基金
民間団体（NGO・NPO）による環境保全活動。幅広く支援（資金の助成等）を行うことを目的として独立行政法人環境再生保全機構により運営されている。1993 年設立。

地球環境展望
Global-Environment-Outlook。国連環境計画(UNEP) が発行する環境の状況・監視・報告のための報告書。1997 年以来定期的に発行されている。

地球環境国際議員連盟(PGA)
Parliamentarians for Global Action ： PGA。一国の議会では解決が困難な地球規模の分野に於ける各国の国会議員の相互協力を推進する目的で設立された国際議員連盟。

地球環境パートナーシップ
地球環境保全活動におけるパートナーシップ活動の重要性に鑑み、1996 年10 月に環境庁（当時）と国連大学との共同事業として発足。NPO、企業、市民、行政等の対等で互いに尊重したパートナーシップによる取組の支援や交流の機会を提供する拠点として開設。現在全国主要都市にオフィスが設置されている。

地球環境ファシリティー
Global Environment Facility。GEF。事務局ワシントン。1989 年に仏のアルシュで開催された第 15 回先進国首脳会議において、途上国の環境活動のための基金の必要性を仏が提案。種々の経緯を経て 1994 年から運用開始。対象分野は、気候変動、オゾン層破壊などの 8 分野。

地球環境保全協定
地球環境保全のための手法の一つ。廃棄物処理施設の設置や維持管理などにあたって、当該施設の設置に関して生活環境保全上の利害関係を有する県や市町村などの自治体、地元住民などと当該施設の設置者（事業者）とが取り交わす協定。

地球環境問題＊
人間が生活、生産活動を行うことにより、発生する環境に対する負荷・被害・影響が一国内にとどまらず国境を越えて地球規模にまで広がる環境問題をいう。主なものとして、地球温暖化、オゾン層の破壊、砂漠化の進行、森林の減少、野生生物の減少、酸性雨、海洋汚染、途上国の公害問題など。

地球規模生物多様性概況
Global-Biodiversity-Outlook。GBO。生物多様性条約事務局が地球規模の生物多様性の状況を評価した報告書。条約の実施状況を把握するために 15 の指標を用いて分析したもの。12 の指標で悪化傾向が示されている。2001 年に第 1 版が、2010 年目標の達成状況を評価するために第 2 版（2006 年）及

ち

び第3版（2010年）が公表されている。2014年10月に第4版が発行されたが、目標アイテムの"57%が未達になる可能性あり"と報告されている。

地球規模で考え足元から行動せよ
"Think Globally. Act Locally." 参照。

地球サミット
「環境と開発に関する国連会議」参照。

地球全体主義
地球こそが、すべての価値判断を優先して尊重されるべき「絶対的なもの」であるという思想。地球全体主義は、地球全体のためには、個人、あるいはもっと大きな社会的構成体の欲望や自由をある程度制限することを要求する。近代的な自由主義・個人主義への抵触、環境ファシズムの危険性など様々な問題点が指摘されている。

地球の肺
熱帯雨林の光合成活動による二酸化炭素を吸収し酸素を放出する機能をいう。

事業系一般廃棄物
産業廃棄物以外の全ての事業系廃棄物をいう。一般的には「紙」や「木」、「繊維」製のごみ、「生ごみ」などを指すが、ここに掲げたものでも建設業や製造業など限られた事業から排出されたものは産業廃棄物に分類されることもある。

蓄積純増
物質フローを概観するとき、総投入量の消費される内訳のうち、建物などの形で蓄積される量をいう。

蓄積性
環境中の化学物質濃度が低くても、プランクトンなどが摂取し、食物連鎖によって魚などが体内に取り込むことを繰り返すことで、体内の化学物質濃度が高くなることをいう。

地産地消＊＊
「地元生産、地元消費」を略した言葉。

地質時代
地球に地殻が形成されてから後の時代。先カンブリア時代・古生代・中生代・新生代に大別され、各代は紀・世などに細分される。

地上資源
これまでに採掘した資源の量。今後の採掘可能な鉱山の埋蔵量を地下資源という。

地層処分＊
原子力発電所から発生する高レベル放射性廃棄物等の最終処分方法の一つ。放射性物質の濃度が高く、半減期の長い放射性物質を含むため、人が触れるおそれのない深部地下にこれを埋設すること。低レベル放射性廃棄物の処分である「浅地中処分」とは区別される。

ち

地中熱（利用）
地中温度は、地下 10〜15m の深さでは年間を通して変化が見られなくなる。夏は外気温より低く冬は高い。この温度差を利用して効率の良い冷暖房を行うこと。

窒素（ガス）＊＊
原子番号7、原子量14.01の元素。無色無臭の気体で大気中の成分の約80%

を占める。水質汚濁対策で使用されている総窒素は窒素化合物全体のことだが、溶存窒素ガス（N_2）は含まれない。

窒素酸化物（NOX）＊＊＊
物質が燃焼するときに発生するガスの一つ。大気中の窒素と酸素が反応して窒素酸化物になる場合と、燃料由来の窒素化合物から窒素酸化物となる場合がある。主なものとして、一酸化窒素（NO）、二酸化窒素（NO_2）、亜酸化窒素（一酸化二窒素・N_2O）など。人体に有害で、光化学スモッグや酸性雨の原因物質でもある。また N_2O の温室効果係数は310、最大のオゾン層破壊物質でもある。

窒素循環
生物の体を構成するたんぱく質の形成の必須元素。微生物が生物の摂取できる形に窒素を固定し、それを取り込んだ植物を動物が摂取するという形で生態系の窒素循環が行われている。

地熱発電
地熱（主に火山活動による）を用いて発生させた蒸気によって行う発電のこと。再生可能エネルギーの一種であり、太陽エネルギーを由来としない数少ない発電方法のひとつでもある。

チバニアン
Chibanian。地球の N 極と S 極が最後に逆転した痕跡を示す千葉県市原市の養老川沿いの地層。国際地質科学連合の作業部会が、77 万年前〜12 万 6000 年前（中期更新世）を代表する地層として命名。2020 年 1 月、国際地質科学連合により「チバニアン」（千葉時代）と命名された。

地方分権
地方自治体の環境政策の事務の多くは機関委任事務とされ、国の事務執行の一環であったが、2000 年施行の「地方分権一括法」により自治事務と法定受託事務に再整理された。環境関係事務は一部を除き自治事務と位置付けられ、自治体が主導して問題に取り組むことが期待されることとなった。

チャレンジ・ゼロ宣言
経団連が、パリ協定の目標脱炭素社会の実現に向け、企業の当該行動を、内外に強く発信し支援する試み。

中央環境審議会
環境基本法第 41 条に基づいて、2001 年 1 月環境省に置かれた審議会。日本の環境政策に関して重要な意見具申を行う。

中間圏＊
地球上の大気の層の一つ。地上から三番目の層で、50〜80ｋｍのところに存在する。大気密度は非常に小さく（1000 分の 1〜10 万分の 1 気圧）、気温も-90〜-100℃程度である。

中間支援機能
協働を効果的に進めるために、多数の主体間の合意形成・調整を図る機能を持つ組織が必要となり、それを担う組織を、中間支援組織と呼び、その機能をいう。

中間処理
廃棄物が、最終処分（埋立てなど）に至るまでに行われるさまざまな無害化ないし安定化・減容化処理をいう。

中間貯蔵施設
原発事故に伴う福島県内の除染により発生した土壌や放射能に汚染された

ち

廃棄物等を最終処分までの間、安全に集中的に貯蔵する施設として、東京電力福島第一原子力発電所の周囲に整備された施設。

中心市街地活性化法
人口減少、高齢化による地方都市の衰退対策として、2006年に都市計画法と併せ改正され、コンパクトシティの推進を図る法律。

中皮腫 ＊
中皮（胸腔、心嚢、腹腔の対空表面を覆う膜様組織）細胞由来の腫瘍の相称である。中皮腫はアスベスト（石綿）との関連で論じられることが多い。この場合の中皮腫は、ほとんどが悪性胸膜中皮腫のことである。

中部リサイクル運動市民の会
1980年10月、使い捨て社会や環境破壊への危機感から、「できるところから始めよう」と有志が集まってスタートさせたNPO法人。①地域リサイクルシステムづくり、②参加型環境まちづくり、③企業とのパートナーシップなど7つの活動を行っている。2018年9月に新たな拠点を名古屋市緑区に立ち上げた。

長期低炭素ビジョン
G7伊勢志摩サミットにおいて、2020年の期限に十分先立って今世紀半ばの温室効果ガス低排出型発展のための長期戦略を策定し、通報することにコミット。長期戦略は、パリ協定の長期的目標及び今世紀後半の温室効果ガスの人為的な排出と吸収のバランスを達成のために不可欠な手段。

長期GHG低排出発展戦略
パリ協定（2℃目標達成・強靭性のあるGHGの低排出型の発展）の目標達成のため、各国が長期戦略を策定し提出することが義務づけられているその戦略。

長距離越境移動大気汚染
大気汚染の原因物質が、数百、数千kmの遠く離れた発生源から気流に乗って運ばれてくることを長距離移動という。特に国境線を越えるものを越境大気汚染、越境移動などという。東アジア、北米、ヨーロッパの各大陸内における酸性雨などの問題が典型例。

長距離越境大気汚染条約 ＊
国連欧州経済委員会（Economic Commission for Europe；ECE）による、欧州諸国を中心に1979年締結、1983年発効した史上初の越境大気汚染に関する国際条約。加盟国に対して、酸性雨等の越境大気汚染の防止対策を義務づけるとともに、酸性雨等の被害影響の状況の監視・評価、原因物質の排出削減対策、などの推進などを定めている。

鳥獣害
中山間地域などにおいて、シカ、イノシシ、サルなどの野生鳥獣による農林水産業被害をいう。近年、深刻化・広域化が進んでいるが、原因としては農漁村の過疎化、狩猟者の減少・高齢化があげられる。

鳥獣保護区
鳥獣の保護の見地から「鳥獣の保護及び管理並びに狩猟の適正化に関する法律」に基づき指定された地域。環境大臣が指定する国指定鳥獣保護区と、都道府県知事が指定する都道府県指定鳥獣保護区の2種類がある。鳥獣保護区内においては、狩猟が認められないほか、特別保護地区内においては、一定の開発行為が規制される。

鳥獣保護法
日本における狩猟の諸規則を定め、野生鳥獣を保護する法律。その前身は、

1896 年（明治 28 年）に成立した「狩猟法」である。近年、シカやイノシシが増えすぎていることにより、自然生態系への影響及び、農林水産業への被害が深刻化していることや、狩猟者の減少・高齢化により担い手の育成も必要とされることなどから、2014 年 5 月、「鳥獣の保護及び管理並びに狩猟の適正化に関する法律」へと名称変更と内容の一部改正が実施された。略称は鳥獣保護管理法または鳥獣保護法。

鳥獣保護管理法
鳥獣保護法参照。

潮汐現象
月と太陽の引力によって海面水位が定期的に昇降する現象をいう。潮流は潮汐現象に海水の流れである。

調節サービス＊
生態系がもつ人類生存のためのサービス機能のうち、気候や病気の制御などの機能。

調整的手法
環境手法の一つ。被害救済など、問題が発生した際に、事後に対応する手法。

超電導送電
電気抵抗がゼロになる「超電導」現象を利用した開発中の送電技術。日本の発電所で作られる電力の約 4.8%は、送電中に電線の電気抵抗などで失われている。これは一般家庭約 1,600 万世帯の電力に相当する。当技術の実現までには、ケーブルの冷却技術などのクリアすべき課題が多々ある。

潮流発電（技術）
潮汐流（潮汐の干満による海水の移動）が持つ運動エネルギーを電力に変える発電である。太陽電池などとともに、自然エネルギーを資源として利用する技術であり、環境負荷は小さいが、大規模な施設では建設により永続的な負荷を環境に与えることがある。

直接規制的手法
環境保全の政策的手法の一つ。最低守るべき環境の基準や達成すべき目標を法令の規制で達成しようとする手法。大気汚染防止法における硫黄酸化物の排出基準など。

沈降分離法
水質汚濁防止技術の一つ。汚水中の浮遊粒子を粒子自身の重さで沈降させる。自然沈殿とも呼ばれている。都市下水や有機性工場排水を活性汚泥法で処理する場合の最初沈殿地といわれる予備処理施設などに利用されている。

沈黙の春＊＊
アメリカの生物学者レイチェル・カーソン女史が 1962 年に出版した化学書の題名。化学物質・薬による自然環境破壊を鋭く指摘している。まだ世界中で薬禍などの問題が多発していなかったころに、いち早くその恐るべき害を予見して警告を発している点が、高く評価されている。

［つ］

追加被ばく量
自然界の放射線による自然被ばくと医療被ばく（レントゲン検査など）を除いた被ばく線量。

通年エネルギー消費効率
Annual Performance Factor（APF）。エアコンの省エネルギー性能の基準となる値。年間を通じてエアコンを使用したとき、東京地区の気象をモデルに

ち
つ

して、1年間に必要な冷暖房能力を1年間でエアコンが消費する電力量で除した数値。数値が高いほど省エネ性能が高いことを示す。

つなげよう、支えよう森里川海プロジェクト
日本中の森・里・川・海の豊かな自然を 子や孫、未来の世代へとつないでいく一連の取り組みを行うプロジェクト。2014年12月に環境省が立ち上げ。2016年6月の「中間とりまとめ」では、この恵みを持続可能な形で将来にわたって引き出し、安全で豊かな国づくりを行うための基本的な考え方と対策の方向性を示している。

津波防災の日
2011年3月の東日本大震災で甚大な津波被害が発生したことから、同年6月、津波被害から国民の生命、身体・財産を保護することを目的に「津波対策の推進に関する法律」が制定され、毎年11月5日を津波防災の日とすることとした。1854年(安政元年)11月5日発生の安政南海地震に伴う庄屋・浜口梧陵の「稲むらの火」の逸話にちなむ。

[て]

デイ・アフター・トゥモロー
2004年製作のアメリカ映画。地球温暖化によって突然訪れた氷河期に混乱する人々を、現実味を持って描く。SF映画。

ディーゼル(自動)車
ドイツの技術者ルドルフ・ディーゼルが発明した内燃機関。実用的な内燃機関の中ではもっとも熱効率に優れる種類のエンジンであり、また軽油・重油などの一般的燃料の他にも、様々な種類の液体燃料が使用可能である。しかし、自動車に搭載されたエンジンから排出される粒子状物質(SPM)に発がん性が指摘され、2001年自動車NOX・PM法制定の引き金となった。

ディーセントワーク
SDGsで目標としている項目の一つ。全ての人が享受できる働き甲斐のある人間らしい仕事のこと。

定期報告書
省エネ法に規定された特定事業者及び特定連鎖化事業者は、毎年度のエネルギーの使用の状況について、翌年度の7月末日までに事業者の主たる事務所(本社)所在地を管轄する経済産業局及び当該事業者が設置している全ての工場等に係る事業の所管庁に、エネルギー使用量、エネルギー消費原単位及び電気需要平準化評価原単位とそれらの推移、エネルギーを消費する設備の状況を報告する義務を有する。その所定の報告書を指す。

低公害車 *
大気汚染物質の排出が少なく、環境への負荷が少ない自動車。電気自動車、メタノール自動車、圧縮天然ガス(CNG)自動車、圧縮空気車及びハイブリッド自動車(HV)の5車種を指す。クリーンエネルギー車ともいう。

低周波空気振動
振動公害の一つ。人の耳には関知しにくい低周波数(0.1～100Hz)の空気の振動。工場の設備機械、交通機関、高速道路橋梁などから発生する。2009年頃から風力発電設備からの発生が問題視されるようになった。

低周波(振動・騒音)
低周波空気振動参照。

低炭素エネルギー＊＊
太陽光、風力、バイオマスなどの利用段階での CO2 の排出が少ないエネルギー。

低炭素型廃棄物処理支援事業
温暖化対策としての高効率の熱回収施設及び燃料製造施設の廃棄物エネルギー利用施設の整備を促進するため、これらの施設を整備する事業に対して補助金を交付する事業。2013 年の第 3 次及び翌年の循環型社会形成推進基本計画に明記。環境省所管。

低炭素（社会）＊
二酸化炭素の排出が少ない（社会の）こと。地球温暖化の主因とされる温室効果ガスの 1 つ、二酸化炭素の最終的な排出量が少ない産業・生活システムを構築した社会をいう。

低炭素社会実行計画
京都議定書達成のための経団連の環境自主行動計画に引き続き経団連は、2013 年以降の低炭素社会実行計画(フェーズⅠ)を策定した。2015 年 4 月に一層の貢献を果たすために、2030 年を目標とした(フェーズⅡ)を策定した。2016 年 6 月現在、57 業種 が、国内の事業活動からの排出について、従来の 2020 年目標に加え 2030 年の 目標等を設定するとともに、主体間連携、国際貢献、革新的技術開発の各分野 において、取組みの強化を図ることとしている。

低炭素社会づくり行動計画
地球温暖化防止のため、2008 年 6 月の福田総理大臣（当時）の福田ビジョンをもとに、「世界全体の温室効果ガス排出量を現状に比して 2050 年までに半減」という長期目標を実現するための施策を示した計画。

低炭素都市推進法
えこまち法。2012 年 9 月公布。経済・社会活動にともなう CO_2 の相当部分が都市において発生している。都市の低炭素化の促進に関する基本的な方針の策定、市町村による低炭素まちづくり計画の作成及びこれに基づく特別の措置並びに低炭素建築物の普及の促進のための措置を講ずるための法律。

低炭素都市づくりガイドライン
えこまち法公布と同時に発表された CO_2 削減に資する低炭素都市づくりに関する基本的な考え方や、対策効果の測定の仕方数値情報などを示したもの。

ティッピングポイント
tipping point。臨界点。小さく変化していたある事象が、突然急激に変化する時点を意味する語。地球温暖化の問題に関して言及される場合、温室効果ガスの量がある一定の閾値を超えると、爆発的に温暖化が進み、手遅れの事態に陥ってしまう点として使われる。

低濃度 PCB 問題
電池に混入していた微量の PCB（ポリ塩化ビフェニル）の問題。微量 PCB 汚染廃電気機器は、「廃棄物処理法」に基づき、日本環境安全事業株式会社（JESCO）以外での無害化処理認定施設での処理が 2009 年 11 月より可能となった。

ディマンドレスポンス
(Demand Response：DR)。「時間帯別に電気料金設定を行う」、「ピーク時に使用を控えた消費者に対し対価を支払う」などの方法で、電力の使用抑制を促し、ピーク時の電力消費を抑え、電力の安定供給を図る仕組み。

て

締約国会議
Conference of Parties。COP。条約の締約国がその詳細などを取り決めるために開催する会議。気候変動枠組条約締約国会議などの会議が有名。

低レベル放射性廃棄物
原発から出る放射能の廃液を濃縮固化したもの、浄化に使ったフィルターや濾過装置、さらに、雑巾や作業服等を圧縮焼却し、セメントやアスファルトで固めて、200L ドラム缶につめたもの。放射性廃棄物全体から"高レベル廃棄物"を除いたものの総称。

低 NO_X 燃焼技術
燃焼によって発生する窒素酸化物(NO_X)を抑制する技術。二段燃焼、排ガス再循環などがある。

低 NOX バーナー(燃焼技術)
火炎の温度をコントロールすることによって NO_X の発生を低減するバーナー。燃焼域の酸素濃度の低減、火炎最高温度の低下、高温域でのガスの滞留時間短縮などのいくつかを組み合わせてコントロールするバーナーのこと。

デオキシリボ核酸
Deoxyribonucleic Acid。DNA。多くの生物において遺伝情報を担う物質。単に「遺伝子」の意味に使用される場合が多い。

デカップリング*
環境分野におけるデカップリングとは、環境負荷の増加率が、経済成長の伸び率を下回っている状況をさす。日本における経済成長率と硫黄酸化物の排出量との関係などがその例。

適応策*
緩和策を最大限に行なっても、気候変化は完全に抑制できないので、人や社会、経済のシステムを適応させ、悪影響を極力小さくする努力が必要。代表的なものとして、水資源の備蓄、干ばつに強い植物などの品種改良、生態系保全のための保護区の設定、防災訓練・教育の実施、伝染病予防対策の実施などがあげられる。

適正処分*
廃棄物のうち 3R に適さないものを最終処分する方法として、合法的に適正に処分すること。

テクノロジーアセスメント*
Technology-Assessment。TA。科学技術が自然環境や社会に与える影響について、事前に予測・評価すること。1960 年代ころからアメリカで取り上げられ始めた分析評価アプローチである。

テサロニキ宣言
1997 年 12 月、ギリシャのテサロニキにおいて、UNESCO とギリシャ政府により主催された「環境と社会に関する国際会議(持続可能性のための教育とパブリック・アウェアネス)」の際の宣言。持続可能な社会を構築するためには、教育がきわめて重要かつ効果的であることを宣言したもの。

デジタルトランスフォーメーション
データとデジタル技術を活用して新たなサービスやビジネスモデルを展開すること。コスト削減など競争上の優位を確立する狙い。

豊島(てしま)不法投棄事案*
1975 年、豊島総合観光開発(株)が土庄町豊島での産業廃棄物処理業について香川県に許可の申し出を行なったことに端を発する不法投棄事件で、県が廃棄物の認定を誤り、適切な指導監督を怠ったことにより発生した事件。産廃業

て

150

者が、1975 年から 16 年間、産業廃棄物を違法・大量に投棄・野焼きし、1990 年に兵庫県警が摘発。最終的に廃棄物量は 93 万㌧強と判明し、処理費用は 564 億円に上った。

手続き規制
企業などが行う環境影響をおよぼす行為に関して、その行為の実施の際に行うべき手続きの内容を定める方法。環境影響評価制度、一定規模の事業所に公害防止管理者の選任義務、一定以上の化学物質の移動についての報告義務などがそれにあたる。

手続き的手法
環境保全の政策手法の一つ。各企業の意思決定過程に環境配慮の判断基準を組み込んでいく手法。環境影響評価制度。ISO14001 などの環境マネジメントシステムの採用など。

テトラクロロエチレン
有害大気汚染物質の一つ。無色透明のエーテル様芳香のある重い液体で水に不溶、不燃性、ドライクリーニング用洗浄剤、金属の脱脂・洗浄剤、セルロースエステル及びエーテルの混合物溶剤、フロンガス，フッ素樹脂の原料として使用される。

デニス・メドウス(Dennis Meadows)
（1942- ）米国の環境学者。ローマクラブへの報告「成長の限界」のプロジェクトリーダーを務めゼロ成長論を提案して世界に大きな議論を巻き起こした。2004 年には「成長の限界 人類の選択(Limits to Growth: The 30-Year Update) 」を発表。

デブリ(debris)
燃料デブリ参照。

デポジット(制度)＊
本来の価格にデポジットを上乗せして販売し、不要になった使用後の製品が所定の場所に戻される際に、デポジットが返却される仕組み。

デマンド・コントロール
電気料金の基本料金は使用する瞬間最大電力（デマンド値）で決められる。そのため、最大電力を制御することにより、電気料金を節約すること。

デマンドレスポンス
Demand Response。経済産業省によると「卸市場価格の高騰時または系統信頼性の低下時において、電気料金価格の設定またはインセンティブの支払いに応じて、需要家側が電力の使用を抑制するよう電力の消費パターンを変化させること」と定義している。

デミングサイクル
マネジメントシステムの基本的しくみである[plan] [do] [check] [action] の繰り返しの実行をいう。当初品質管理用語として日本にはじめて伝えた米国のデミング博士(W. E. Deming, 1900-1993) の名前を取って「デミングサイクル」という。別名 PDCA サイクル。

テレワーク
ICT (Information and Communication Technology : 情報通信技術) を活用した、場所や時間にとらわれない柔軟な働き方。

電気自動車
電動機（モーター）を動力発生源として推進する自動車。電池自動車は、外部の発電装置から電力を供給し、それを二次電池（蓄電池）に蓄えて走行時

て

にモーターに供給する二次電池車が一般的である。その他に太陽電池を搭載するソーラーカー、燃料電池を搭載する燃料電池車がある。

電球型蛍光ランプ
白熱電球用ソケットに直接装着して使用できる蛍光灯のこと。世界的に低消費電力を武器に白熱電球からの置き換えが進められているが、LED の発達に伴い登場しつつある LED 照明の低価格化との関係や、脱水銀の動きの影響が注目される。

天空率
建築基準法の改正により 2003 年（平成 15 年）1 月から導入された概念で、建築設計において、採光や通風の確保を目的として定められた斜線制限（道路斜線など）に適合する建物よりも、実際に計画する建物の方が空を覆う割合が少ない（天空率が大きい）のであれば、斜線制限を適用しないことができるという緩和措置。

典型7公害＊
法律に定められた①大気の汚染、②水質の汚濁、③土壌の汚染、④騒音、⑤振動、⑥地盤の沈下及び⑦悪臭をいう。

電磁波＊
電気の流れるところに発生するもので、電界と磁界が組み合わさって、遠くまで波のように伝わるもの。

点滴灌漑（てんてきかんがい）
イスラエルで開発された節水農法。プラスチック製パイプに水と液体肥料を通して、要所ごとに空いた穴から点滴することで、水量の効率を最大限に高める農法。1965 年にシムハ・ブラス博士により考案された。

伝統的焼畑農業
循環的に資源を利用する、古代から続く伝統的な農業形態。森林や原野を刈り払い、倒した樹木や草本などを燃やして、灰を肥料として陸稲、イモ類、雑穀類などを栽培する農業の手法。植生の回復には 10〜20 年以上を必要とするので、継続して焼き畑農業を行うためには、いくつかの土地を上手にローテーションして使うことが必要とされる。

天然ガス＊＊＊
一般的に天然に産する化石燃料である炭化水素ガスをいう。石油や石炭に比べて燃焼したときの二酸化炭素の排出量が少なく、しかも燃焼に伴う大気汚染物質の発生量が少ない。

天然ガスかん水
天然ガスを大量に溶存した地下水のこと。高圧下では天然ガスは水に溶けるが、大気圧のもとでは水に溶けないため、かん水を取水すると天然ガスが分離して発生する。千葉県を中心とした南関東ガス田は、かって大量の天然ガスかん水の採取により、最大で年間 20 cm を超える地盤沈下が発生した。

天然ガス資源開発
1990 年代には非採算であったシェールガス採取は、さまざまな採掘技術の進歩により採算点に達した。米国では 2000 年代半ばに天然ガス生産の 25％をシェールガスが占めるに至った。

天然資源＊＊＊
自然を構成し利用可能な資源。土地、水、鉱物などの無生物資源と森林、野生鳥、獣、魚などの生物資源がある。

天然記念物＊
動物、植物、地質・鉱物および天然保護区域などの自然物に関する記念物で

て

ある。国が指定する天然記念物は「文化財保護法」（1950 年制定）に基づき、文部科学大臣が指定する。このうち、世界的に又は国家的に価値が特に高いもの、として特別に指定されたものを特別天然記念物という。

伝播防止対策
騒音・振動公害防止対策の一つで、振動発生装置・設備を設置する場合は、できるだけ工場の敷地の中心部に設置するなどである。

電離層＊
惑星大気がイオン化している層のこと。地球の上空 50～600km の間にある。電離層は太陽からの紫外線やX線によって作られ、そこには熱エネルギーを持った自由電子やイオン化した原子、分子が惑星の重力場と時期の影響下で存在している。

電力系統安定対策
電力システムで要求される需要と供給を一致させる対策のこと。気象条件に左右される太陽光発電の大量導入よりも、同時同量の維持や配電系統の電圧調整などの対策のこと。

電力需要の平準化
省エネ法では、一定規模以上の事業者にエネルギー消費原単位の 1%以上の低減求が求められているが、原単位として電気需要標準化原単位も選択できるとした。夏季・冬季昼間を「電気需要平準化時間帯」として他の時間帯の削減より大きく評価することとしたこと。

電力の低炭素化
発電時の CO2 排出量を低減すること。高効率化、石炭からの燃料転換などで、電気事業低炭素社会協議会は、2030 年度に 2013 年度より 35％の削減を目指している。

[と]
統一省エネルギーラベル（マーク）＊
家電製品の省エネルギー性能に関する表示。家電メーカーが提供する製品情報を基に、省エネルギーセンターがデータベース化し情報提供している省エネ性能について同種製品内での相対的性能を多段階評価して表示したラベル。年度、メーカー名、機種名、年間の目安電気料金、５段階に分けて表示した多段階評価制度の星の数が表示されている。環境ラベル・マークなどの紹介参照。

東京電力福島第一原子力発電所事故
東日本大震災参照。

東京都環境確保条例
東京都排出量取引制度参照。

東京都排出量取引制度
2002 年より導入された GHG 算定・報告・公表制度をもとに、都が 2008 年環境確保条例を改正した排出量取引（キャップアンドトレード）を開始した。その制度をいう。

統合報告（書）＊
企業などが投資家などのステークホルダーに対して、財務情報および非財務情報（企業の経営戦略、ガバナンス、パフォーマンスなど）の関連性を分かりやすく、比較可能な形で取りまとめ提供すること及びその報告書をいう。

投資信託商品
多数の投資家から集めた資金を一つにまとめ、運用の専門化が株式などに投

て
と

資し、その成果を持分に応じて投資家に還元する制度。

東南アジア酸性雨モニタリングネットワーク(EANET)

酸性雨対策として、日本が主導して 1998 年に東アジアに試行的に設置された組織。2001 年 1 月から本格稼動。現在東アジアの 13 ヶ国（日、韓、露、モンゴル、中、ラオス、タイ、ベトナム、カンボジア、フィリピン、インドネシア、マレーシア、カンボジア、ミャンマー）が参加。タイの国連環境計画アジア太平洋地域資源センター（UNEP RRC. AP）が事務局。

東南アジア諸国連合(ASEAN)

東南アジア諸国の経済・社会・政治・安全保障・文化での地域協力組織。加盟国は、インドネシア、シンガポール、タイ、フィリピン、マレーシア、ブルネイ、ベトナム、ミャンマー、ラオス、カンボジアの 10 カ国。本部はインドネシアのジャカルタにある。1967 年 8 月設立。日本は最大の支援国。

導入ポテンシャル

エネルギーの採取・利用に関する特定の制約条件や年次等を考慮した上で、事業採算 性に関する特定の条件を設定した場合に具現化することが期待されるエネルギー資源量。試算によれば、太陽光発電では現在の全発電量の 1/3 程度を賄えるという。

動物 ＊

一般に運動能力と感覚を持つ、多細胞生物であり、同時に真核生物でもある。

動物愛護週間

動物愛護管理法で定められた、9 月 20 日から 26 日の週間をいう。目的は国民の間に広く動物の愛護と適正な飼養についての理解と関心を深めてもらうため。

動物プランクトン

光合成を行わず、植物プランクトンを直接または間接に捕食して浮遊生活をしている生物。原生動物（繊毛虫）、甲殻類（ミジンコ・オキアミ）、ワムシ、各種大型水生動物の幼生や、クラゲなど。

洞爺湖サミット ＊

第 34 回主要国首脳会議のこと。2008 年 7 月に日本の北海道洞爺湖町の会場で行われた主要国首脳会議。議長国は日本。議長は当時の福田首相。サミットのテーマは、世界経済、環境・気候変動、開発・アフリカ、政治問題の 4 点。特に気候変動については、参加国の意見の相違が大きく、2050 年までに CO_2 排出量を半減するという目標を締約国で共有し、採択に向けて検討し交渉することを求めるというあいまいな合意で終わった。

道路運送車両法

1951 年制定。自動車の安全性を確保し、その適正な使用を期するため自動車の登録と検査の制度を設けるとともに、自動車の整備及び整備事業等について規定した法律。

討論型世論調査

あるテーマについて参加者に議論してもらい、その前後で考えがどう変わるかをみる調査の手法。普通の世論調査と違い、資料をみたり人の意見を聞いたりして、考えたうえでの意識を調べられる。

トキ

ペリカン目トキ科の鳥。19 世紀までは東アジアに広く分布し珍しくない鳥であったが、20 世紀前半には乱獲などにより激減した。2010 年 12 月上旬の時点で中国・日本・韓国を合わせた個体数は 1,814 羽である。現在、日本におけるトキは「野生絶滅」に指定されている。

と

特定外来生物＊
外来生物法（2004年5月成立）によって規定された生物。外来生物のうち、特に生態系等への被害が認められるもの。主なものとして、アライグマ、アルゼンチンアリ、ウシガエル、オオクチバス、カニクイザル、カミツキガメなど。

特定外来生物による生態系等にかかる被害の防止に関する法律
略称「外来生物法」。2005年6月施行。生態系や人の生活農林水産業などへの外来種の被害を防ぐことを目的とする。得に大きな被害を及ぼす外来生物を指定し、飼育や栽培の規制、捕獲をおこなうことを盛り込む。2018年1月現在148種が指定されている。

特定化学物質の環境への排出量の把握等及び管理の改善の促進に関する法
「化管法」参照。

特定寄付金
一定の条件のもとにある国又は地方公共団体その他公益法人・認定 NPO 法人・政治資金団体・等に対する寄附金をいう。納税者が「特定寄付金」を支出した場合には、所得控除を受けることができる。政治活動に関する寄付・認定 NPO 法人等に対する寄付金については所得控除に代えて、納税控除を選択することができる。

特定建設資材（廃棄物）
建設工事に係る資材の再資源化等に関する法律（略称建設リサイクル法）に定められた建設用資材（建設用木材、コンクリート、アスファルトなど）及びその廃棄物。

特定産業廃棄物に起因する支障の除去等に関する特別措置法
「産業廃棄物特別措置法」参照。

特定測定物質
住宅の品質確保の促進等に関する法律（品確法と略）の住宅性能表示制度における室内空気環境で、測定対象となる化学物質。ホルムアルデヒド、トルエン、キシレン、エチルベンゼン、スチレンの5種類を指定。

特定荷主
自らの貨物の年間輸送量が3,000万㌧以上の者。省エネ法で定められ、エネルギー使用実績、エネルギー使用合理化の中期計画を作成し、毎年国へ提出することを義務付けている。

特定非営利活動促進法
1998年12月施行。第1条に目的が次のように書かれている。「この法律は、特定非営利活動を行う団体に法人格を付与すること並びに運営組織及び事業活動が適正であって公益の増進に資する特定非営利活動法人の認定に係る制度を設けること等により、ボランティア活動をはじめとする市民が行う自由な社会貢献活動としての特定非営利活動の健全な発展を促進し、もって公益の増進に寄与することを目的とする」一般的に NPO 法といわれている。

特定避難勧奨地点
2011年3月に発生した東電福島第一原発事故において、警戒区域や計画的避難区域外で、事故発生後1年間の積算線量が20ミリシーベルトを超えると推定される場所として、原子力災害対策本部が指定した区域。妊婦や小さな子供への影響が懸念される地点。いわゆる「ホットスポット」である。

特定フロン＊
オゾン層保護のため国際条約により規制の対象となっているフロンのこと。モントリオール議定書では CFC-11（フロン11），フロン12、フロン113、

155

と

フロン 114、フロン 115 の 5 種類が規制の対象となり、1998 年までに 1986 年の消費量の 50％に削減することが決まり、後に 1989 年 5 月に「ヘルシンキ宣言」で 2000 年までに全廃することが採択された。この 5 種類のフロンを特定フロンという。代替物質として、利用が増えている HFC（ハイドロ　フルオロ　カーボン）を「代替フロン」と呼んでいる。

特定粉塵
1989 年に大気汚染防止法が改正され、人の健康に係る被害を生ずるおそれがある物質として、石綿を特定粉じんに指定し、規制することとなった。大気汚染防止法で特定粉じんとして指定されているものは現在アスベストに限られる。

特定保健用食品マーク
科学的根拠を示して、有効性や安全性が認められ、厚労省から許可を受けた特定保健用食品に表示するマーク。

特定有害物質
製造・販売・使用・廃棄などの際に人体または自然環境に影響を与える恐れがあるため、法令などによって何らかの規制を受ける物質をいう。水質汚濁防止法では、カドミウムおよびその化合物、水銀およびその化合物，PCB などを指定している。土壌汚染対策法では、揮発性有機化合物、重金属類、農薬類を特定有害物質として指定基準を定めている。

特定有害廃棄物等の輸出入等の規制に関する法律
バーゼル法ともいう。バーゼル条約に対応する国内法である。特定有害廃棄物の運搬、輸出入の制限、処理などを規制するための法律。

特定輸送事業者
旅客・貨物の輸送を業として行う以下の者。トラック・バス保有 200 台以上、タクシーの保有台数 350 台以上、旅客船等保有船腹 2 万総トン以上、鉄道の保有車両数 300 両以上、航空機総最大離陸重量 9,000 トン以上。

特別管理廃棄物 ＊
廃棄物のうち、人の健康又は生活環境に被害を生じるおそれのあるものをいう。爆発性、毒性、感染性などのおそれのある廃棄物をいう。なお、特別管理廃棄物は、一般廃棄物、産業廃棄物の両方に存在する。

特別警報
日本において、気象災害、水害、地盤災害、地震、噴火などの重大な災害が起こるおそれが著しく大きい場合に、気象庁が警告のために発表する情報。警報の一種だが、警報の発表基準をはるかに超える規模で起きる様な甚大な災害、被害が発生する恐れがあり、最大級の警戒をする必要がある場合に適用される。2013 年 8 月 30 日 0 時（JST）から運用が開始された。

特別用途食品
乳児、幼児、妊産婦、病者等の発育または健康の保持もしくは回復の用に供することが適当な旨を医学的、栄養学的表現で記載し、かつ用途を限定したもので、厚生労働大臣から許可を受けた食品をいう。

特別緑地保全地区
都市緑地法第 12 条に規定され、都市計画区域内において、良好な自然環境を形成しているもので、無秩序な市街化の防止や、伝統的・文化的意義を有するもの、風致景観が優れているもの、動植物の生育地等に該当する緑地で、指定されたのも。

独立行政法人
法人のうち、日本の独立行政法人通則法第 2 条第 1 項に規定される法人をい

と

う。日本の省庁から独立した法人組織であって、かつ行政の一端を担い公共の見地から事務や国家の事業を実施し、国民の生活の安定と社会および経済の健全な発展に役立つもの。主務官庁が独立行政法人の中長期計画策定や業務運営チェックに携わる。

独立国家共同体(CIS)
Commonwealth of Independent States。ソ連邦解体時に、連邦を構成していた15カ国のうちの12カ国によって結成されたゆるやかな国家連合体。当時の欧州共同体(EC)型の組織をモデルにしたが、独自の憲法や議会をもっていない。1991年12月創立宣言。2018年現在、加盟国はロシア、カザフスタン、タジキスタン、ウズベキスタン、キルギス、ベラルーシ、アルメニア、アゼルバイジャン、モルドバの9か国である。

都市化＊
地域や国における都市部の人口が農村部に比べて増加すること。また都市の文化、習慣が周辺や農村に広がること。

都市ガス＊
都市の家庭などにおける燃料として、主として配管網（パイプライン）を通じて供給されるガス。当初は石炭還流ガスが主流であったが、その後液化石油ガス、天然ガスへと移行した。多くの場合、無臭であるため、ガス漏れ時にすぐ気付くように匂いを付けてある。

都市型公害
都市・生活型公害参照。

都市型洪水＊
コンクリートやアスファルトに覆われた都市特有の洪水。土地が持っている水の浸透機能（保水機能）や遊水機能（貯留機能）が失われ、降った雨が一気に川に流れ込むために起こる洪水。

都市計画法
都市の無秩序な土地の開発を防ぎ、計画的な都市の開発を促す法律。　無秩序に開発され方々に人が住めば、公共のサービス提供に莫大な費用が掛かり、効率のよい都市を作ることができない。

都市景観
都市においてその個性と魅力が生かされている街並み・歴史・文化を残している町並みや自然との調和が優れている街並み。また全体的に美的に調和した街並みを言う。そのような町の保存には建築物の規制や都市計画による保全対策が必要。

都市公園法＊
「都市公園」の健全な発展を図り、もって公共の福祉の増進に資することを目的として、都市公園について定めた法律。公布：1956年4月。

都市鉱山＊
都市でゴミとして大量に廃棄される家電製品などの中に存在する有用な資源（レアメタルなど）を鉱山に見立てたもの。そこから資源を再生し、有効活用しようというリサイクルの一環となる。この観点から見ると、日本は世界有数の資源大国である。2008年1月現在の推定によると、日本の都市鉱山に存在する金の総量は6,800㌧で、これは全世界の現有埋蔵量の約16%にあたる。

都市・生活型公害＊
都市に特有の騒音・振動・悪臭公害をいう。人の感覚を刺激して不快感やう

と

るささを与える感覚公害でもある。都市の生活行動や産業活動が環境に過度の負荷をかける事によって発生する。

都市地域
都市計画法第 5 条により都市計画区域として指定されることが相当な地域。一体の都市として総合的に開発し、整備し、および保全する必要がある地域。日本国内地域の開発の程度の分類として、奥山自然地域、里地里山地域、都市地域の三つに分類されるが、一番開発が進んだ地域。

都市の温暖化
都市の気温がその周辺の郊外部に比べて、高温を示す現象をいう。ヒートアイランド現象などによって日本の都市の平均気温はこの 100 年で東京 3.0℃、札幌 2.3℃、名古屋 2.6℃などと日本全体の平均上昇率である 1℃を大きく上回っている。

都市緑地(保全)法
都市における緑地を保全するとともに緑化や都市公園の整備を推進することにより、良好な都市環境の形成を図ることを目的として、1973 年に制定された旧・都市緑地保全法が 2004 年の法改正（いわゆる景観緑三法の制定）により改称したもの。国土交通省所管。

途上国
「開発途上国」参照。

途上国内における適切な緩和行動(NAMA)
Nationally Appropriate Mitigation Actions。開発途上国の自主的な GHG 排出緩和活動のこと。途上国での排出削減を促進するための重要な概念でもある。この活動においては、途上国の気候変動に関する分野での持続可能な低炭素社会の構築に活動の焦点が当てられており、先進国は財政、技術そして人材育成の分野で NAMA への支援をしている。

土壌
一般には土（つち）と呼ばれる地球上の陸地の表面を覆っている物質層のこと。岩石が風化して生成した粗粒の無機物（一次鉱物）や、生物の死骸や微生物などの分解者の作用などによって変質して生じる有機物などを含む。

土壌汚染＊＊＊
土壌中に自然環境や人の健康・生活へ影響がある程度に重金属、有機溶剤、農薬、油などの物質が含まれている状態をいう。その特徴は、大気や水と比べて移動性が低く土壌中の有害物質も拡散・希釈されにくく、いったん汚染されると長期にわたり汚染状態が継続するということである。環境基準が設定されている。典型 7 公害の一つ。

土壌汚染対策基金
土壌汚染対策法に基づき実施される対策を円滑に推進するため、2003 年に設置された。環境大臣が指定する公益財団法人日本環境協会が助成事業などの支援業務を行う。

土壌汚染対策法＊
土壌汚染の状況の把握、土壌汚染による人の健康被害の防止を目的とし 2003 年 2 月に施行された法律。近年、工場跡地で重金属類や揮発性有機化合物等の土壌汚染やこれに伴う地下水の汚染が次々に発見されるようになった。このため、具体的対策の法的な整備が必要となり、2002 年に制定された。

土壌形成要素
自然状態では、母材（岩石）、気候、生物、地形、時間などの要素をいう。

と

第四紀以降では「人為」を加えて考える必要がある。農耕地、土壌流出など土地の劣化も人為的影響が大きい。

土壌生物＊
土壌中に生活する動物の総称。食物連鎖の中では重要な位置を占める。落ち葉を分解する働きをしている土壌動物の占める役割は大きい。地上の大型動物や鳥でも、土壌動物を餌として利用するものが少なくない。大はモグラやミミズ等が穴を掘って生活。中型のものには落ち葉や土の間に生活する昆虫やダニなど、小さなものでは落ち葉表面の水に生活する原生動物など。

土壌劣化＊
土壌の劣化は、栄養に富んだ地表の土壌が水や風で流されたり（侵食）、塩分が混じったり、化学肥料の過剰投入などにより農業や家畜の放牧が出来なくなることをいう。主な原因は、森林伐採などの植生の破壊や土地に負担をかける無理な放牧や農業である。

土地の劣化の中立性
砂漠化などで劣化した土地と土壌を回復し、生態系機能・食糧安保を向上させるために必要な土地資源の質と量が安定または向上している状況をいう。SDGsの目標（ターゲット 15.3）でもある。

トップランナー(機器・制度・方式・基準)＊＊
電気製品などの省エネ基準や自動車の燃費・排ガス基準を、市場に出ている機器の中で最高の効率のレベルに設定すること（又はその機器・基準）。日本では、1999年4月に施行された「改正省エネ法」において導入された。

都道府県自然環境保全地域
自然環境保全法に基づき、自然環境を保全することが特に必要な地域として指定される地域のこと。

都道府県立自然公園
自然公園法に基づき、都道府県を代表する優れた風景地について知事が指定する自然公園。環境大臣が指定する国立公園・国定公園とともに、自然環境の保護と快適で適正な利用を目的として設定されている

ドネラ・H・メドウズ(Donella. H. Meadows)
（1941-2001）。化学と生物物理学(ハーバード大学で博士号を取得)を修め、その後マサチューセッツ工科大学(MIT)の特別研究員。1972年にローマクラブが発表したレポート「成長の限界」の著者の一人。1990年には『世界がもし100人の村だったら』の原案「村の現状報告(State of the Village Report)」を執筆。デニス・メドウスは配偶者。

トランジション・タウン(運動)
ピークオイルと気候変動という現代の危機に対し、地域の住民が力と知恵を出し合い、地域の資源を活用しながら脱石油社会・低炭素社会をめざす草の根住民運動。イギリスのロブ・ホプキンスが、2005年にイギリス南部のトットネスで提唱。数年のうちに世界中に広がった。

鳥インフルエンザ
A型インフルエンザウイルスが鳥類に感染して起きる鳥類の感染症。野生の水禽類（アヒルなどのカモ類）を自然宿主として存在している。ウイルスの中には、家禽類のニワトリ・ウズラ・七面鳥等に感染すると非常に高い病原性をもたらすものがある。このようなタイプを高病原性鳥インフルエンザ（HPAI）と呼び、世界中の養鶏産業にとって脅威となっている。将来、人の間で感染する能力を持つウイルスに変異することが懸念されている。

と

トリクロロエチレン
trichloroethylene。化学式 C_2HCl_3。有機塩素系溶剤の一。無色でクロロホルム臭がある。不燃性で有毒。ドライークリーニングや半導体工場での洗浄に用いられるが、地下水の汚染が懸念され、水質汚濁防止法により規制される。

トリハロメタン＊
Trihalomethane。メタンを構成する4つの水素原子のうち3つがハロゲンに置換した化合物の総称。代表的なものにクロロホルム（$CHCl_3$）がある。水中の汚物と浄水場で加えられる塩素と反応して生成される。発がん性を有するといわれている。

トリプルボトムライン＊＊
ボトムラインとは企業活動の最終的決算（財務面における）を意味するが、企業の持続的発展のためには、経済面に加え環境面、社会面の結果を総合的に高めていく必要があるという考え方を示す。英国のコンサルティング会社の提唱した考え。

トルエン＊
Toluene。分子式 C_7H_8、分子量 92.14 の芳香族炭化水素に属する有機化合物。接着剤や塗料の溶剤として使用される。ホルムアルデヒドなどとともに特定測定物質に指定されている VOC（揮発性有機化合物）である。

トレーサビリティ＊＊
食品などの流通経路情報（食品などの流通した経路及び所在等を記録した情報）を活用して食品などの追跡と遡及を可能とする仕組み。これにより、事故発生時の原因究明や製品回収、品質管理の向上や効率化、消費者に伝える各種情報の充実等に資することが期待される。

土呂久鉱山ヒ素中毒事件＊
1920 年から 1962 年までの間、断続的に都合約 30 年間、宮崎県西臼杵郡高千穂町の旧土呂久鉱山で、亜砒酸を製造する「亜ヒ焼き」が行われ、重金属の粉塵、亜硫酸ガスの飛散、坑内水の川の汚染で起きた公害である。皮膚癌、鼻中隔欠損、肺癌などの発症原因となる。鉱業権を買った住友金属鉱山に対して 1975 年裁判が始まったが、15 年後和解した。

[な]
内部統制＊
組織の業務の適正を確保するための体制を構築していくシステムを指す。システムの狙いは、①業務の有効性効率性の確保、②財務諸表の信頼性の確保、③法令順守・倫理綱領などの順守、④資産の保全、である。

内部被ばく
放射性物質を含む空気、水、食物などを摂取することにより放射性物質が体内に取り込まれることによって起こる被爆。

内部分泌かく乱化学物質
環境中に存在する化学物質のうち、生体にホルモン同様の作用を起こしたり、逆にホルモン作用を阻害するもの。2003 年(平成 15 年)5 月の政府見解では、「内分泌系に影響を及ぼすことにより、生体に障害や有害な影響を引き起こす外因性の化学物質」と定義されている。

なごや環境大学
2004 年に環境都市を目指して開講。市民、NPO、企業、大学、行政の協働により、「環境首都なごや」、「持続可能な地球社会」を支える人づくり、人

の輪づくりを目指す。名古屋の町中を「キャンパス」として展開する、新しい環境学習の場づくりを目指した試み。関連する主な大学・行政として、名古屋外国語大学・環境省 中部地方環境事務所などがある。

名古屋議定書
2010 年 10 月に名古屋市で開催された生物多様性条約第 10 回締約国会議（COP10）で採択された遺伝資源の採取・利用と利益の公正な配分（ABS）に関する国際的な取り決め。生物多様性の保全と持続可能な利用を実現するため、遺伝資源と関連する伝統的知識などの利用によって生じた利益を提供者へ公正に配分することを企業などに求める。また、締約国による国内法の制定などについても定めている。

なごや循環型社会・しみん提案会議
2006 年 8 月にごみの減量化などについて考える会として発足。「循環型社会なごや」の実現を目指して、名古屋の社会を構成する市民、NPO、事業者、行政などの「しみん」が情報を共有して議論を深め、名古屋が目指すべき循環型社会の姿を「しみん提案」としてとりまとめる参加型会議である。メンバーは地域の環境 NPO、地域組織、研究者、行政等。

ナショナルトラスト(運動)＊＊
自然環境等を無秩序な開発による環境破壊から守るため、市民活動等によって対象の土地などを買い上げる・自治体に買い取りと保全を求める活動である。100 ㎡運動などもそのひとつ。多くのひとがわずかずつ出資し環境を守っていく運動。1960 年代前半鎌倉鶴岡八幡宮の裏山の「御谷（おやつ）の森」を守る運動がその発端となった。

ナショナルミニマム
国家が国民に対して保障する最低限の生活水準。

ナッジ
Nudge（そっと後押しすること）。行動科学の知見に基づき、当該情報を与えることで、市民に行動変容を促すこと。

夏日
一日の最高気温が 25℃以上になる日をいう。

菜の花エコプロジェクト＊
菜の花を栽培し、なたね油をしぼり、油かすは肥料に、食用利用の油を回収し、軽油代替燃料などに再生利用する資源循環型社会の形成を目指す取り組みの一つ。1976 年ごろから琵琶湖の赤潮発生をきっかけに、東近江市（旧愛東町）から始まった。その後全国約 140 団体までに拡大。2001 年からは全国菜の花サミットが開催されている。この循環の過程で農業振興、観光、学習、まちづくりなどさまざまな波汲効果をもたらした。

七大公害
環境基準法で定められた、大気、水質、土壌汚染、騒音、振動、地盤沈下、悪臭公害をいう。典型 7 公害に同じ。

ナノ材料(ナノ・マテリアル)
縦・横・高さ（厚さ）のいずれかが 100 nm（ナノメートル・１ mの一千万分の一）を下回る物質のこと。我々の生活をより良くするための新しい素材として、化粧品や健康食品、ある種の工業製品などに利用が進んでいる。例えば、二酸化チタンは、ナノ粒子化することで紫外線遮断効果を発揮するため、日焼け止め防止を目的に化粧品へ応用されている。今後は、医療の分野でも、ナノマテリアルやその製造技術を利用した新薬や診断機器の開発が進められている。

ナホトカ号原油流出事故＊＊
1997年1月島根県隠岐の島沖で発生。ロシア船籍のナホトカ号が荒天のため船体が分断して沈没し、原油が流出した事故。原油は福井県や石川県など広域に漂着した。

生ごみ＊
食材残渣など水分を多く含む廃棄物。日本では年間約2000万㌧の生ごみが発生している。可燃ごみの40%強。

鉛(化合物)＊
金属元素のひとつ。元素記号Pb ・原子番号82。及びその化合物。生物に対する毒性としては、体表や消化器官に対する曝露（接触・定着）により腹痛・嘔吐・伸筋麻痺・感覚異常症など様々な中毒症状を起こす。金属の中では比較的比重が大きいので放射線遮蔽材として鉛ガラスや鉛シートなどの形で用いられる。

南極
南緯90度の、地球の回転軸が地表と交わるところを南極あるいは南極点という。

南極条約
1957年から1958年の国際地球観測年で南極における調査研究に協力体制を築いていた12ヵ国（日、米、英、仏、ソ連、アルゼンチン、豪、ベルギー、チリ、ニュージーランド、ノルウェー、南アフリカ）が1959年12月に採択した南極に関する条約。南極での領土権主張の凍結、平和利用、科学的調査の自由と国際協力などを定めた国際条約。1961年発効。

南方振動
南太平洋東部で海面気圧が平年より高い時は、インドネシア付近で平年より低く、南太平洋東部で平年より低い時は、インドネシア付近で平年より高くなるというシーソーのような変動をしており、南方振動と呼ばれている。南方振動は、貿易風の強弱に関わることから、エルニーニョ/ラニーニャ現象と連動して変動する。

[に]
新潟水俣病＊
1965年に確認された四大公害病のひとつ。熊本県の水俣病と同様の症状が確認されたためにこの名がある。新潟県阿賀野川下流域で患者が発生した事から「阿賀野川有機水銀中毒」とも呼ばれる。化学工場でアセトアルデヒドを生産中に生成され、未処理のまま廃液として阿賀野川に排出されたメチル水銀が、川で獲れた魚介類の摂取を通じて人体に蓄積された事による有機水銀中毒。第二水俣病ともいわれている。

西日本豪雨災害
正式名称は「平成30年7月豪雨」。災害の被害は福岡、長崎、広島など11府県に及んだ。

日光アレルギー
日光や日光の紫外線を浴びることにより、肌に湿疹が起こり、肌が真っ赤に腫れたり、かゆみを感じるようになることがある。この症状をいう。

二国間クレジット制度
Joint Crediting Mechanism。JCM参照。

二酸化硫黄(SO2)＊
化学式SO2の無機化合物。刺激臭を有する気体。大量に排出されると環境破

壊の一因となる。火山活動や工業活動により産出される。また、石炭や石油には多量の硫黄化合物を含んでおり、この硫黄化合物が燃焼することで発生する。二酸化窒素などの存在下で酸化され硫酸となり、酸性雨の原因となる。

二酸化炭素(CO_2)＊＊＊

常温常圧では無色無臭の気体。地球上で最も代表的な炭素の酸化物となっている。温室効果は、同じ体積あたりではメタンやフロンにくらべ小さいものの、排出量が莫大であることから、地球温暖化の最大の原因とされる。

二酸化炭素濃度(CO_2濃度)

地球温暖化の代表である二酸化炭素濃度は、産業革命（250年前）前は平均280ppm程度であったが、2015年には398ppmまで増加した。今後世界が高い経済成長を続け、大量の化石燃料が消費されると、2100年にはGHG全体の濃度は1313ppm（CO2換算）に増加し、世界平均気温が最大で4.8℃上昇すると予測されている。

二酸化炭素の貯蔵機能＊

生物生産と深層における有機物の分解・再生のサイクルを総称して「生物ポンプ」と呼ぶが、この生物ポンプによる二酸化炭素を大気から吸収し、深海へ運び貯蔵する役割をいう。

二酸化炭素の貯留(CCS)

Carbon Dioxide Capture and Storage。工場等の大規模排出源から分離回収した CO_2 を、何らかの固体や液体に吸着させて回収し、地層や海中などに貯留する技術や取り組みの総称。日本では、2020年の実用化をめざし開発中。

二酸化炭素排出抑制対策事業

各地域の民生・需要分野や家庭・個人の自発的な地球温暖化対策への取組を促すため、市町村長などが先頭に立ち、国民運動「COOL CHOICE」を踏まえた地球温暖化対策を住民や各種団体と協力して、継続的に実施するために行う普及啓発事業。環境省所管。

二次エネルギー＊

自然界に存在し、加工や変換をするまえの石炭、原油、天然ガス、地熱などのエネルギーを1次エネルギーと呼ぶのに対して、1次エネルギーを加工または変換した灯油、都市ガス、電力などをいう。

二次消費者

一次消費者参照。

日射病

野外で比較的長い時間夏の暑い日差しを浴びたときに体がオーバーヒートして起こる症状。顔が赤くなって息遣いが荒く、皮膚は暑く乾いた状態で汗が出ないため、体温調節ができない状態となる。さらに目まいや頭痛、吐き気などの症状がでる。最悪意識不明になり死亡することもある。

ニッチ

生物学においては「適所」を意味する。生態系を構成する生物種の場所的あるいは相互関係上の位置が「ニッチ」である。

ニホンウナギ

ウナギ科ウナギ属のウナギの一種。日本からベトナムまで東アジアに広く分布する。国際自然保護連合（IUCN）により、2014年から絶滅危惧種（EN）の指定を受けている。

日本気候リーダーズパートナーシップ

持続可能な低炭素社会への移行に先陣を切ることを自社にとってのビジネスチャンスととらえる企業ネットワーク。2009年7月設立。

日本経団連
社団法人日本経済団体連合会の略称。日本商工会議所、経済同友会と並ぶ「経済三団体」の一つで、東証第一部上場企業を中心に構成される。1961 年設立。

日本経団連生物多様性宣言
経団連が、企業として生物多様性保全の問題に取り組む決意と行動指針を示した宣言。2009 年 3 月発表。「自然の恵みに感謝し、自然循環と事業活動との調和を志す」「生物多様性の危機に対してグローバルな視点を持ち行動する」など七つの原則からなり、15 の行動指針が付されている。

日本工業規格 *
日本産業規格参照。

日本産業規格
前規格（日本工業規格）は 1951 年制定。2018 年第 196 回通常国会で、「不正競争防止法等の一部を改正する法律」（法律第 33 号）が可決成立し、工業標準化法が一部改正され、標準化の対象にデータ、サービスが追加され、法律名を"産業標準化法"に改め、"日本工業規格（JIS）"が"日本産業規格（JIS）"に変更となった。（2019 年 5 月公布）。

日本ジオパーク
ユネスコ世界ジオパークとは別に、日本ジオパーク委員会の認定を受けた国内版のジオパーク。2015 年 10 月現在、39 地域が日本ジオパークとして認定されている。なお、日本ジオパークのうち、「洞爺湖有珠山」「糸魚川」「山陰海岸」「島原半島」「室戸」「隠岐」及び「阿蘇」「アポイ岳」の 8 地域がユネスコ世界ジオパークに認定されている。

日本適合性認定協会
The Japan Accreditation Board for Conformity Assessment。JAB 参照。

日本農林規格
JAS 規格。農林物資の規格化及び品質表示の適正化に関する法律（Japanese Agricultural Standard・JAS 法、1950 年公布）に基づく、農・林・水・畜産物およびその加工品の品質保証の規格。規格制定品目は、飲食料品及び油脂、林産物（木質建材）、農産物その他（畳表・生糸）など。2004 年 7 月現在・76 品目 247 規格。2017 年 6 月に公布された「農林物資の規格化等に関する法律及び独立行政法人農林水産消費安全技術センター法の一部を改正する法律」により、農林物資の規格化等に関する法律が改正され、2018 年 4 月施行された。なお、本改正により、法律の題名が「農林物資の規格化等に関する法律」から「日本農林規格等に関する法律」に変更された。

日本のエネルギー消費量
部門別にエネルギー消費の動向を見ると、1973 年度から 2014 年度までの伸びは、企業・事業所他部門が 1.0 倍、家庭部門が 2.0 倍、運輸部門が 1.7 倍となっている。企業・事業所他、家庭、運輸の各部門のシェアは石油ショック当時の 1973 年度の 74.7％、8.9％、16.4％から、2014 年度には 62.7％、14.3％、23.1％へと変化した。家庭・運輸部門の省エネが強く求められる。

日本の重要湿地 500
2001 年（平成 13 年）12 月に、ラムサール条約登録湿地の選定や、湿地保全の基礎資料とするために、環境省によって選定された日本国内の 500 箇所の重要な湿地である。環境省では、日本の重要湿地 500 の選定以来十数年が経過したことから見直しを行い、2016 年（平成 28 年）4 月 22 日に生物多様性保全上重要な湿地（略称：重要湿地）として 633 箇所を公表した。

日本の人口
2008 年に 1 億 2808 万人を記録。以後年々減少し、2060 年までに 9 千万人を割り込み、少子化、高齢化が進むと予測されている。

日本の約束草案
2016 年 5 月に閣議決定され、パリ協定や国連に提出した地球温暖化対策計画をいう。内容は、GHG 排出量を 2030 年に 2013 年比 26%削減の中期目標と、2050 年までに 80%削減の長期目標からなる。

日本歴代最高気温
2018 年 7 月 23 日(月)埼玉県熊谷市で気温 41.1℃を記録。日本歴代最高を 5 年ぶりに更新した。2020 年 8 月 17 日には浜松で最高タイ記録を達成。過去の最高気温は、2013 年 8 月高知県四万十市 41.0℃、2007 年 8 月岐阜県多治見市 40.9℃、1933 年 7 月山形県山形市 40.8℃など。因みに名古屋市で 2018 年 8 月 3 日に 40.3℃を記録（観測開始 130 年で初）した。

ニューサンシャイン計画
サンシャイン計画参照。

人間開発指数
Human Development Index。当該国の、人々の生活の質や発展度合いを示す指標。各国の所得水準・平均寿命・教育水準などから計算される。パキスタンの経済学者マブーブル・ハックによって 1990 年に作られた。1993 年以降、国連年次報告の中で各国の指数が公表されている。

人間開発報告書＊
1990 年に国連開発計画(UNDP)によって初めて発刊。各国の人間開発指数を提示するとともに毎年異なるテーマのもとに人間開発の在り方を問題提起し、国際社会の議論をリードしている。

人間環境会議
国連人間環境会議を参照。

人間環境宣言＊＊＊
ストックホルム宣言。1972 年ストックホルムで開催された国際連合人間環境会議において採択された宣言。国際会議で初めての環境保全に関する取組みであり、人間環境の保全と向上に関し、世界の人々を励まし、導くため共通の見解と原則が定められた。先進国と途上国の対立の中でまとめられた宣言でもある。同宣言は国際環境法の基本文書とされており、1992 年の地球サミットにおけるリオ宣言にも再録されている。

人間と生物圏計画
Man and the Biosphere。MAB 参照。

[ぬ]

ヌートリア＊
ネズミ目（齧歯目）ヌートリア科に属する哺乳類の一種。別名は沼狸。南アメリカ原産。日本には本来分布していない外来種で、特定外来生物による生態系等に係る被害の防止に関する法律では指定第一次指定種に分類されている。頭胴長 40-60 cm、尾長 30-45 cm、体重 5-9 kg の大型の齧歯類。水辺の生活に適応しており、泳ぎが得意。日本での生息地は、主に愛知・岐阜・中国地方である。

[ね]

ネイチャーガイド＊
トレッキングやカヌー体験、秘境ツアーなど、アウトドアフィールドで自然と親しむための知識や楽しさを案内する仕事。又はそれに携わる人。

ネガティブスクリーン
スクリーニングとは、株式投資において財務的評価のみならず、社会、環境、倫理など社会的評価も考慮して投資家の価値観に合った投資先を選ぶこと。投資家の価値観とは相容れない一定の領域（例えば、タバコ、ギャンブル、アルコール、武器など）に属する製品やサービスを提供する企業株式を除外するのがネガティブスクリーンである。

ネガティブリスト
原則として自由で規制がない中で、例外として禁止するものを挙げた表。例えば、「貿易において原則として輸入は自由とし、例外として制限する品目を列記したもの。」などがあげられる。

ネガワット（取引）
電力の消費者が節電や自家発電によって需要量を減らした分を、発電したものとみなして、電力会社が買い取ったり市場で取引したりすること。

熱塩循環＊＊
深海の海流は、北極周辺で海底に沈みこみ、1000年以上もかけて世界中の深海底を巡り再び北極海周辺へ戻ってくる。この循環をいう。この循環は地球の気候に大きくかかわっているといわれている。

熱汚染（現象）＊
人間活動の拡大、エネルギー消費の増大などによって放出された大量の熱が環境に蓄積し、大気や水域・大地の温度を上昇させること。経済・商業活動による都市域の気温の上昇、発電所・製鉄所の温排水による水温の上昇、地下鉄や地下街の発達による地温の上昇など。

熱回収＊
Thermal Recycle。廃棄物のうち原料として再利用できないものを単に焼却処理せず、焼却の際に発生する熱エネルギーを回収・利用することをいう。

熱圏＊
地球上の大気の層の一つ。地上から四番目の層で、約80〜500ｋｍのところに存在する。太陽からの短波長の電磁波や磁気圏で加速された電子のエネルギーを吸収するため温度が高いのが特徴である。2,000℃まで上昇することがある。しかし分子密度があまりにも小さく実際に熱く感じられることはない。電離層が存在し、高緯度地方ではオーロラが観測される。

熱硬化性＊
プラスチックなどの示す性質の一つ。加熱すると硬化し、温度を下げても元の状態に戻らない性質。

熱循環＊
大気や海流の循環、および宇宙空間に戻される熱放射のこと。

熱帯
地球上で緯度が低く年中温暖な地域のこと。緯度による定義では、赤道を中心に北回帰線（北緯23度26分22秒）と南回帰線（南緯23度26分22秒）に挟まれた帯状の地域。

熱帯季節林
熱帯モンスーン林のこと。

熱帯サバンナ林＊
熱帯林の一形態で、熱帯の乾季、雨季のある地域に広く分布する樹林の総称。
熱帯の乾燥地域に発達する森林。別称熱帯乾林、熱帯乾生林、など。

熱帯（多雨・モンスーン）林＊＊＊
熱帯に分布する森林の総称。降水量や気温の状況によって熱帯雨林、熱帯モ
ンスーン林、熱帯山地林、熱帯サバンナ林、マングローブ林などに分けられ
る。商業伐採や農地への転換などにより急速に減少している。

熱帯低気圧
熱帯から亜熱帯の海洋上で発生する低気圧の総称。その域内の最大風速に基
づく強度によって大まかに、トロピカル・デプレッション、トロピカル・ス
トーム（熱帯暴風）、及び地域ごとに異なる呼び名で呼ばれる発達した熱帯
低気圧、の３つに分類される。北西太平洋域では熱帯低気圧がビューフォー
ト風力階級で風力 8 以上に発達すると「台風」、風力 12 に達した熱帯低気
圧は「タイフーン」と呼ばれる。北東太平洋域または北大西洋域で熱帯低気
圧がタイフーンと同等の勢力に達すればハリケーン、インド洋など南半球で
は、サイクロンと呼ばれる。

熱帯モンスーン（地帯）
東南アジアなどの熱帯のうち、季節風に支配され乾季と雨季がある地域。一
般に 3〜5 カ月の乾季と年降水量 1, 000〜2, 500mm をもたらす雨季がある。
赤道・低緯度地域に点々と分布する。熱帯雨林気候からサバナ気候への移行
地域となる。主な地域としてインドシナ半島東岸、西岸からマレー半島北部
まで、フィリピン諸島西岸、ジャワ島、ニューギニア島南部、インド南部西
岸、マダガスカル北岸・南岸、アフリカギニア湾沿岸、コンゴ盆地、中央ア
メリカメキシコ湾岸、アマゾン河口など。

熱帯夜＊
夜間の最低気温が 25℃以上になる日をいう。

熱帯林行動計画＊
1985 年 11 月の FAO 総会で採択された各国が行う熱帯林の保全、造成及び適
正な利用のための行動計画作りへの支援事業。この計画は、①土地利用と林
業、②林産業の開発、③燃料とエネルギー、④熱帯林生態系の保全、⑤制度
や機関の分野などについての国際的行動指針を示したもの。熱帯林地域の各
国において国別の計画が策定されている

熱中症＊
体の中と外の"あつさ"によって引き起こされる様々な体の不調。暑熱環境下
に曝されるかあるいは運動などにより体の中に熱が籠もったときに発症す
る。体温を維持するための生理的な反応より生じた失調状態から、全身の臓
器の機能不全に至るまでの、連続的な病態とされる。

熱電併給
combined heat and power の和訳。コジェネレーション参照。

ネット・ゼロ・エネルギー・ハウス
ZEH 参照。

熱の蒸散効果
植物の地上部から大気中へ水蒸気が放出されそれに伴い気化熱が吸収され
る現象。植物の多い場所ではない場所に比べ気温が低くなるのはその効果に
よる。

熱波
世界気象機関の定義では、日中の最高気温が平均最高気温を 5°C 以上上回る日が 5 日間以上連続した場合をいう。定義は地域によって異なる。

燃料デブリ(debris)
原子炉の事故で、炉心が過熱し、溶融した核燃料や原子炉構造物などが、冷えて固まったもの。

燃料電池(車)＊＊
電気化学反応によって燃料の化学エネルギーから電力を取り出す(＝発電する)電池を指す。燃料には方式によって、水素、炭化水素、アルコールなどを用いる。また搭載した燃料電池で発電し電動機の動力で走る車を指す。メリットは走行時に CO2、また CO, NOx, SOx などの大気汚染の原因となる有害物質を排出しない点と、エネルギー補給が純粋な電気自動車に比べて非常に短時間で済む点が挙げられる。FVC 参照。

燃料電池バス
トヨタ自動車(株)が日野自動車(株)と共同で進めてきた燃料電池車が 2017 年初めに販売予定。これは、環境省事業「CO₂ 排出削減対策強化誘導型技術開発・実証事業」で開発・実証が行 われた技術を活用し、製作されたもの。2018 年 3 月より、トヨタ自動車は燃料電池バス「SORA」の型式認証を FC バスとして国内で初めて取得し、販売を開始した。2020 年までにこの FC バスを 100 台納入する予定とのこと。

[の]

ノーネットロス＊
no net loss。自然を開発する場合には、その生物多様性への影響を回避・最小化する努力を行うこととし、その後に残る影響については代償サイトでの生物多様性の復元等を行うことによって、生態系のネットでの損失をゼロ(ノーネットロス)とするという考え方。

農業(技術)
農業とは、土地を利用して有用な植物・動物を育成し、生産物を得る活動のこと。社会の各分野においてその目的を達成するために用いられる手段・手法を技術というが、農業に関するさまざまな目的、すなわち施肥、病虫害対策、品種改良、農業土木、食品加工などの技術をいう。

農業排水
代かき・田植え時期の水田の濁水がそのまま河川に流れ込みその水質を汚染する場合がある。このような農作業によって発生する濁水の排水をいう。地方公共団体などを中心に対策を実施しているケースがある。

農業集落排水事業
農業集落からのし尿、生活雑排水または雨水を処理する施設を整備する事業。農地や農業用排水路に汚れた水が流れ込むのを防ぎ、農村の生活環境の改善を図り、生産性の高い農業の実現と活力ある農村社会の形成に資することを事業目的としている。

農作物の生産投入エネルギー量
生産に投入されるエネルギー量に対して、得られる産物のエネルギー量の比(実効エネルギー収率とかエネルギー係数と呼ばれる)。一般に作物の旬に収穫されるように栽培された作物は、そのほかの時期に比し、エネルギー効率がよい。

農山漁村余暇法

グリーンツーリズム推進の根拠となる法律。「農山漁村滞在型余暇活動のための基盤整備の促進に関する法律」の略称。1994年制定、2005年改正。

農商工連携＊

農林水産業者と商工業者がそれぞれの有する経営資源を互いに持ち寄り、新商品・新サービスの開発等で地域の活性化に取り組むこと。この取り組みは2007年（平成19年）11月から動き始め、農林水産省と経済産業省が共同で支援している。

農薬＊

農業の効率化、あるいは農作物の保存に使用される薬剤の総称。殺菌剤、殺虫剤、除草剤等をいう。また、農薬取締法ではアイガモなどの生物も、害虫を駆除することから特定農薬として指定されている。

農薬取締法

農薬について登録制度を設け、販売・使用の規制等を行うことにより、品質の適正化と安全かつ適正な使用を図ることを目的とした法律。1948年制定。同法では、製造・輸入業者による農薬の登録、無登録農薬の販売の禁止、製品容器への表示事項、販売業者の届出、農作物ごとに使用する農薬の使用方法・時期・回数などを詳細に定めた農薬安全基準などについて定めている。2002年法改正が行われ、無登録農薬の製造・輸入・使用の禁止、農薬使用基準の遵守、罰則の強化などが行われた。管轄省庁は農林水産省。

農用地土壌汚染防止法＊

1970年に制定。イタイイタイ病の発生をきっかけに、特定有害物質（カドミウム・銅・砒素など）によって農用地の土壌が汚染されることで、人の健康を損なう農畜産物が生産されたり、農作物等の生育阻害が引き起こされるのを防止もしくは汚染時に除去することを目的にする。環境省・農林水産省の所管。

農林水産省＊

日本の行政機関の一つ。略称は農水省。食料の安定供給の確保、農林水産業の発展などを主な職務とする。

農林物資の規格化及び品質表示の適正化に関する法律

JAS法参照。

[は]

パークアンドライド＊＊

最寄り駅まで自動車でアクセスし駅に近接した駐車場に駐車し、公共交通機関（主に鉄道やバス）に乗り換えて、勤務先まで通勤する方法。

パークレンジャー

park ranger。環境省の自然保護事務所の職員の通称。特に、国立公園を管轄する自然保護官の呼称として用いられる。

バーゼル条約＊＊

正式名称「有害廃棄物の国境を越える移動及びその処分の規制に関するバーゼル条約」。国連環境計画（UNEP）が1989年3月、スイスのバーゼルにおいて採択、1992年5月5日発効。日本は1992年に国内法（特定有害廃棄物等の輸出入等の規制に関する法律、通称バーゼル法）を制定し、1993年に加盟している。

バーゼル法

特定有害廃棄物等の輸出入等の規制に関する法律参照。

バーチャル・ウォーター＊

農産物・畜産物の生産に要した水の量を、農産物・畜産物の輸出入に伴って輸出国で使用されたにもかかわらず輸入国が消費したと見做したもの。仮想水ともいう。世界的に水不足が深刻な問題となる中で、潜在的な問題としてクローズアップされてきた。

バードストライク

鳥が人工構造物に衝突する事故をいう。対象器物は航空機、鉄道、自動車など。近年は風力発電用の施設への衝突も報告されている。

バードフレンドリー（認証マーク）

スミソニアン渡り鳥センターが、1999年から認証を開始したコーヒーの名称。この認証プログラムは、熱帯の森林を利用したシェードグロウン（木陰栽培）かつ有機栽培で生産されたコーヒーをプレミアム価格で買い取ることによって生産農家を支え、森林伐採を防止して、そこで休む渡り鳥を守るというもの。環境ラベル・マークなどの紹介参照。

パーフルオロカーボン（類）

PFC参照。

パーム油

アブラヤシの果実から取る植物油。食用油のほか、石鹸の原料として、近年ではバイオディーゼルエンジンや火力発電燃料としても利用されている。

ばい煙＊

燃料その他の物の燃焼に伴い発生する硫黄酸化物、ばいじん（ボイラーや電気炉等から発生するすすや固体粒子）及び有害物質（物の燃焼、合成、分解等に伴って発生するカドミウム、塩素、ふっ素、鉛、窒素酸化物等の人健康又は生活環境に有害な物質）の総称。

排煙脱硝装置（技術）＊

燃焼排ガス中の窒素酸化物を除去する技術ならびに装置。乾式法と湿式法があるが、実用化されている技術の大部分は、乾式法（排ガス中の窒素酸化物をアンモニアと反応させて窒素と水に分解する）である。湿式法は、窒素酸化物をオゾンなどで酸化し亜硫酸ナトリウム溶液に吸収させる方法である。

排煙脱硫装置（技術）＊

化石燃料などの燃焼等による排ガスから硫黄酸化物（SOx）を除去する装置。またその技術。脱硫の方式に湿式、半乾式、乾式がある。日本では湿式が大半を占める。アルカリスラリー及びアルカリ溶液を吸収剤とするものが設置基数で7割以上を占める。高効率な脱硫が可能な一方で設備コストおよび運転コストが高い。

ばい煙の排出の規制等に関する法律

1962年に制定された法律で、日本の大気汚染防止に関する法律としては最初のもの。1968年に制定された大気汚染防止法に吸収され、廃止された。

バイオエタノール＊＊

産業資源としてのバイオマスから生成されるエタノールを指す。サトウキビやトウモロコシなどのバイオマスを発酵させ、蒸留して生産される。再生可能な自然エネルギーである。

バイオキャパシティ

生物生産力（環境収容力）という世界の生物生産が可能な土地面積を指す概念。2003年の時点で、バイオキャパシティの合計は112億 gha で、これを一人当たりに換算すると 1.8gha。

バイオディーゼル（燃料）＊
生物由来油から作られるディーゼルエンジン用燃料。バイオマスエネルギーの一つである。近年、地球温暖化対策として注目されている。欧州では菜種油、中国ではオウレンボク等、北米及び中南米では大豆油、東南アジアではアブラヤシやココヤシなどから得られる油が利用されている。

バイオテクノロジー＊
生物工学ともいう。生物学の知見を元にし、実社会に有用な利用法をもたらす技術の総称。特に遺伝子操作をする場合には、遺伝子工学と呼ばれる場合もある。

バイオ燃料＊
バイオマスから製造される燃料。

バイオマス（エネルギー）＊＊
現生生物体構成成物質起源の産業資源。再生可能な、生物由来の有機性資源で化石資源を除いたもの。CO_2 の発生が少ない自然エネルギーで、薪や炭のように原始的な形で既に身近に利用されている。エネルギーになるバイオマスの種類としては、木材（木くず）、海草、生ゴミ、紙、動物の死骸、糞尿、プランクトンなどの有機物がある。

は

バイオマスタウン（構想）＊
バイオマスの発生から利用までが効率的なプロセスで結ぶ総合的な利活用システムが構築された地域、またはこれから行われることが見込まれる地域。2019 年 4 月現在 318 地域が公表されている。

バイオマス発電＊＊＊
バイオマスを使用して電力を作り出す発電方式。CO_2 は排出されるが、燃料となった植物を再び育成する過程で光合成が行われることにより、排出した CO_2 は再びバイオマスとして合成され、結果的に大気中の CO_2 濃度は上昇することはない。地球温暖化を防ぐ「再生可能なエネルギー源」といえる。

バイオマス CCS
Carbon dioxide Capture and Storage : CCS。植物バイオマスの燃焼時に発生する CO_2 を回収・貯留することによって、CO_2 収支を負とするエネルギー利用技術。

バイオミミクリー
biomimicry。生物の真似をして最先端科学技術を開発すること。トンボの空中停止からヘリコプターへの応用、カワセミの嘴から新幹線の先端車両の形状などがある。

バイオミメテクス
バイオミミクリーと同義。

バイオレメディエーション
bioremediation。微生物や菌類や植物、あるいはそれらの酵素を用いて、有害物質で汚染された自然環境（土壌汚染の状態）を、元の状態に戻す処理のこと。重油等で汚染された土地において、バクテリアによる重油の分解を促進させるため、窒素や硫黄肥料を施すことにより、油流出の浄化を図るような場合など。

排気ガス＊
ガソリン・軽油などの燃料がエンジンで燃焼したり、さまざまな化学反応を起こしたりしたことで生ずる気体で、大気中に放出されるものを指す。

廃棄物（処理・問題）＊＊＊
不要になり廃棄の対象となった物および既に廃棄された無価物。循環型社会形成推進基本法においては、有価・無価を問わず「廃棄物等」としている。

廃棄物処理法＊＊＊
「廃棄物の処理及び清掃に関する法律」。主な内容は、①廃棄物の適正処理、②廃棄物処理施設の施設規制、③廃棄物処理業者に対する規制、④廃棄物処理基準の設定など。1970年制定。

廃棄物その他のものの投棄による海洋汚染の防止に関する条約
「ロンドン海洋投棄条約」、「ロンドン条約」などとも呼ばれる。1972年に採択され、1975年に発効。日本は1980年に批准。1972年のストックホルムの国連人間環境会議での勧告を受けて採択されたもの。2018年時点での締約国は87カ国。

排出課徴金
環境汚染物質や不用物の排出量や質に応じて排出者から費用を徴収することで、市場メカニズムの活用を通じて環境汚染物質や不用物の排出を減らすことを目的とした経済的手法のひとつ。単に「課徴金」と言う場合もあり、また、「排出賦課金」という場合もある。

排出基準
事業所などが大気・水などの自然環境中に排出する有害物質の量に対する許容限度。大気汚染防止法・水質汚濁防止法などで規定され，遵守が義務づけられる。

排出ギャップ報告書
国連環境計画が2019年に明らかにした報告書。各国のGHGの自主決定削減目標量を足しても、パリ協定の目標に60〜10億t不足しているとの内容。

排出権（量）取引（制度）(carbon Emission Trading・ET)＊
京都議定書において定められた温室効果ガス削減手法の一つ。海外で実施した温室効果ガスの排出削減量等を、自国の排出削減約束の達成に換算することができるとした柔軟性措置。汚染物質の排出許容量を総枠として設定し、個々の汚染主体ごとに一定量の排出できる量を割り当て、市場においてその取引を認めるもの（又はその制度）。気候変動枠組条約の京都議定書において京都メカニズムとして採用された制度。京都メカニズム参照。

排出者責任＊＊＊
Polluter-Pays Principle：PPP。循環型社会形成推進基本法の第11条1項において、廃棄物等の排出者が、自らの責任において、その排出した廃棄物等について、適正に循環的な利用又は処分等をすべき責任があると規定している。

排出税
大気、水、土壌に排出される汚染物質の量に応じて徴収される税金。

排出抑制
リデュース参照。

ばいじん
化石燃料の燃焼に伴い発生する、すすなどの個体粒子状物質のこと。

排水・廃水＊
排水は排除あるいは排出・流し出す水。廃水は不要のため捨てる水をいう。

排水基準＊
事業所などの排水に含まれる有害物質の量に対する許容限度。水質汚濁防止法で規定され，遵守が義務づけられる。

排水処理方法

排水の汚濁物質を除去する方法。1つは物理化学的方法で、沈殿、沈降、ろ過などの物理的方法と、凝集、中和、イオン交換などの科学的方法である。2つ目は生物化学的方法で、有機性の汚濁物質を含む排水に利用されるもので、活性汚泥法がその代表例である。

排出枠 *

二酸化炭素などの温室効果化ガスを「ここまで排出していい」という限度量を示す。温暖化ガスの排出量に関する何らかの規制値を超えている国（政府）や企業などが、規制値を超過していない国や企業などから、売買できる温室効果ガスの枠を指す。

煤塵（ばいじん）*

工場の煙突の煙や炭坑などの塵埃（じんあい）の中に含まれるすすなどの微粒子を指す。

排他的経済水域

Exclusive Economic Zone；EEZ。国連海洋法条約において、沿岸国の基線（海）から200海里（370.4km〈1海里＝1,852m〉）の範囲内に、排他的経済水域を設定することが認められている海域をいう。同条約には、設定水域の海上・海中・海底、及び海底下に存在する水産・鉱物資源並びに、海水・海流・海風から得られる自然エネルギーに対して、探査・開発・保全及び管理を行う排他的な権利（他国から侵害されない独占的に行使できる権利）を有することが明記されている。

売電

家庭や企業で発電した電力を電力会社に売ること。1995年の電気事業法改正で、企業は、他企業への販売もできるようになった。

ハイドロフルオロカーボン

HFC参照。

バイナリー発電

地熱発電の方式の一つ。アンモニアなどの沸点が低い熱媒体を熱水で沸騰させ、タービンを回して発電する。

ハイブリッド（車・カー）*

二つの要素を組み合わせて作られたひとつのもの。雑種。ハイブリッドカーは、ガソリンで動く「エンジン」と電気で動く「モーター」という複数の動力機関が搭載されていることからその名がついた。従来のガソリン車に比べて燃費が向上するので、走行環境によっては CO_2 の量を「1/2」、排気ガスの量を「1/10」に抑えることができる。

廃油

廃棄物のうち動植物油などの油状のものをさす。

ハイリゲンダム（G8）サミット*

2007年6月、ドイツのハイリゲンダムにおいて開催されたG8（主要国首脳会議）をいう。2050年までに温室効果ガスの排出量を少なくとも半減させることを真剣に検討することで合意した。またすべての主要排出国が参加する枠組みとし、2009年までに具体策を作成することでも合意した。

ハイレベル政治フォーラム

2013年国連総会によって設置され、2030アジェンダと持続可能な開発目標のフォローアップとレビューを行う主要なプラットフォーム。総会、経済社会理事会、その他の関連機関やフォーラムと一貫して作業を進める。

ハウス野菜
野外の厳しい環境から野菜を保護するためのハウスで育てた野菜。

バウビオロギー＊
ドイツ語のバウ（建築）とビオ（生物）にロギー（学問）がついた合成語で人と住環境を考える言葉。「建物は人間の延長であり第三の皮膚である」とされている。

爆弾低気圧
"bomb" cyclone。一般に、「12時間以上にわたって中心気圧が1時間あたり1hPa以上低下した温帯低気圧」をさす。急速に発達し、熱帯低気圧（台風）並みの暴風雨をもたらす温帯低気圧を指す俗語。1980年にMITの気象学者フレデリック・サンダース（Frederick Sanders）らが提唱。

バクチャー
Back to the Natureを略した造語。多孔質火山礫を主原料とした微生物活性剤。環境中の有用微生物活性化の触媒のようなもの。微生物の機能に助けてもらい、自然を本来の姿に戻すことができる技術でもある。その効能は水質改善・土壌改善・臭気対策等の広範に及ぶ。この活用により、水質汚染や土壌汚染など、さまざまな環境問題の解決が可能となると考えられる。

バクテリア＊＊
細菌。単細胞の微生物。40〜38億年前に地球上に初めて出現した生命体といわれているのが、原始バクテリアである。

暴露(量)＊
化学物質・放射線等にさらされること。またはその量。

橋本行動計画
国連水と衛生に関する諮問委員会参照。

白化(現象)＊＊
海水温度の上昇や強い光などでサンゴが死滅し白く変化すること。

発がん性リスク
化学物質、及びその混合物、生活環境の影響による正常な細胞を癌（悪性腫瘍）に変化させる危険率。WHOの専門機関である国際がん研究機関（IARC）などが報告している。

曝気
空気と液体を接触させて酸素を供給すること。

バックキャスティング(アプローチ)＊
地球環境問題などで、将来のあるべき姿を想定し、そこを起点に現在の段階からどのような取り組みが必要かを考えて対策を採用する方法のこと。対立手法としてフォアキャスティングがある。

バックグラウンドデータ
LCA（ライフサイクルアセスメント）を行う際に使用する工程別の数値データのうち、既に一般に公表されているデータをいう。

パックテスト＊
河川、湖沼などの水の汚染を調べる簡単な機器またはその試験。特定の成分と反応して発色する試薬と検体の水を混ぜ5分前後で水と試薬が反応して色がつくので、それを色見本と比べてその値によって汚れ具合を確認するテスト。

バックミンスター・フラー(Richard Buckminster Fuller)＊
（1895年7月12日 – 1983年7月1日）。米国マサチューセッツ州出身の

思想家、建築家、詩人。生涯を通して、人類の生存を持続可能なものとするための方法を探りつづけ、「宇宙船地球号操縦マニュアル」を表した。

発光ダイオード(LED)＊
LED（Light Emitting Diode）参照。

発生抑制＊
リデュース参照。

発送電分離
電力会社の発電部門と送配電部門の事業を分離すること。送配電事業の中立・公平性を高め、新規事業者の参入を促すのが目的。電力会社が独占している送電網を開放することによって、再生可能エネルギー発電を含めた発電事業への新規参入が促進され、競争による電気料金の低下などが期待できるとされるほか太陽光発電会社などの発電業への新規参入が期待できる。

ハッチョウトンボ
トンボ科ハッチョウトンボ属の日本一小さなトンボ。体長 17～21mm。世界的にも最小の部類に属する。東南アジアの熱帯域、日本などに広く分布する。日本国内では、近年開発や環境汚染によりその数が減少している。

は

発展途上国＊
「開発途上国」参照。

発泡スチロール
合成樹脂素材の一種で、気泡を含ませたポリスチレン。断熱性・耐水性・衝撃吸収性に優れ軽量なので、魚介類・農産物の輸送や精密機械等の梱包材として普及。省資源で大量に生産できるという特長が、逆に無駄に嵩張るため、ゴミ処分費用の高騰問題となった。近年では使用後に回収された発泡スチロールを、溶剤や高熱で再加工し、資源として再生したり、燃料として利用している。

はなこさん
環境省花粉観測システムの愛称。花粉飛散測定結果等をとりまとめて花粉症の研究機関等に提供し、花粉症の原因解明に利用することを目的としている。運用開始は 2003 年 3 月。

ハビタット評価(手続き)＊
Habitat Evaluation Procedure。HEP。米国で開発された複雑な生態系の概念を特定の野生生物のハビタット（生息環境）に置き換え、その適性について定量的に評価する手法。自然再生事業などの評価に有効とされる。モデルは、ハビタットの適性を 0（不適）～1（最適）という値で示す数式、あるいは文章、さらにはそれらをまとめた小冊子という形式で表す。開発事業管庁と開発保全官庁の双方の専門家が HEP チームに参加し、実施される開発の合意形成手法。

パフォーマンス規制
定められた環境パフォーマンスのレベルを確保することを求める方法。例として、大気汚染物質に対する排出基準、水質汚濁物質に対する排水基準、工場騒音規制、廃棄物の処理基準など。規制をどのように達成するかは規制対象者にゆだねられるので、行為規制と違って民間の創意工夫の余地がある。

パブリックコメント(制度)＊
国民・住民などの公衆の意見。特に「パブリックコメント手続」における意見公募に対し寄せられた意見を指す。及びその手続き。意見公募の目的としては、①行政の意思決定過程の公正を確保し、透明性の向上を図ること。②

国民・事業者等（外国も含む）の多様な意見・情報を把握するとともに、それらを考慮して意思決定を行うことなどである。

バラスト水＊
船舶のバラスト（ballast：底荷、船底に積む重し）として用いられる水のこと。

パリ協定＊
気候変動枠組み条約第21回締約国会議COP21（2015年11月〜12月・フランス・パリで開催）で採択された気候変動抑制に関する多国間協定。加盟国全てに温室効果ガスの排出規制目標を自主的に決めさせ、5年ごとに見直すなどの7項目の画期的協定である。2016年11月発効。2020年米国はトランプ政権下で同協定からの離脱を決めたが、2021年1月よりバイデン新政権で復帰が決められた。

ハリケーン
Hurricane, Tropical cyclone。大西洋北部、太平洋北東部などで発生した熱帯低気圧のうち、最大風速が64ノット（毎時74マイル、119km）以上のものをいう。

波力・潮力
波や潮流を利用した力のこと。再生可能エネルギーの一つとして主として発電用のエネルギーとして利用される。

バルト海環境保護条約
バルト海の自然環境保護を目的として1970年代中頃に成立した一連の条約。バルト海地域の環境問題は，第2次世界大戦以後周辺地域の工業化が進展することにより急速に浮上。東西対立により対策は進展しなかったが、1972年に東西両ドイツ間に基本条約が締結されると，73年「バルト海および海峡の漁業・生物資源に関する条約」，74年「バルト海海洋環境条約」が成立、また同年「北欧環境保護条約」も結ばれた。

ハロゲンランプ
電球内部に窒素やアルゴン等に加え、ハロゲンガス（ヨウ素、臭素など）を微量導入したランプ。不活性ガスのみを封入する通常の白熱電球よりも明るい。

半乾燥（地域）＊
砂漠の周辺に分布する乾燥の程度が砂漠ほどでない地域。

パンデミック
Pandemic。世界的流行病をいう。2019〜2020年に流行のCOVID-19（新型コロナウィルス）はこれに相当する。1918年から1919年にかけ全世界的に大流行したスペインかぜは歴史上最も壊滅的なパンデミックの1つである。

[ひ]

ヒアリ（火蟻）
南米大陸原産のハチ目・アリ科・フタフシアリ亜科に分類されるアリの一種。世界の侵略的外来種ワースト100選定種であり、特定外来生物にも指定されている。2017年6月13日、環境省は、中国から神戸港に入港し尼崎市内に運ばれたコンテナの中で発見された、と発表した。

ヒートアイランド（現象）＊＊＊
都市部の熱汚染現象をいう。都市部中心部の気温を等温線で表すと郊外に比べて島のように高くなることからこう呼ばれる。原因は都市化による緑地や農地の減少による蒸散効果の低下、コンクリートなどの構造物による蓄熱効

果、エアコンや自動車の廃熱などである。日本の大都市ではこの 100 年あたりで平均 2.5℃上昇している。

ヒートアイランド対策大綱
内閣官房都市再生本部、国土交通省、経済産業省及び環境省によって構成されるヒートアイランド対策関係府省連絡会議（2002 年 9 月に設置）が取りまとめたもの。2004 年 3 月に公表。ヒートアイランド対策として、①人工排熱の低減、②地表面被覆の改善、③都市形態の改善、④ライフスタイルの改善の 4 つの対策の柱を示して、それぞれの対策の柱ごとに、目標と具体的施策を明らかにしている。

ヒートショック
急激な温度(気温)の変化によって血圧が乱高下したり脈拍が変動すること。

非意図的生成化学物質
ダイオキシン、亜硫酸ガスなどのように燃焼過程などで目的外に生成される化学物質のこと。大量に生成されると公害発生の原因となる化学物質である。近年では設備の改善など制御手段が進んでおり、日本では、公害等に至る事例はほとんど無い。

ヒートポンプ＊＊＊
水・空気などの低温の物体から熱を吸収し、高温の物体に与える装置。冷暖房や蒸発装置などに応用。ヒートポンプの内部では、アンモニアや二酸化炭素などの冷媒が、減圧されて低温になる状態と加圧されて高温になる状態を繰り返しながら循環している。この性質を利用したポンプ。

ビオトープ＊＊
ビオトープは生物を表す「ビオ」と場所や地域を表す「トープ」から来た造語で本来その地域にさまざまな野生生物が住める空間を指す。森林、湖沼、里山、芦原、干潟、水田など。

ビオトープ管理士
地域の自然や歴史、文化など貴重な財産や国際的な動向を踏まえたまちづくりなどを実践できる技術者の資格。財団法人日本生態系協会認定。現在この資格は、環境省の入札参加資格審査申請における有資格者に指定されている他、国土交通省などの各地の行政機関での入札要件になっているなど重要な資格となりつつある。1 級と 2 級があり、またそれぞれに「計画管理士」と「施工管理士」の 2 種が存在する。

東アジア 3R 推進フォーラム
2009 年 11 月設立。アジア各国における 3R の推進による循環型社会の構築に向け、アジア各国政府、国際機関、援助機関、民間セクター、研究機関 NGOなどを含む幅広い関係者の協力の基盤のために作られた。

東アジア酸性雨モニタリングネットワーク(EANET)＊
the Acid Deposition Monitoring Network in East Asia。1998 年設立。東アジアにおいて酸性雨問題への共通理解を形成し、酸性雨による環境への悪影響を防止するための政策決定に有益な情報を提供し、EANET の参加国間での協力を推進することを目的に設けられた東アジアにおける政府間の枠組。東アジアの 13 ヶ国が参加している。タイに事務所を置く国連環境計画アジア太平洋地域資源センター（UNEP RRC. AP）が事務局に、酸性雨研究センター（ADORC）がネットワークセンターに指定されている。

東日本大震災＊
2011 年 3 月 11 日、宮城県牡鹿半島の東南東沖 130km の海底を震源として発生した大地震。日本における観測史上最大の規模マグニチュード 9.0・最大

震度 7。震源域は岩手県沖から茨城県沖までの南北約 500km、東西約 200km の範囲に及ぶ。この地震により、大津波が発生し、東北地方と関東地方の太平洋沿岸部に壊滅的な被害をもたらした。死者・行方不明者は約 1 万 9 千人でその 9 割は、津波に巻き込まれたことによる水死であった。建築物の全壊・半壊は合わせて 39 万戸以上。被害額は 16 兆から 25 兆円。大被害を受けた東京電力福島第一原子力発電所では、全電源を喪失して原子炉を冷却できなくなり、大量の放射性物質の漏洩を伴う「事故評価レベル 7」の重大な原子力事故に発展した。

東日本大震災に係る災害廃棄物の処理指針（マスタープラン）

発災後 2 か月経過の 2011 年 5 月に環境省により示された指針。東日本大震災によって 3 県（岩手・宮城・福島）の災害廃棄物量は約 1,580 万ﾄと推計されている。災害廃棄物は一般廃棄物とみなされ, 市町村が処理を行うとされているが、震災による沿岸部の被害は甚大で、災害廃棄物の処理を市町村が県に委託する方式が多くの自治体でとられてきた。瓦礫の仮置き場への搬入後の分別、処理、処分の考え方の大枠が示された。

東日本大震災により生じた災害廃棄物の処理に関する特別措置法

東日本大震災により生じた災害廃棄物の処理を、被害を受けた市町村に代わって国が処理するための特例を定め、あわせて、国が講ずべきその他の措置を定めたもの。2011 年 8 月に制定。

非化石エネルギー（資源）

化石燃料以外により得られるエネルギーをいう。原子力エネルギーや水力発電、地熱発電、更には、新エネルギーなど。

干潟＊

一般に河川や沿岸流によって運ばれてきた土砂が、海岸や河口部、ラグーン（潟湖）に堆積することで形成され満潮時に冠水する土地。そこに生きる生物は、汽水域に特化し生息域が極めて限定されているものもある。稚魚などの生育場所としても重要である。それらの生き物を餌としている渡り鳥や海鳥など鳥類の飛来地ともなっている。

光アレルギー

皮膚内のある物質が光化学的に変化し、タンパク質と結合して抗原性をもち、抗原抗体反応を引き起こす症状。

光害＊＊

ひかりがい。過剰または不要な光による公害のこと。夜空が明るくなり、天体観測に障害を及ぼしたり、生態系を混乱させたり、あるいはエネルギーの浪費の一因になる。高度に工業化され、人口が密集したアメリカ、ヨーロッパ、日本で特に深刻である。

副生ガス

高炉、転炉などでの製鉄、精錬工程で発生するガス。主成分は一酸化炭素で、75%程度含まれる。ほかに、二酸化炭素と、微量の酸素・窒素・水素からなる。

ビジネスと生物多様性オフセットプログラム

Business and Biodiversity Offset Program。BBOP。生物多様性に係る国際的な取組みで、企業や政府、NGO を含む専門家などによる国際的パートナーシップ。人間活動が生態系に与えた影響を、その場所とは異なる場所に多様性を持った生態系を構築することにより、補償する環境活動である。

微生物＊＊
肉眼でその存在が判別できず、顕微鏡などによって観察できる程度以下の大きさの生物を指す。

砒素＊
原子番号 33 の元素。元素記号は As。第 15 族（窒素族）の一つ。生物に対する毒性が強いことを利用して、農薬、木材防腐に使用される。1955 年の森永ヒ素ミルク中毒事件では粉ミルクにヒ素が混入したことが原因で、多数の死者を出した。

ビッグバン
宇宙の成立に関する仮説（理論）のひとつである「ビッグバン理論」において想定されている宇宙の最初期の状態。非常な高い密度と温度の状態のこと。あるいはその状態からの膨張（一種の爆発）のこと。

人づくり
あらゆる組織の行動は人によって行われる。組織に「強さ」を作り出し、「方向」を定め、「勢い」をつけるのも人であり、これらの目的を達成する能力を有する人を養成することが人づくりである。地球環境問題解決のためには、環境に関する知識を有し、改善の高い志を持った人材の養成が急務である。

一人 1 日当たりゴミ排出量
ゴミの排出とその削減を考えるうえで使用される指標。総排出量は人口に左右されるため、国家間の比較によく使用される。日本の 2018 年のごみ排出量は、918 g / 人となっている。

一人 1 日1kgの CO2 削減
地球温暖化対策の一環としてのチームマイナス 6%運動の一つ。京都議定書の日本の削減量６％を達成するために、日本国民が一人 1 日 1 ｋｇの CO_2 を削減すると、1 年間で約 4,600 万トンとなり 6%削減に大きく寄与することとなる。京都議定書参照。

被ばく（被曝）
人体が放射線にさらされることをいう。

非伝統的焼畑農業(耕作)＊
森林を伐採し焼畑農耕実施後、長期休閑期間を取らず地力が回復しないうちに農耕を繰り返し、結果として収奪的な土地利用となり、生態系を劣化させる。このような農業形態をいう。熱帯地域では、人口増加や、非伝統的焼畑民の流入によって非伝統的焼畑が増加し、広大な面積の熱帯林が毎年破壊されている。

100 ㎡運動
ナショナルトラスト運動のひとつ。自然環境等を経済優先の無理な開発による環境破壊から守るため、市民活動等によって対象の土地を該当自治体に買い取りと保全を求める活動である。北海道斜里町の運動が有名。

氷河＊
山岳地帯などに、複数年にわたって氷や雪が堆積してできるまた万年雪が圧縮されることでもできる。下部には過去の氷期にできたものが溶けずに残っている。氷河は侵食、堆積を活発に行い、独特な氷河地形を生む。

氷床
南極などで降り積もった雪が徐々に固められ、圧密され、さらなる降雪によって層を重ねて成長し、形成されてゆく氷塊の一種。

氷雪熱利用施設
冬の間に降った雪や、冷たい外気を使って凍らせた氷を保管し、冷熱が必要

となる時季に利用するもの。北海道を中心に利用が進んでいる。洞爺湖サミットで国際メディアセンターに雪冷房システムが導入されたことにより認知度が高まった。

病原性微生物
真正細菌やウイルスなどの病原体が、他の生物に感染して宿主に感染症を起こす性質・能力のことを病原性というが、病原性を持った微生物をいう。微生物とは（真正）細菌、古細菌、原生生物、真菌類など、顕微鏡的大きさ以下の生物を指す。

平泉
平泉 は「 仏国土（浄土）を表す建築・庭園及び考古学的遺跡群」の名で、2011 年（平成 23 年）6 月にユネスコの世界遺産リストに登録された。日本の世界遺産の中では 12 番目に登録された文化遺産。

肥料の 3 要素
窒素、リン酸、カリウムを、肥料の三要素という。特に植物が多量に必要とし、肥料として与えるべきものである。 窒素 は、主に植物を大きく生長させる作用がある。特に葉を大きくさせやすく、葉肥（はごえ）と言われる。リン酸 は、主に開花結実に関係し、花肥（はなごえ）または実肥（みごえ）と言われる。カリウム は、カリとも呼ばれ、主に根の発育と細胞内の浸透圧調整に関係する。根肥（ねごえ）といわれる。

ビルエネルギー管理システム
BEMS 参照。

ビルの省エネエキスパート
一般財団法人省エネルギーセンターにより 2015 年創設された省エネに関する資格検定制度に合格した人。

びわ湖会議
1977 年、琵琶湖に発生した淡水赤潮を契機として、女性団体・主婦を中心に、リンを含む洗濯用合成洗剤から石けんへの転換を訴え、「石けん運動」が展開された。1978 年「石けん会議」（びわ湖会議の前身）発足。石けん運動は湖の水質悪化抑制に直接効果があり、富栄養化防止のための滋賀県の条例（通称：琵琶湖条例）制定の原動力となった。2008 年 5 月、社会情勢の変化等を踏まえ、びわ湖会議は解散したが、びわ湖会議の精神と経験は県内外の様々な環境保全活動に引き継がれている。

貧困
当該国や地域で生活していくための必要最低限の収入が得られない者、と定義されることが多い。そのため、環境保護などは後回しにされ、現在の利益を得るために自然破壊が行われやすい。その意味で貧困の解消は、地球環境問題の解消に向けた大きな要素である。

品質機能展開＊
新製品の効率的な開発を意図して考え出された方法論。製品に対する市場要求の把握から始まり、これを原始データとして言語による解析を実施し、市場の世界と技術の世界とを結びつける役割を果たす。さらに企画品質を設定し，この企画が具現化できるかを設計段階で確認し，製造工程の管理項目を設定するまでの体系的な方法論をいう。

[ふ]
フィードインタリフ制度
Feed-in Tariff。固定価格買取制度。エネルギーの買取価格（タリフ）を法

律により定めるというもの。代表的なものとして、太陽光発電や風力発電などによるグリーン電力を電力会社が買い取る売電価格について法律により固定し、設備を設置する者を優遇することにより、その普及を助成する制度。

フィトンチッド
主に樹木が自分で作りだして発散する揮発性物質。その主な成分はテルペン類と呼ばれる有機化合物。これには、作りだした樹木自身を護るさまざまな働きがあり、他の植物への成長阻害作用、昆虫や動物に葉や幹を食べられないための摂食阻害作用、昆虫や微生物を忌避、誘引したり、病害菌に感染しないように殺虫、殺菌を行ったりとさまざまな作用がある。

フィフティフィフティプログラム＊
独で発祥した学校などで行われる省エネプログラム。学校が節約した光熱費などの半分をその学校が自由に活用できるとする制度。省エネのインセンティブを与え、学校での実践によって自治体の経費が削減し、地球温暖化防止に役立ち、省エネを児童とともに行うことで環境教育にもなるという点で一石三鳥と言われる制度である。

フィランソロピー（運動）＊
企業による社会貢献活動全般を指す。

風成循環（ふうせいじゅんかん）
海上を吹き渡る大気境界層の風との摩擦によって海洋表層部分が引きずられて動く海流をいう。

フードアクションニッポン
2008 年に始まった食料の自給率向上を目指した国民運動。5 つのアクション①旬のものを食べよう、②地元で取れる食材を活用しよう、③ご飯、野菜中心のバランスよい食事を取ろう、④食べ残しを減らそう、⑤自給率向上の取り組みを理解しさまざまな行事に参加しよう、などを行うとしている。

フードドライブ
家庭の余剰食品を学校や職場などに持ち寄り、それらをまとめて地域の福祉団体や施設、フードバンクなどに寄付する活動。

フードバンク＊
企業や個人から、まだ食べられるのに不要になった食品を無償で受け取り、それらを必要とする人達のもとへ無償で届ける活動を行う団体。1960 年代米国で始まった運動。日本では、元米海軍の軍人で、上智大学留学生のチャールズ・E・マクジルトンが 2002 年 3 月に日本初のフードバンク団体を設立した。

フードマイレージ＊＊＊
「食料の（ = food）輸送距離（ = mileage）」という意味。輸入相手国別の食料輸入量重量×輸出国までの輸送距離（たとえばトン・キロメートル）を表す。食品の生産地と消費地が近ければその数値は小さくなり、遠くから食料を運んでくると大きくなる。日本はフードマイレージによる CO_2 間の排出量は、群をぬいている。基本的には「食料品は地産地消が望ましい」という考え方に基づく。

フードロス
食品廃棄物（食品ロス）参照。

風評被害
事件・事故などの発生時に、正確な情報を伝えていない噂が広まることで、被害を蒙ったと考えられる場合に、その被害や一連の事象をいう。福島原発

事故にかかる放射線被害により福島県産農産物の販売に支障が出た事例などはその典型例である。

風力（発電）＊＊＊
風の力（風力）によって発電する方式である。通例、風車で発電機を回して発電する風力エネルギーは、再生可能エネルギーのひとつであり、地球環境の保全、エネルギーセキュリティの確保、経済成長の維持を同時に実現可能なエネルギー源として、世界各地で普及が進んでいる。

フェアトレード（マーク）＊
国際フェアトレード。環境ラベル・マークなどの紹介参照。

フェアトレード団体認証 WFTO マーク
環境ラベル・マークなどの紹介参照。

フェーン（現象）＊＊
湿った空気が山を越えて、乾いた暖かい風となって吹き降ろす現象。

富栄養化＊＊
湖沼などの閉鎖水域において、長年にわたり河川から流れ込む窒素化合物や燐酸塩類等の栄養塩類が供給されて、生物生産の高い富栄養湖に移り変わっていく自然現象をいう。人為的な場合は、生活排水の湖沼への流入によって起こる場合は、水中微生物の浄化能力を越える時が多々あり、栄養塩類やアオコなどの死骸が腐敗してヘドロとなって沈殿し湖沼の水質環境を著しく悪化させる。

フェロシルト＊
石原産業が 2001 年から生産・販売していた、土壌補強材、土壌埋戻材。二酸化チタンの製造工程から排出される副産物である廃硫酸を中和処理して生産されるもので、2003 年（平成 15 年）に三重県のリサイクル製品に認定された。しかし、フェロシルトの主成分は、酸化鉄と石こうで、微量の放射性物質が含まれている。フェロシルト野積み廃棄物が放射性廃棄物として捉えられ、その環境影響が問題とされていることから、現在は製造・販売ともに中止されている。

フォアキャスティング（アプローチ）＊
過去のデータや実績に基づいて、その上に少しずつ物事を積み上げていくやり方。また、その方法で将来を予測すること。反対語としてバックキャスティングがある。

フォレスター
森林総合監理士。森林・林業に関する専門的かつ高度な知識及び技術並びに現場経験を有し、長期的・広域的な視点に立って地域の森林づくりの全体像を示すとともに、市町村等への技術的支援を実施する業務を遂行できる有資格者。森林法施行規則（1951 年農林省令第 54 号）・第 89 条に規定する林業普及指導員資格試験に合格した者。

複合材料
2 つ以上の異なる素材を一体的に組み合わせた材料。単に複合材ともいう。単一素材からなる材料よりも優れた点をもち、各種の複合材料が製造・使用されている。一方、リサイクルしづらいことがある。

複合遺産＊
世界遺産の中の「文化遺産」「自然遺産」それぞれの登録基準のうち、少なくとも一項目ずつ以上が適用された物件をいう。

輻射熱＊
遠赤外線の熱線によって直接伝わる熱。高温の固体表面から低温の固体表面

に、その間の空気その他の気体の存在に関係なく、直接電磁波の形で伝わる伝わり方を輻射といい、その熱を輻射熱（放射熱）という。太陽や薪ストーブの熱の伝わり方がそれである。

複層ガラス＊
複数枚の板ガラスの間に空隙を作り、乾燥空気やアルゴンガスを封入したり、真空状態にして断熱性能を向上させたガラス。

不耕起栽培＊
水田や畑を耕さないまま農作物を栽培する農法。さまざまな作物、さまざまな作型で行なわれているが、耕起しないことにより①省力化が可能である（トラクタによる耕起、代掻きが不要）、②雑草の繁殖が抑えられる、などのメリットがあるが、嫌気性細菌による病気の発生などのデメリットもある。

富士山＊
静岡県と、山梨県に跨る活火山で、標高 3,776 m、日本最高峰 2013 年 6 月 22 日、関連する文化財群とともに「富士山–信仰の対象と芸術の源泉」の名で世界文化遺産に登録された。

腐食連鎖
食物連鎖の 1 つ。生物の排泄物・死骸などが分解者によって二酸化炭素、水、窒素などの無機物に分解され、その無機物がふたたび栄養分として植物に摂り込まれ、そこからまた生食連鎖へとつながっていく流れを「腐食連鎖」という。

賦存量
ある資源について、理論的に導き出された総量。資源を利用するにあたっての制約などは考慮に入れないため、一般にその資源の利用可能量を上回ることになる。例えば、水資源の賦存量は、（降水量−蒸発によって失われる量）×面積　で求められるが、現実には蒸発しなかった水の全量が利用できるわけではない。

ブタン
化学式 C_4H_{10}。炭化水素の一種。可燃性で天然には石油や天然ガスの中に存在する。

不都合な真実＊
元アメリカ副大統領アル・ゴアによる地球温暖化について描いた映画。2006年公開。この映画が契機となり、環境問題の啓発に貢献したとして、ゴアのノーベル平和賞授与が決定した。しかし、内容が事実誤認やデータ誇大化などにより「センセーショナリズムが勝る」等の批判もある。

物質提供のサービス＊
生態系が持つ人類に対するサービス機能のうち食糧や木材などの供給のサービス機能。

物質フロー
循環型社会構築の進捗度の判定のための基礎資料が、対象地域の一定期間の総ての物質の流れである。われわれがどれだけの資源を採取、消費、廃棄しているかという全ての物質の「ものの流れ」をいう。

物質フロー指標
循環型社会づくりの進展度合いを把握するため、物資フローについて、ものの流れの 3 つの断面である「入口」、「循環」、「出口」を代表する指標として定めた指標。特に、「資源生産性」、「循環利用率」、「最終処分量」の 3 つを物質フロー指標の中でも"目標を設定する指標"と位置づけている。

ふ

フッ素

原子番号 9 の元素。元素記号は F。最も軽いハロゲン元素。反応性が高いため、天然では単体で存在しない。毒性が極めて強く殺鼠剤などに使用されている。

フッ素化合物

フッ素と他の元素、分子との化合物。近年 PFCs（パーフルオロ化合物）は世界中で人間や動物の血液を汚染する非常に有毒で極端に残留性の高い化学物質とされた。

物理化学的方法

水質汚濁防止技術の一つ。沈降、濾過など汚濁物質の形状、重さ、大きさなどの物理的性質を利用した方法、凝集、中和、イオン交換など化学的性質を利用した方法がある。

不適切な商業的伐採＊

森林破壊の原因のひとつ。木材の販売目的で、森林の持つ再生能力を越えて伐採すること。

不法投棄＊

廃棄物処理法などの法規・条例などに違反して、これらに定めた処分場以外に廃棄物を投棄することをいう。

浮遊ばいじん

浮遊粒子状物質参照。

浮遊粒子状物質(SPM)＊＊

Suspended Particulate Matter。大気汚染物質の一つ。粒子の直径が 10 ミクロン以下のものをいう。きわめて微小軽量のため大気中に浮遊しやすく、人間が吸いこむと肺や気管支などの呼吸器に影響を与える。工場のばい煙、自動車排気ガスなどの人の活動に伴うもののほか山林火災などでも発生する。

冬日

一日の最低気温が 0℃未満の日をいう。

ブラウンフィールド問題

Brownfield。"茶色い大地"すなわち植物が生育していない土がむき出しの土地。産業活動等に起因した土壌汚染により遊休化した土地を指す。

プラグインハイブリッド車＊

動力エネルギーである電気を直接コンセントから充電できるタイプのハイブリッドカー。非プラグインハイブリッドカーに比べ電池を多く搭載しているため、電気のみでより長距離を走行できる。ガソリンエンジン車の長距離航続性能を残しながら電気自動車により近いタイプのハイブリッドカーである。

プラスチック資源循環戦略

2019 年 5 月に、資源・廃棄物制約、海洋プラスチックごみ問題などに対応するため、3R+Renewable（再生可能資源への代替）を基本原則とした戦略。

プラズマライト

電磁誘導の原理と放電による発光原理を利用することで、発光管内に電極を持たない電球。

ブラックバス

スズキ目・サンフィッシュ科オオクチバス属の淡水魚。世界の侵略的外来種ワースト 100 と日本の侵略的外来種ワースト 100 の両方に選定されている。

原産地は北米。五大湖周辺からミシシッピ川流域、メキシコ国境付近までの中部及び東部、フロリダ半島などに広く分布。汽水域でも生息可能。

フラボノイド
植物の皮や種子に含まれている色素。血液を固まりにくくする働きをもっていて、果物、野菜、豆類など、その他緑茶や紅茶にも多く含まれている。

プランクトン＊＊
水中や水面を漂って生活する生物の総称。微小なものが多く、生態系ピラミッドの下層を構成する重要なものである。

フランチャイズ・チェーン
小売業の一形態。企業が加盟店に対し商号や商品の販売を許諾し、一定地域の独占販売権を与えるもの。省エネ徹底のため 2005 年の省エネ法改正により従来事業所単位であったエネルギー管理が、企業単位となり、これらの小規模店舗も、企業単位の省エネ管理が義務付けられることとなった。

フリーマーケット
古着が主な商品として扱われていた「蚤の市」に由来する市場（マーケット）で、最近の若者・ファミリー向けの大規模イベントとして開催される古着・ガラクタ市をフリーマーケットというケースが多い。

プリューム
Plume。煙・雲の柱 。空気の塊。地球のマントル深部から生じると考えられているマグマ上昇流。

ブルーエンジェル
ドイツの環境配慮型製品に貼付されるいわゆるエコマーク。環境ラベル・マークなどの紹介参照。

ブルーギル
サンフィッシュ科に属する淡水魚の一種。北アメリカ原産。ブラックバスなどと同様日本でも分布を広げた特定外来生物である。

ブルーツーリズム＊
島や沿海部の漁村に滞在し、魅力的で充実した臨海生活・活動の体験を通じて、心と体をリフレッシュさせる余暇活動の総称。国土交通省と水産庁の共同主催事業。

ブルーフラッグ認証
ビーチ、マリーナの国際環境認証。水質、環境マネジメント、環境教育、安全とサービスについての基準を達成することによって与えられる。

ふるさと自然再生事業
都市近郊や中山間地域になどに残された身近で豊かな自然環境の地域（国立・国定公園に指定されていない地域）を対象に、その自然環境を保全するとともに、自然とのふれあい活動を推進するための施設を整備する多様な事業の総称。1988 年から始められ、自然環境の状況やふれあい活動のタイプに応じ、「ふるさといきものふれあいの里」など多様な事業メニューを含んでいる。所轄庁は原則として都道府県・政令都市。

ふるさと認証食品マーク(Eマーク)
環境ラベル・マークなどの紹介参照。

ブルントラント委員会
「環境と開発に関する世界委員会」参照。

プレッジ・アンド・レビュー
事業者が、環境配慮などの取り組みに関する目標を誓約し公表すること。その結果として、事業者が活動を推進する機能が働くこととなる。

フローレンス＊
ソーシャルビジネスを行う NPO の一つ。育児と仕事が両立できる社会をめざし 2004 年に日本で設立された法人。

プロシューマー＊＊
Prosumer。アルビン・トフラーが著書「第三の波」で予言した概念で、消費者（Consumer）と生産者（Producer）を組み合わせた造語であり、消費者が生産に加わることをいう。

プロセス・アプローチ
ISO9001 品質マネジメントシステム運用上の 7 つの基本原則の 1 つ。ISO9001 のパフォーマンス・有効性向上のためには、システムを構成する各プロセスの整備・改善・改良を進めることが最重要とする考え方。

フロン（ガス・類）＊＊
炭素と水素の他、フッ素・塩素・臭素などのハロゲンを多く含む化合物の総称。一般にフロン類といわれる。冷媒や溶剤として 20 世紀中盤に大量に使用されたが、オゾン層破壊の原因物質ならびに温室効果ガスであることが明らかとなり、今日では様々な条約・法律によって使用には大幅な制限がかけられている。

フロン回収破壊法＊
フロン排出抑制法参照。

フロン排出抑制法
2015 年 4 月フロン回収・破壊法が改正され、「フロン類の使用の合理化及び管理の適正化に関する法律」（略称「フロン排出抑制法」）が施行された。オゾン層の破壊など地球環境に重大な影響を及ぼすフロン類の大気への放出を防ぐため、フロンのライフサイクルに携わるすべての業者に遵守すべきことを定めた法律。

文化遺産＊
世界遺産の区分の一つ。将来の世代へと伝承していくべき世界的価値のある文化的な諸創造物。

文化財保護法
文化財の保存・活用と、国民の文化意識向上を目的として 1949 年制定。

文化的サービス＊
生態系がもつサービス機能のうち、レクリエーションなど精神的・文化的利益をもたらす機能をいう。

分解者＊
環境用語としては、陸上生態系において一般に細菌・菌類などを含む土壌生物群集を指す。生物遺体や老廃物を栄養源とする生物。細菌、菌類、また、動物を含む。生態系の物質循環において、生産者の生産した有機物を分解して無機物にすることで、二酸化炭素を大気に還元する、有機体の養分物質を植物の無機養分に変換するなどの役割をになう。

分散型エネルギーシステム＊
比較的小規模な発電装置を消費地近くに分散配置して電力の供給を行なう機械・設備や、その方式のこと。発電エネルギーは、風力、燃料電池、太陽光などから求められる。

粉じん＊
大気汚染防止法では、「物の破砕、選別その他の機械的処理又は堆積に伴い発生し、又は飛散する物質」のこととし、ばい煙や自動車排出ガスと共に規

制している。同法では、人の健康に被害を生じるおそれのある物質を「特定粉じん」、その他を「一般粉じん」と定めている。

紛争鉱物
コンゴ民主共和国とその周辺国から産出される金、タンタル、スズ、タングステンのうち、当地における武装勢力や反政府組織の資金源になっているものを指す。

分流式下水道
汚水と雨水を別々の管渠で処理する下水道の方式。

[へ]

ふ

へ

ベークアウト
密閉室内において室温を上昇させ、VOCを一気に放散させると同時に換気によりそれらを排出し、室内のVOC濃度を下げるという一連の作業をいう。

ベースラインアンドクレジット＊
温室効果ガス排出量取引の方式の一つ。温室効果ガスの削減を何も行わない場合、又は削減活動実施前の排出量(ベースライン)を基準として、活動により削減した分をクレジットとして発行し、売買する方式。

ヘーベイ・スピリット号事件
2007年12月に韓国で起きた石油流出事故。流出した石油の量は10,800トンで、米国アラスカ州で発生したエクソン・バルディーズ号の事故の3分の1の規模となった。事故後の韓国の対応が国際問題となった。

平均気温
一日の場合は1時〜24時の毎正時24回の気温の平均、一か月（一年）の場合は毎日（毎月）の平均気温の平均のことを指す。

閉鎖性水域＊
地理的要因で、水の流出入の機会が乏しい環境におかれている海、湖沼を指す。自浄作用が緩慢なため、人間活動による環境破壊の影響を受けやすい。

平成23年3月11日に発生した東北地方太平洋沖地震に伴う原子力発電所の事故により放出された放射性物質による環境の汚染への対処に関する特別措置法
「放射性物質汚染対処特措法」参照。

ベオグラード憲章＊
1975年10月、ユーゴスラビアの首都ベオグラードで、環境教育の専門家を集めた「国際環境教育ワークショップ」（通称：ベオグラード会議）が開催され、会議の成果として発表されたもの。環境問題解決のためには、環境教育が重要であるとして環境教育プログラムの指針となる原則の6構成よりなり、環境教育のフレームワークとなっている。

壁面緑化＊
ヒートアイランド現象などを緩和するために、建築物の壁面をつる性植物などで覆うことをいう。

ベクレル＊
becquerel。Bq。放射能の量を表す単位で、SI組立単位の1つ。1秒間に放射性核種が1個崩壊すると1Bq。

ベストプラクティス
ある結果を得るのに最も効率のよい技法、手法、プロセス、活動などのこと。

ベストミックス＊
①電力・エネルギーの分野では、火力、水力、原子力など各電源を最適なバランスで組み合わせていくという意味で使用されている。②化学物質・VOC

187

などの排出規制については、法規制プラス自主規制により、より効率的に規制値などをクリアーしていこうという手法をいう。

別子銅山煙害事件＊
1893年（明治26年）ごろ発生。愛媛県新居浜市にある別子銅山で起きた亜硫酸ガスによる公害事件。新設された洋式銅製錬所が出す亜硫酸ガスは近隣に大規模な水稲被害を発生させ、農民と精錬所との間で紛争が勃発。明治42年頃から煙害を避けるための対策を講じ、1939（昭和14）年になりようやく解決した。

ペットボトル＊
合成樹脂（プラスチック）の一種であるポリエチレンテレフタレート(PET)を材料として作られている容器。飲料用容器として一般に普及している。環境問題としての側面からは、リサイクルの対象物として捕らえられる場合が多い。ケミカルリサイクル、マテリアルリサイクル、サーマルリサイクルなどとして活用されている。

ペットボトルリサイクル推奨マーク
PETボトルリサイクル推進協議会が商標登録したマーク。環境ラベル・マークなどの紹介参照。

ヘドロ＊
河川や沼、池や湖、海などの底に沈殿した腐敗した有機物などを多く含む泥。

ヘルシンキ議定書＊＊
長距離越境大気汚染条約(1979)に基づく、硫黄酸化物（SOₓ）排出削減に関する議定書。1985年に採択され、1987年に発効した。同議定書は、1994年に国別の削減目標量を規定したオスロ議定書の採択（1998年発効）により、置き換えられている。

ヘルシンキ条約（バルト海海洋環境保護のための1974年条約）
閉鎖海域であるバルト海を対象とした、海洋汚染防止を目的とした地域条約の1つ。1974年に沿岸7カ国が署名締結。1992年には、新ヘルシンキ条約がバルト海沿岸諸国及びECによって署名され2000年1月発効した。バルト海環境保護条約参照。

ペレット＊
微粉状の鉱石を固めた小粒・成形加工原料としてのプラスチックの小球・小銃弾など。

偏西風＊
中緯度においてほとんど常時吹いている西寄りの風。高度とともに強くなり対流圏界面付近で風速が最大となり、ジェット気流とよばれる。

ベンゼン
最も単純な構造の芳香族炭化水素。分子式はC_6H_6。融点5.49℃、沸点80.1℃、無色の液体。溶剤、自動車の燃料のほか、有機化学工業において幅広く利用される。WHOから発癌性がある(Type1)と勧告されており、日本でも大気汚染に係る環境基準が定められている。

ベンチマーク制度
事業の省エネ状況を業種共通の指標を用いて評価し各事業者が目標（目指すべき水準）の達成を目指し、省エネ取り組みを進めるもの。意義としては、従来目標（1％以上低減）だけでは、省エネ取り組みを適正に評価されなかった事業者がベンチマーク指標を用いることで、適正な省エネ評価を受ける事が出来る。資源エネルギー庁主唱。

片利共生

共生の一形態で、一方が共生によって利益を得るが、もう一方には共生によって利害が発生しない関係。サメとコバンザメの関係がその例であるといわれている。

[ほ]
保安林

災害の防止，産業の保護など公共の目的を達成するために，森林法に基づいてその利用・伐採などに特別の制限を課せられた森林。

貿易

主に国家間で行なわれる商品の売買をいう。地球環境問題から貿易を考察すると、経済の拡大により船舶、鉄道、航空機などの輸送手段から発生する CO_2 の増加や、海洋汚染が広がるなどのほか、途上国の森林破壊が進むなど、調整を必要とする事案が多い。

包括的富指標

Inclusive Wealth Index：IWI。 SDGsの目標の達成度を図るための指標の一つ。国民の豊かさを表す概念としては、GDPなどがあるが、それに対して、インプットに基づくストック面からとらえるものとして考えられたのが当概念（インクルーシブ・ウエルス）である。これには、従来重視されてきた人工資本だけではなく、人的資本、自然資本など人間福祉に貢献する資本が広く含まれており、国連大学と国連環境計画を中心に、この包括的富の世界の動向を計測するプロジェクトが進められている。

蜂群崩壊症候群

Colony Collapse Disorder。CCD。ミツバチが大量に失踪する現象。欧州、米、日本、印、ブラジルなどで観察されている。原因は不明だが、疫病・ウイルス説、栄養失調説、ネオニコチノイドやイミダクロプリドなどの農薬・殺虫剤説、電磁波説、害虫予防のための遺伝子組み換え作物説、「ミツバチへの過労働・環境の変化によるストレス説」などが唱えられている。

放射強制力

気候学用語。起こり得る気候変化のメカニズムの重要性を表す簡単な尺度。地球に出入りするエネルギーが地球の気候に対して持つ放射の大きさのこと。正の放射強制力は温暖化、負の放射強制力は寒冷化を起こす。

放射性セシウム

セシウム(Cs)は軟らかく黄色がかった銀色をしたアルカリ金属。融点は28°Cで、常温付近で液体状態をとる。ウランの代表的な核分裂生成物として、ストロンチウム90と共にセシウム135、セシウム137が生成される。セシウム137は比較的多量に発生しベータ線を出し半減期も約30年と長い。東京電力福島第一原発事故で広範囲に拡散。稲わらやそれを食べた肉牛、汚泥などから高濃度の放射性セシウムが検出された。

放射性廃棄物

放射性物質を含む廃棄物の総称。これらは主に、原子力発電所および核燃料製造施設、核兵器関連施設などの、核関連施設または放射性同位体（RI）を使用する実験施設や病院の検査部門から出るガンマ線源の廃棄等で排出される。

放射性物質

放射能を持つ物質の総称。主に、ウラン、プルトニウムなどのような核燃料

物質、放射性元素もしくは放射性同位体、中性子を吸収又は核反応を起こして生成された放射化物質を指す。

放射性物質汚染対処特措法 *

2011 年 3 月に発生した東日本大震災による東京電力の福島第一原子力発電所事故による放射性物質で汚染されたがれきや土壌などの処理のための法律。正式名称は「平成二十三年三月十一日に発生した東北地方太平洋沖地震に伴う原子力発電所の事故により放出された放射性物質による環境の汚染への対処に関する特別措置法」。2011 年 8 月 30 日に公布され、一部を除き同日施行された。

放射性物質を含んだ空気塊（放射性プルーム）

核施設等から放出された微細な放射性物質が、大気に乗って煙のように流れていく現象。

放射線(能) *

高いエネルギーを持った電磁波や粒子線（ビーム）のこと。強い電離作用や蛍光作用を有する。一定以上の放射線は人体に有害で、厳重な防護策が採られねばならない。放射線を出す能力を「放射能」という。

放射線障害防止法

放射性同位元素や放射線発生装置の使用及び放射性同位元素によって汚染されたものの廃棄などを規制することによって、放射線障害を防止することなどを目的に制定された法律。1957 年施行。正式名称は「放射性同位元素等による放射線障害の防止に関する法律」から 2017 年 4 月「放射性同位元素等の規制に関する法律」に改正された。なお、放射性物質の規制は、ほかに、原子炉等規制法、医療法、薬事法、獣医療法等においても行われている。

放射冷却 *

夜間、地面から熱が奪われて地面の近くの温度が下がること。この現象は、晴れた日の夜の方が曇りの日よりもより顕著である。

包摂性

SDG s の特色の一つ。基本理念の「だれ一人取り残さない」示される社会的な概念で 17 のすべての目標に含まれているもの。

包装紙

商品などを輸送の際に保護するために包む紙。贈答品などを包む場合は、見栄えが重視され華美、贅沢になっていった。廃棄物となったときのムダが問題となって、「容器包装リサイクル法」の成立につながった。

法令

法律と命令（行政機関が制定する法規範）を合わせて呼ぶ法用語。

法令遵守

コンプライアンス参照。

補完性原則

「個人ができないことを家族が助け、家族でもできないことを地域が助け、地域でもできないことを市町村が助ける。」というように、決定や自治などを出来るかぎり小さい単位でおこない、出来ないことのみをより大きな単位の団体で補完していくという概念。日本では地方分権の議論の中で注目されている。

北西太平洋地域海行動計画(NOWPAP)

North-west Pacific Action Plan 。1994 年 9 月に国連環境計画の地域海行動計画の一つとして採択。閉鎖水域である北西太平洋の海洋汚染の管理と海洋・沿岸域の資源の管理を目的としている。日、露、中、韓が関係国。

保護林

原生的な森林生態系からなる自然環境の維持など、施業および管理技術の発展などを図るため、区域を定め伐採などの管理経営を行うことで保護を図っている国有林。

星空保護区

国際ダークスカイ協会が 2001 年に始めた「ダークスカイプレイス・プログラム」（日本名：星空保護区認定制度）によって、光害のない、暗く美しい夜空を保護・保存するための優れた取り組みを称える制度によって認定された星空をいう。 認定には、屋外照明に関する厳格な基準や、地域における光害に関する教育啓発活動などが求められる。2018 年 12 月現在、世界で 95 か所、日本では西表島が最初に認定されている。

ポジティブスクリーン＊

エコファンドの投資対象企業の選定として、環境や社会面で積極的な取り組みをしている企業を対象として評価するスクリーニングのこと。これは財務面ならびに環境面の 2 種類のスクリーニングが行われる。逆にタバコ、アルコールなど特定業種を排除するスクリーニングをネガティブスクリーンという。

補助金＊

環境汚染を防止する活動や環境保全のための実証事業展開に対する国からの助成金のこと。新技術の開発については、全額委託金の形での助成金である。国の補助金等の手続きについては補助金等に係る予算の執行の適正化に関する法律（昭和 30 年）によって処理が行われている。地方公共団体については、地方自治法（昭和 22 年）第 232 条の 2 において「普通地方公共団体は、その公益上必要がある場合においては、寄附又は補助をすることができる。」としている。

保水機能＊

森林土壌は、降雨を一時貯留し、徐々に移動流出させることで水源涵養機能を有する。その機能をいう。

保水性舗装＊

アスファルト混合物の空隙に、吸水・保水性能を持つ保水材を充填する。舗装体内に保水された水分が蒸発し、水の気化熱により路面温度の上昇を抑制する性能をもつ舗装。 一般の舗装よりも舗装体内の蓄熱量を低減するため、ヒートアイランド現象対策が期待されている。

ポスト京都議定書

京都議定書の 2013 年以降の取り決めをいう場合に一般的に表現される言葉。COP18（2012 年 12 月・カタール；ドーハ開催）において、2013 年以降 8 年間第 2 約束期間として京都議定書は継続されることとなった。第 2 約束期間に参加して温室効果ガスの削減義務を負うのは欧州連合 (EU) やノルウェー、スイスなど一部の先進国のみ。日本やロシア、ニュージーランドは不参加。2020 年以降の枠組みは、2015 年 12 月 COP21（パリ）で参加国の大半が参加する形で決定した。

北極

惑星・天体の地軸と地表が交わる点のうち、北側のものである北極点の周辺地域、または北極点そのものを指す。

北極振動

北極と北半球中緯度地域の気圧が相反する傾向で変動する現象。北極の気圧が平年よりも高く、中緯度地域の気圧が平年より低い場合（負の北極振動）、

ほ

191

北極から中緯度地域に強い寒気が南下しやすくなる。一方、その逆の場合（正の北極振動）、中緯度地域に流れ込む寒気は弱まる。

哺乳類
脊椎動物亜門に分類される動物。基本的に有性生殖を行い、現存する多くの種が胎生で、乳で子を育てるのが特徴である。

ホモ・サピエンス
ヒトの学名。ヒト自身もアフリカ類人猿の一種であり。分類学的にはサル目ヒト科ヒト属に属する。40万年から25万年前にアウストラロピテクス属から分化したと考えられている。

ボランティア活動
個人の自発的な意志から始まる社会的課題を解決する活動。その多くは無償の奉仕を前提としている。

ポリ塩化ジベンゾフラン
Poly Chlorinated Dibenzo Furan 。PCDF参照。

ポリ塩化ビフェニル
PCB参照。

ポリ塩化ビフェニル廃棄物の適正な処理の推進に関する特別措置法
PCB特別措置法参照。

ポリ臭化ジフェニルエーテル＊
PBDE。同じ臭素系難燃剤(BFR)であるポリ臭化ビフェニル (PBB) よりも毒性が低く電気製品や建材、繊維などに難燃剤として添加された。EUのRoHS規制の対象物質の一つ。

ポリ臭化ビフェニル＊
PBB。ビフェニルに臭素原子が置換した化合物の総称。ポリブロモビフェニル (polybrominated biphenyl) とも呼ばれる。PBBは、毒性高くPCBの塩素が臭素に置き換わった類似の構造を持つため、脂溶性が高く生物蓄積性を有し、生物濃縮される。そのため様々な野生生物やヒトの試料からPBBが検出されてきた。EUのRoHS規制の対象物質の一つ。

ポリ乳酸＊
乳酸がエステル結合によって重合し、長くつながった高分子である。ポリエステル類に分類される。現在、農産物由来の持続可能な素材として注目を集めている。

ポリネーター
Pollinator。花粉媒介者。植物の花粉を運んで受粉させ（送粉）、花粉の雄性配偶子と花の胚珠を受精させる動物のこと。送粉者によって媒介される受粉様式を動物媒と呼ぶ。ハチ類、チョウ類など。

ホルムアルデヒド＊＊＊
合板などの接着剤、防腐剤などに使用される化学物質。毒性が強い。分子式は CH_2O。37%以上の水溶液はホルマリンと呼ばれる。合成樹脂の原料としても用いられる。安価なため建材に広く用いられてシックハウス症候群の原因物質の一つとなった。

ボン条約
Convention on the Conservation of Migratory Species of Wild Animals : CMS。移動性野生動物種の保全に関する条約。渡り鳥やクジラ、ウミガメなど長距離の移動を行う、「移動性動物種」の保護を目的とする国際条約。1979年に採択、1983年に発効。採択地の名を取って「ボン条約」と呼ばれる。締約国は、移動性動物種の保護と、生息地の保護及び回復、障害の軽減などに

取り組む。2016 年 8 月現在の加盟国数は 124。日本は捕鯨、ウミガメなどの問題もあり 2020 年 1 月現在批准していない。

[ま]

マイクロ水力発電
100kW 以下の小規模で建設費・運用費の安い水力発電であり、中小河川や用水路などの小さな高低差を利用した水力発電。ダムや大規模な水源を必要としないので環境負荷が小さく、小さな水源で比較的簡単な工事で発電が出来るメリットがある。

マイクロプラスチック
大きさが 5mm 以下の微細プラスチックをいう。海洋を漂流・漂着するごみの約 70％を占める廃プラスチックは、漂着した海岸での紫外線などによる劣化で次第に微細片化したのち、再び海洋を漂流し、それが誤食によって海洋生物に取り込まれてしまうなど、海洋生態系への悪影響が危惧されている。近年南極海でも発見された。

マイ箸
外食先で使い捨ての割り箸を使わずに、自分専用の箸（はし）を携帯して食事する箸のことを"マイ箸"という。「マイ箸運動」は自分用の持ち歩き用のお箸を持とう！という運動で、「お箸の先に見える『食』そのものを大切に考えたい」という理念にも基づく運動である。

マイバッグ＊
スーパーなどで購入した商品を、店が渡すレジ袋などに入れずに、消費者が持参した袋やバッグを使用しようという運動である。無駄なごみを発生させないための、一人一人が実行できる、もっとも身近な環境保護運動の一つであると捕らえられている。「エコバッグ」とも呼ばれる。

マイボトル
PET ボトルの回収は進んでいるとはいえ、回収リサイクルには多くのエネルギーを使用している。リサイクルよりも環境負荷を低くできるとされる繰り返し使える「マイボトル」が環境負荷低減の一環として推奨されている。

マクロビオテック＊
マクロ＋ビオテックの合成語。語源は古代ギリシャ語「マクロビオス」。「健康による長寿」「偉大な生命」などといった意味。18 世紀に独のクリストフ・ヴィルヘルム・フーフェラントが長寿法という意味合いで使いはじめた。

マグマ＊
岩石成分と、揮発性成分(主に水)で構成される地下にある流動性を有する高温のケイ酸塩混合物。

マグマオーシャン
地球や月の形成時期に表面をおおっていたとされるマグマの海。

まちづくり
ある地域（まち）が抱えている課題に対して、ハード・ソフト両面から課題の解決を図ろうとするプロセスのことで、さらに住みやすいまちとする活動全般をさす。まちづくりは住民が主体となって、あるいは行政と住民とによる協働によるもの、と捉えられることが多い。

マスツーリズム＊
一部の人に限られていた観光旅行が、大衆（マス）の間に広く行われるようになった現象、及び大衆化された観光行動。わが国では 1970 年の大阪万博を境に一気にマスツーリズム化が進んだ。

マテリアリティ

materiality。CSR の立場から企業評価のポイントとなる重要項目。企業側から見た場合「財務に影響する重要な要因」をいう。近年ステークホルダーから見た社会・環境に関する項目も無視できない項目となっている。

マテリアルフットプリント

ある国の消費を満たすために必要とされる物質採取の量。

マテリアルフローコスト会計(分析)＊

Material Flow Cost Accounting。MFCA。環境と経営の両立を目指す会計制度。製造工程における資源やエネルギーの無駄に着目し、その無駄に投入した材料費、加工費、設備償却費などを「負の製品のコスト」として、総合的にコスト評価を行なう原価計算、分析の手法。 MFCA を使って分析、検討される課題は、コスト面から省資源や省エネにつなげることもできる。

マテリアルリサイクル＊＊

循環型社会を構築する３Ｒの一つで、原料としての再利用をいう。

真夏日＊

一日の最高気温が 30℃以上の日のことをいう。

マニフェスト(制度)＊

「産業廃棄物処理票」参照。

マネジメントシステム

Management system。組織や企業が目的を定め、その目的を効率よく継続的に達成するための仕組み。基本構造は、計画を立て(Plan)、実行し (Do)、結果を評価し(Check)、見直し (Action) を繰り返すことにある。代表的なシステムとして、ISO9001 品質マネジメントシステム、ISO14001 環境マネジメントシステム、ISO31000 リスクマネジメントシステムなどがある。

マネジメント・レビュー＊

マネジメントシステムを運用した結果、組織の目的・実情に合い、計画（意図）したとおりの結果が得られるように機能しているか（環境方針・目標の達成度など）を確認し、必要に応じて改善していく活動。ISO などにおいて継続的改善を実施していくための最重要項目。しかしながらこのマネジメント・レビューをうまくできていない組織が多い。

真冬日

一日の最高気温が 0℃未満の日のことをいう。

マリンエコラベルジャパン

Marine Eco-Label Japan。水産資源と海にやさしい漁業を応援する制度として 2007 年 12 月に発足。 資源と生態系の保護に積極的に取組んでいる漁業を認証し、その製品に水産エコラベルをつけるものである。 このラベルがつけてある水産物を消費者に選んでもらうことで、もっとしっかりと的確に漁業を管理していこうとする漁業者を増やすことが狙いである。制度の運営は、当面、大日本水産会内に設置する「MEL ジャパン」が行う。環境ラベル・マークなどの紹介参照。

マリンスノー

北海道大学で運航していた潜水調査船「くろしお号」が発見した深海特有の現象。雪の研究で著名な中谷教授が、サーチライトに照らされて海中を群舞する雪片状のものを見て"海の雪"マリンスノーと名づけたという話に基づいている。この雪片状のものは大型凝集懸濁物ともよばれ，深海にも存在することが知られている。しかし、その実体についてはよくわかっていない。一説にはプランクトンなどの遺骸といわれている。

ま

マルチステークホルダープロセス
複雑化した地域課題に取り組む場合、扱うテーマやセクターの違う主体（市民、行政、NOP、企業）が共同で取り組むこと。

マングローブ林＊＊
熱帯・亜熱帯地域の河口汽水域の塩性湿地に成立する常緑の高木や低木の森林の総称。東南アジア、太平洋諸島、アフリカなどに広く分布。汽水域に生息するため、満潮時には幹の部分まで海水に浸る場合がある。さまざまな生物が生息し豊かな生態系を形成しているが、近年、世界各地でマングローブの破壊が問題になっている。東南アジアでは、薪炭材とするための伐採と、海岸沿いの湿地をエビなどの養殖場とするための開発が要因となっている。

マントル
地球の内部構造で、体積の 83％を占め、固体よりなる。地球型の惑星などでは、金属の核（コア）の外側にある層で、岩石からなり、さらに外側には、岩石からなるがわずかに組成や物性が違う、ごく薄い地殻がある。地球の場合地殻から約 2,900km までの層をいう。

[み]

水サミット
アジア太平洋水サミット。アジア・太平洋水フォーラム（Asia-Pacific Water Forum）（事務局：日本水フォーラム）が主催し、アジア・太平洋地域各国の政府首脳や国際機関の代表等のハイレベルの参加者が、アジア・太平洋地域の水に関する諸問題について、幅広い視点から議論を行う国際会議。第 1 回は 2007 年 12 月大分県別府市、第 2 回は 2013 年タイ・チェンマイで開催。

水資源賦存量
降水量から蒸発散によって失われる水の量を差し引いたもので、人間が最大限利用可能な水資源の量。

水循環＊
水が固体・液体・気体と状態を変化させながら、蒸発・降水・地表流・土壌への浸透などを経て絶えず循環していること。地球では、太陽エネルギーを主因として引き起こされる。

水循環基本法
健全な水循環の維持と回復を図るための基本法。水循環施策の基本理念や、国、地方自治体、事業者及び国民の責務を定めた。2014 年 7 月施行。水を「国民共有の貴重な財産」と位置づけ、政府による水循環基本計画の策定、国などによる流域管理、水循環政策本部の設置、水循環政策担当大臣の任命などを定める。法の狙いの一つに、外国資本による国内の水源地の買い占めなどを防ぐこともある。

水ストレス
水需給に対する逼迫の程度。指標として「人口一人当たりの最大利用可能水資源量」と「年利用量/河川水等の潜在的年利用可能量」が用いられる。前者の場合、農業、工業、エネルギーおよび環境に要する水資源量は、年間一人当たり 1,700 ㎥とされ、利用可能な水の量がこれを下回る場合は「水ストレスの下にある状態」、1000 ㎥を下回る場合は「水不足の状態」、500 ㎥を下回る場合は「絶対的水不足」の状況を表すと考えられている。

水と衛生に関する拡大パートナーシップ・イニシアティブ
Water and Sanitation Broad Partnership Initiative。WASABI 。2006 年の

第4回世界水フォーラム（メキシコ）において発表された、日本の知見や経験を生かした水と衛生に関する一層効果的な途上国支援の日本の取り組み。

水なし印刷バタフライロゴ

水なし印刷は、従来のオフセット印刷で使用する有害な薬品を使用しない印刷方式で、水も空気も汚さない、環境に優しい印刷。オフセット印刷の「版」は、平らな版なので、画線部と非画線部を分けるために印刷時に「湿し水」を必要とします。この「湿し水」に、有害な薬品が入っているため、「湿し水」を使わない「水なし印刷」が環境対応印刷として注目を集めている。環境ラベル・マークなどの紹介参照。

水ビジネス

近年きれいな水など水に対するニーズが高まり、ミネラルウォーターなど水が商品化してきた。また浄水器メーカーや上水道の維持管理技術なども世界的に需要が高まり、注目される水ビジネスといえる。

未然防止原則＊

環境への悪影響は、発生してから対応するのではなく、未然に防止すべきであるという原則をいう。人的被害への補償、破壊された自然環境の回復などに膨大な時間がかかることを考えれば当然の原則である。

未然防止対策

環境への悪影響は発生前にあらかじめ対策するべきという原則。

ミッドナイトウォーク＊

夜間から明け方にかけてさまざまなところをウオーキングする活動。昼間とは違った発見をすることがあり、教育現場でも採用されている。

ミティゲーション

Mitigation。　人間の活動によって発生する大規模な環境への影響を緩和または補償する保全行為。1970年頃米国で国家環境政策法を導入して世界に広がった。①回避、②最小化、③修正・修復、④軽減・除去、⑤代償の5原則がある。日本では本来的意味合いから離れ、代償ミティゲーションのみがミティゲーションであると捉えられることも少なくない。

みどり（緑）のカーテン＊

植物を建築物の外側に生育させることにより、建築物の温度上昇抑制を図る省エネルギー手法。

緑の回廊＊

自然生態系の保護に関する生態学の用語。野生生物の生息地間を結ぶ、野生生物の移動に配慮した連続性のあるネットワークされた森林や緑地などの空間をいい、生態系ネットワーク、あるいは単にコリドーなどともいわれる。狭義には、林野庁が国有林において生物多様性保全策の1つとして進めている、今までに指定した様々な保護林と、その間をつなぐ森林をあらたに保全林とし、「保護林ネットワーク」をつくる事業を指す。

緑の革命

Green Revolution。1940年代から1960年代にかけて、高収量品種の導入や化学肥料の大量投入などにより穀物の生産性が向上し、穀物の大量増産を達成したことをいう。農業革命の1つとされる。

緑の気候基金（GCF）

Green Climate Fund。開発途上国の温室効果ガス削減（緩和）と気候変動の影響への対処（適応）を支援する基金。2010年に開催された気候変動枠組条約第16回締約国会議（COP16）にて設立が決定され、2015年5月、支援が開始。日本の拠出は米国に次いで全体の15%。これまでに、43か国が拠出を

表明し、初期拠出表明総額は約 103 億ドルに達し 2020 年からの第一次増資では 28 か国総額約 97.8 億の拠出を表明している。

緑の国勢調査
自然環境保全法第 5 条に基づき環境省が 1973 年から実施している自然環境保全基礎調査の通称。グリーン・センサス。1973 年の第 1 回調査以来、5 年を一区切りに行われている。

緑の雇用
林野庁の林業分野における雇用創出と森林保全を図る事業。森林の仕事に就くことを希望する者に対し、林業で必要な技術を習得するため、審査の結果認められた森林組合などの林業事業体に採用された人に対し、同事業体などを通じて講習や研修を行うことでキャリアアップを支援するという制度。

緑の循環認証会議（SGEC）
Sustainable Green Ecosystem Council 。2003 年 6 月、日本の森林認証制度として設立された。同会議は、持続可能な森林経営とそこから産出される林産資源の循環利用を促進する制度として展開し、我が国の森林管理水準の向上と、地球温暖化防止や都市を含む地域社会の生活に貢献する制度として、広く普及していくことを目的として設立された。環境ラベル・マークなどの紹介参照。

緑のダム＊
雨水をダムのように貯めて、ゆっくりと川に流す機能を持つ森林、およびその土壌のこと。流量を一定に保ち、洪水や渇水を緩和する働きがある。この土壌はスポンジ状で、水が地表を流れないために侵食を防ぎ、土砂災害の防止という面でもダムと似ている。なお、これらの機能を、水源涵養機能と呼ぶ。

みどりの日
日本の国民の祝日の一つ。5 月 4 日。1989 年（平成元年）から 2006 年（平成 18 年）までは 4 月 29 日であった。国民の祝日に関する法律（祝日法、昭和 23 年 7 月 20 日法律第 178 号）第 2 条によれば、「自然にしたしむとともにその恩恵に感謝し、豊かな心をはぐくむ」ことを趣旨としている。

み

水俣病＊＊＊
水俣湾に面する化学メーカーの廃液により惹起された公害病。1956 年熊本県水俣市で公式発見され、1957 年に発祥地の名称が命名された。メチル水銀による中毒性中枢神経疾患であり、食物連鎖によって人間に発症した。その主な症状としては、四肢末端の感覚障害、求心性視野狭窄、聴力障害、平衡機能障害、言語障害、手足の震え等がある。

水俣条約＊
the Minamata Convention on Mercury。「水銀に関する水俣条約」。水銀および水銀を使用した製品の製造と輸出入を規制する国際条約。「水銀条約」とも呼ばれる。2013 年 1 月ジュネーブで開かれた国際連合環境計画(UNEP)の政府間交渉委員会にて、名称を「水銀に関する水俣条約」とすることを日本国政府代表が提案し、全会一致で名称案を可決した。2017 年 8 月発効。

ミニ・パブリックス
熟慮民主主義、協議的民主主義などと呼ばれ、無作為抽出等の方法で市民を抽出し、疑似的な「パブリック（公衆）」を作り出す試みのこと。2012 年、政府のエネルギー・環境戦略を決定する際に行われた討論型世論調査は、この代表的な手法の一つである。

三保松原
三保の松原。静岡県静岡市清水区の三保半島にある景勝地。日本新三景、日本三大松原のひとつとされ、国の名勝に指定されている。2013 年 6 月ユネスコの世界文化遺産「富士山−信仰の対象と芸術の源泉」の構成資産に登録された。

宮崎土呂久砒素公害（みやざきとろくひそこうがい）＊
土呂久砒素公害事件参照。

ミレニアム開発目標（MDGs）
Millennium Development Goals。2000 年 9 月の国連ミレニアムサミットで、「ミレニアム宣言」が採択され、この宣言をもとにミレニアム開発目標がつくられた。MDGs は、2015 年までに達成すべき 8 つの目標の掲げ、その下で、21 の具体的なターゲットと 60 の指標を設定している。その目標は、①極度の貧困と飢餓の撲滅、②普遍的な初等教育の達成、③ジェンダー平等の推進と女性の地位向上④乳幼児死亡率の削減、⑤妊産婦の健康状態の改善、などである。達成期限となる 2015 年までに一定の成果をあげた。その内容はＳＤＧ s の前身と位置付けられ後継となる持続可能な開発のための 2030 アジェンダに引き継がれている。

ミレニアム生態系評価＊＊＊
国連の提唱によって 2001 年−2005 年に行われた地球規模の生態系に関する環境アセスメント。生態系・生態系サービスの変化が人間生活に与える影響を評価するため、それらの現状と動向・未来シナリオ作成・対策選択肢の展望について分析。成果を 2005 年 3 月に発表。人間活動による生態系の劣化の進行、生物種絶滅速度の増加などを警告している。

ミレニアム宣言
ミレニアム開発目標参照。

民間資金等活用事業
公共施設などの建設・維持・運営などに民間の力を活用して行う事業。国や公共団体よりも効率的・効果的である場合が多いため。

み

む

［む］
無害化処理認定施設
廃棄物処理法の第 15 条の 4 の 4 の第 1 項に基づき無害化処理認定を受けた施設をいう。対象有害廃棄物は、石綿、廃油、PCB を含む廃電気機器などである。

無過失責任原則＊
被害者の救済という観点から、故意・過失が認められなくても加害者に損害賠償を求めることとする原則のこと。この考えを取り入れた条文が大気汚染防止法第 25 条、原子力損害の賠償に関する法律第 3 条などに導入されている。

無機物＊
有機物を除いたすべての物質。金属・塩類・水、水素・酸素・窒素などの各種の気体。無機物質。

無農薬栽培
農薬を使わずに米や野菜などの植物を栽培する方法。無農薬農法ともいう。有機農法などとの相違など定義があいまいで、整理が必要である。現在は誤解を招くことから「無農薬」と表示することは禁止されている

ムーンライト計画＊

1978 年にスタートした省エネ技術開発計画・地球環境技術開発計画のニックネームこと。1993 年新エネルギー関連技術開発に関する計画である「サンシャイン計画」と統合され「ニューサンシャイン計画」となった。

[め]

名水百選

1985 年に全国 100 箇所余りの湧水や河川を選定したもの。水環境への関心と環境保全を図ることを目的に設けられた。2008 年には環境省が新たに「平成の名水百選」を選定した。

メガソーラー＊

出力 1 メガワット(1000 キロワット)以上の出力がある大規模な太陽光発電所。

メキシコ湾原油流出事故

2010 年 4 月にメキシコ湾沖の海底油田掘削施設で爆発事故があり、大量の原油が流出し、メキシコ湾岸に甚大な被害をもたらした。

めざせ！一人1日1kgCO₂削減

環境省が支援する運動。2005 年から実施されている地球温暖化防止国民運動「チーム・マイナス６％」の中、20007 年スローガンとして日本国民一人当たりの CO_2 排出量は平均６ｋｇ/日であるが、当運動が地球温暖化防止のための運動の一環として、学校、職場、家庭などで国民運動のひとつとして進めている。

メセナ活動＊

企業が社会貢献活動の一環として企業が主として資金を提供して芸術文化活動を支援する活動。

メダカ

メダカまたはニホンメダカは、ダツ目メダカ科に属する魚。1980 年代あたりから各地で減少し始めた。減少の主な原因は、農薬使用や生活排水などによる環境の悪化、水路の整備などによる流れの緩やかな小川の減少、外来種(ブルーギルやカダヤシなど)による影響が挙げられる。2003 年 5 月に環境省が発表したレッドデータブックに絶滅危惧種として指定された。

メタボリックシンドローム

代謝症候群、単にメタボともいう。内臓脂肪型肥満(内臓肥満・腹部肥満)に高血糖・高血圧・高脂血症のうち２つ以上を合併した状態をいう。

メタン(ガス)＊＊＊

methane(gas)。分子式 CH4。常温、常圧で無臭の可燃性の気体。石炭ガス、自動車排ガスにも含まれるガス。京都議定書において削減対象の温室効果ガスに指定された。温室効果は CO_2 の 25 倍。

メタンハイドレード＊

methane hydrate。メタンなどの天然ガスが水と結合してできた固体の結晶で、天然ガスの一種。見た目は氷に似ていて、火を近づけると燃える性質があり"燃える氷"ともいわれている。陸上では凍土地帯に、海底では極地から赤道まで広く分布している。化石燃料に変わり未来のエネルギーとして期待できるといわれ、2013 年現在鋭意研究され注目されている。

メチル水銀(化合物)

水銀がメチル化された有機水銀化合物できわめて毒性が強い。水俣病は当時

む
め

利用されていた、アセチレンから酢酸誘導体へ変換する際の水銀触媒に由来する工場廃液が原因である。

[も]

猛暑日＊
1 日の最高気温が 35℃以上の日のことをいう。気象庁では 2007 年 4 月から定義して使用。

モーダルシフト＊＊＊
輸送エネルギー効率の観点から、自家用自動車やトラックによる幹線貨物輸送を、大量輸送が可能な海運または鉄道に転換することをいう。これにより化石燃料である石油の消費量を抑え、あわせて CO_2 の排出を抑制することができる。

木質バイオマス
樹木の伐採・林地残材・製材工場発生くず等。発生した場所や状態を考慮して利用することが必要。

目標設定型排出量取引制度
埼玉県が 2011 年度から開始した県内の温室効果ガスの排出量を 2020 年までに 2005 年度比 21％削減するという埼玉県地球温暖化対策実行計画の中期目標を達成するための制度。この制度は、原油換算エネルギー使用量が 3 か年度連続して年間 1,500 キロリットル以上の事業所が対象で、県が今後事業者において対策が実施されることにより想定される削減等を考慮した上で目標値を決め、これを補完する手段として排出量取引を活用する仕組みとなっている。

もったいない（精神）＊
2005 年 2 月、京都議定書関連行事のため、来日したケニアの副環境大臣ワンガリ・マータイ（1941 年 4 月－2011 年 9 月）女史が、ある新聞社とのインタビューで「もったいない」という言葉を知る。感銘を受けた後、この概念を世界中に広めるため他の言語で該当するような言葉を探したが、このように自然や物に対する敬意、愛などの意思（リスペクト）が込められているような言葉が他に見つからなかった。そのため彼女は国連の会議で資源の維持的活用を広める言葉として日本語の "もったいない" 紹介した。

モニタリングサイト 1000
「新・生物多様性国家戦略」に基づいて、環境省主導で実施される長期的な生態系モニタリング。生態系の基礎的な環境情報を継続的に収集・蓄積することによって、生物種の減少や生態系の変化等、問題点の兆候を早期に把握することを目的としている。森林、里地、河川、湖沼、湿地、海岸、サンゴ礁など、さまざまな生態系を対象として、全国にわたって 1,000 ヶ所程度のモニタリングサイトが配置される計画で、100 年以上にわたる長期間のモニタリングを目指している。2003 年から順次実施。調査成果は生物多様性センターのホームページで随時公表される。

藻場
沿岸域や大陸棚に形成された、様々な海藻・海草(ホンダワラ類、アラメ、カジメ、ワカメ、コンブ等)の群落状に生育している場所をいう。

森・里・川・海・のつながり
生物多様性国家戦略 2012-2020 では、「森・里・川・海・のつながりを確保する」ことを基本戦略の 1 つとしている。我々の生活を支える「森里川海」が今、過度の開発、管理の不足などにより、つながりが分断されたり、質が

低下したりしている。人口減少、高齢化が進行する中で、どのように森里川海を管理し、その恵みを持続的に利用していくのかは大きな国の課題である。森里川海プロジェクト参照。

森里川海プロジェクト

森里川海を取り巻く状況を認識し、改善していくために、2014年12月環境省と有識者からなるメンバーで立ち上げたプロジェクト。2015年6月には、同プロジェクトの目標ではSDGsを暮らしの中で実践するために「森川海里を豊かに保ちその恵みを引き出し、豊かに暮らせる社会を造りませんか」と踏まえるべき基本原則や取組の方向性をまとめ公表した。

森は海の恋人

宮城県気仙沼湾地域で1989年から始まった運動。森から出た養分が海のプランクトンを育み、魚や貝などの恵みをもたらすことに気付いた漁師たちが上流域の植林を始めたことがきっかけの運動。また現地でこの運動をきっかけに設立された、環境教育・森づくり・自然環境保全の3分野で活動する特定非営利活動法人の名称。

モンスーン(地帯)＊

ある地域で、一定の方角への風が特によく吹く傾向があるとき、その風を卓越風と呼ぶが、季節によって風の吹く方角（卓越風向）が変化するものをモンスーン（monsoon）と呼ぶ。インドや東南アジアでは雨季そのものを意味する語としても使用されている。東アジアからインド洋沿岸部、アフリカ東部、カリブ海、南北アメリカ大陸東岸、豪州東岸などが代表的。

モントリオール議定書＊＊＊

ウィーン条約に基づき、オゾン層を破壊するおそれのある物質を指定し、これらの物質の製造、消費及び貿易を規制することを目的とし、1987年にカナダで採択された議定書。これにより、対象物質は1996年までに全廃（開発途上国は2015年まで）、その他の代替フロンも先進国は、2020年までに全廃（途上国は原則的に2030年まで）することが求められた。日本では1988年に、「オゾン層保護法」を制定し、フロン類の生産及び輸入の規制を行っている。

モントリオールプロセス

1992年の地球サミットで採択された「森林原則声明」に基づき、欧州を除く温帯林等諸国12か国で持続可能な森林経営のための基準と指標選びが進められた。1995年にチリのサンチャゴで開催された会合で最終的に7つの基準と67の指標が採択された。2009年に改訂され7基準54指標となっている。このフォローアップ作業は、1993年カナダのモントリオールでの会合から始まったことから、こう呼ばれている。

も
や

[や]

屋久島＊

九州最南端の佐多岬から南南西に60キロほどに位置する周囲約130kmのほぼ円形の島。面積は約500平方キロ。1993年に世界自然遺産に登録された。樹齢7200年といわれる縄文杉をはじめとする屋久杉でも有名。2012年3月霧島屋久島国立公園から分離して屋久島国立公園となった。

焼畑民族

森林などを焼却し農耕地として耕作する民族。

焼畑耕作(農業)＊

森林などに火を入れて焼いた後に1〜2年の短期間耕作し、その後地力が回

復するまで長期間休耕する耕作の方式。休耕期間には、別の場所に移動して耕作を行うので、焼畑移動耕作とも呼ばれる。人口の急増で休耕期間が短縮され、地力が低下し，荒廃地化すること、さらに熱帯雨林を破壊することで地球温暖化を悪化させる観点からも国際的に問題視されている。

薬害
薬（特に医療用医薬品）を使うことによって生じた医学的に有害な事象のうち、社会問題となるまでに規模が拡大したもの。中でも特に不適切な医療行政の関与が疑われるものを示す。

野菜ソムリエ
野菜・果物の栄養や品質、食べ方などについての知識をもつ専門家。（一社）日本野菜ソムリエ協会認定の民間資格。

野生生物種の(減少・絶滅)＊
生命の誕生以来、自然のプロセスの中で絶えず種の絶滅は起こってきたが、現在では、過去にないスピードで種の絶滅が進行している。これらは、人類の活動によって種の絶滅が生じていると考えられるものが多数ある。人口の急激な増加とそれに伴う地球温暖化・森林の破壊などによる生態系への影響が大きいと考えられている。

山の日
2016 年より施行された国民の祝日（8 月 11 日）をいう。「山に親しむ機会を得て、山の恩恵に感謝する」ことを趣旨としているが、山に関する特別な出来事などの明確な由来があるわけではない。

やんばる国立公園
環境省は、2016 年 9 月全国 33 番目の国立公園として指定。沖縄本島北部の国頭、東、大宜味 3 村にまたがる陸域と海域約 1 万 6300ha。国内最大級の亜熱帯照葉樹林と、固有動植物や希少動植物が生息し、多様な生態系が複合的に一体となった景観が特徴。政府は合わせて、「奄美・琉球」について、世界自然遺産登録を目指す。

[ゆ]

有害化学物質＊
環境を経由して人の健康または動植物に有害な作用を及ぼす化学物質のことをさす一般的な総称。大気汚染防止法（5 項目）水質汚濁防止法（23 項目）、化学物質審査規制法、ダイオキシン類対策特別措置法などで指定されたものは有害化学物質といえる。

有害性＊
hazardous。危害、損害、損失を引き起こす潜在性があること。

有害大気汚染物質
大気汚染防止法において、「継続的に摂取される場合には人の健康を損なうおそれがある物質で大気の汚染の原因となるもの」（第 2 条第 13 項）と低濃度長期間暴露における有害性（長期毒性）に着目して現在 248 物質が提示され、健康リスクが高いと考えられる 23 物質を「優先取組物質」に指定。その内ベンゼン、トリクロロエチレン、テトラクロロエチレン、ジクロロメタンの 4 物質が健康を保護するうえで維持が望ましい「環境基準」が設定されている。

有害鳥獣
法令による有害鳥獣の定義はないが、一般的には人間生活に対し、生命的、経済的に害を及ぼすものを有害鳥獣という。農林水産物等を食害するものが

や
ゆ

大部分で、近年中山間地域などにおいて、シカ、イノシシ、サルなどの野生鳥獣による農林水産業被害が深刻化・広域化している。対策として 2008 年 2 月に「鳥獣による農林水産業等に係る被害防止のための特別措置に関する法律」が施行された。

有害廃棄物＊
廃棄物のうち特に有害な物質を含み、人の健康に被害を生ずる恐れのあるもの。含有物質としては、水銀・カドミウム・鉛などの金属、ダイオキシンなどの有機物、医療廃棄物などがある。

有害廃棄物の国境を越える移動＊
有害廃棄物が国境を超えて発生国以外に持ち出されること。1980 年代の後半になって有害廃棄物の越境移動が先進国から開発途上国へという図式を見せはじめたことから、開発途上国側でも有害廃棄物の持込みに対する規制が必要であるとの認識が生まれ、1988 年にはアフリカ統一機構（OAU）が有害廃棄物の持込みを禁ずる決議などを行っている。やがてこれは、1989 年のバーゼル条約の採択にいたる。

有害廃棄物の国境を越える移動及びその処分の規制に関するバーゼル条約
バーゼル条約参照。

有害物質
「有害化学物質」参照。

有機（化合）物＊＊
炭素原子を構造の基本骨格に持つ化合物の総称であり、炭素化合物のこと。炭酸カルシュウムや二酸化炭素などは無機物とされる。これは、一般に「有機化合物は生体が産生する化学物質である」とした歴史的な定義が存在したためである。しかし、19 世紀に尿素が人工的に製造され生物によらずに有機物が製造されることとなった。

有機（農産物）加工食品
原材料に主として有機農産物・有機畜産物、有機加工食品を使用し、加工には主として物理的・生物的方法を用い、食品添加物や薬剤の使用は避け、薬剤により汚染されないように管理された工場で製造された加工食品。

有機過酸化物
分子内に過酸化結合（−O−O−）を有する有機化合物のこと。熱や光により容易に分解し、遊離基を発生する。この遊離基は非常に反応性に富み、各種ビニルモノマーの重合開始剤などとして使用されている。種類により危険物でも有り、取り扱い・貯蔵に十分の注意が必要。

有機水銀＊＊
非常に毒性が強く、中枢神経系に大きな損傷を与える性質を持つ、生体蓄積性のある有機金属陽イオン種で、日本国における水俣病の原因物質として知られている。中枢神経系に大きな損傷を与える性質を持つ。

ゆ

有機性物質
生物の遺骸、排泄物、食品残渣などがその主なもので、水質汚濁物質のひとつ。生物の遺骸、排泄物、食品残渣などがその主なもの。人や環境への影響としては、水中で微生物などにより分解されるときに、酸素が消費されて水中は酸素不足となり、魚などが死亡したり悪臭を発したりする原因となる。

有機性廃棄物＊
生ごみ、畜産ふん尿、下水汚泥、剪定枝など。全廃棄物の 6 割を占めるといわれる。

有機畜産物
飼料は主に有機農産物を与え、野外への放牧などストレスを与えずに飼育し、また、抗生物質などを病気の予防目的で使用せず遺伝子組み換え技術を使用しない畜産物のこと。

有機農産物＊
1992 年に農林水産省によって「有機農産物及び特別栽培農産物に係る表示ガイドライン」が制定され、「化学的に合成された肥料及び農薬を避けることを基本として、播種または植付け前 2 年以上（多年生作物にあっては、最初の収穫前 3 年前）の間、堆肥等による土づくりを行った圃場において生産された農産物」と定義された。

有機EL
物質がエネルギー（電磁波、熱）を受け取り、発光する現象をルミネッセンス（luminescence）というが、特にエネルギーが電界で供給されて光る場合が、EL（エレクトロルミネッセンス）である。従来から、無機材料を利用したエレクトロルミネッセンスが知られていたが、近年になった有機材料を利用した EL の技術が普及してきた。これを有機 EL という。

有機 JAS マーク＊
JAS 規格に適合した農産物に付けられるマークで、農薬や化学肥料などの化学物質に頼らないで、自然界の力で生産された食品（農産物、加工食品、飼料及び畜産物）。環境ラベル・マークなどの紹介参照。

遊水機能＊
河川沿いの田畑等において雨水または河川の水が流入して一時的に貯留する機能のことを言う。河川の洪水を防ぐ機能である。

ユネスコ(UNESCO)＊
United Nations Educational, Scientific and Cultural Organization。国際連合教育科学文化機関。諸国民の教育、科学、文化の協力と交流を通じて、国際平和と人類の福祉の促進を目的とした国際連合の専門機関。創設 1946 年 11 月。本部パリ。

ユネスコエコパーク
生物圏保存地域参照。

ユネスコ世界ジオパーク
2015 年 11 月の第 38 回ユネスコ総会において、ユネスコの支援の下に 2004 年に設立された「世界ジオパークネットワーク」（仏の NGO）の業務を正式にユネスコの事業として発足したもの。地層、地形、など、地質学的な遺産を保護し、自然と人間とのかかわりを理解する場所として整備し、科学教育などの場とするほか、新たな観光資源として地域の振興に生かすことを目的とした事業。2017 年 8 月現在、世界で 35 か国・127 箇所が認定されており、日本からは、8 地域（洞爺湖有珠山、糸魚川、島原半島など）が認定されている。

油糧種子
植物油の採取を主な目的に栽培される作物の種。ひまわり、なたね、パームなど。

[よ]
容器包装廃棄物
容器包装リサイクル法の対象となる一般廃棄物。産業廃棄物以外の市町村が収集する一般廃棄物のうち、商品に付された容器包装の廃棄物である。

ゆ
よ

容器包装リサイクル法＊
容器包装に係る分別収集及び再商品化の促進等に関する法律。1995年制定。家庭から出るごみの6割（容積比）を占める容器包装廃棄物のリサイクルを促進して資源として有効利用することにより、ごみの減量化を図るための法律。2006年6月改正が行われ、①循環基本法における３Ｒ推進の基本原則に則った循環型社会構築の推進、②社会全体のコストの効率化、③国・自治体・事業者・国民等すべての関係者の協働、という基本方向が示された。

洋上風力発電
海洋上における風力発電のこと。陸上に比べてより大きな風力が得られるため、より大きな電力が供給できると考えられている。海が深くて発電機を地面に基礎を設置できない場所でも利用可能なように浮体式の基礎を用いたものもある。洋上風力発電の潜在的可能性はきわめて大きく4兆3000億kwhと、日本の年間電力販売量の5倍という予測もある。

養殖（業）技術
魚介類や海藻などの水棲生物を業として人工的に育て販売すること。及びその技術。広義には、水棲生物に限らず、生物全般を人工的に育てる技術を指す。ただし、陸生植物に関しては栽培、哺乳類に関しては畜産あるいは酪農、鶏に関しては養鶏という用語が用いられる。水産業においては、近畿大学のマグロの孵化からの完全養殖技術が著名。

養殖業生産量
2010年の養殖漁業生産高は7900万㌧。内訳は中国61%、インドネシア8%、インド6%、ベトナム3%、日本は1%。漁業参照。

揚水（式）発電
貯水池を発電機のある場所の上下に建設して必要時上の貯水池から水を流して発電し、電力が余剰の時には電力を使って下の貯水池から水のくみ上げを行う仕組みの発電方式。

余剰電力買取制度
2009年11月1日から2012年7月1日まで実施されていた制度。家庭や事業所などの太陽光発電からの余剰電力を一定の価格で買い取ることを電気事業者に義務づけたもの。それ以降再生可能エネルギーの導入拡大を図るため、「電気事業者による再生可能エネルギー電気の調達に関する特別措置法」により、「再生可能エネルギーの固定価格買取制度」（以下、『再エネ買取制度』）が2012年7月1日から開始され、2017年4月改正し、3月31日までを旧制度、4月1日からを新制度とし、原則接続契約の締結、事業計画の提出を新たな条件とした。

要措置区域
都道府県知事が、基準を超える特定有害物質が検出された土壌に対して行う分類法で、健康被害の恐れがあると認めた地域のこと。

四日市ゼンソク・四日市公害＊＊
三重県四日市市で1960年から1972年ごろに発生した大気汚染による集団呼吸器系健康被害である。四大公害病の一つ。四日市第1コンビナートが操業を始めた事により排出された硫黄酸化物（SOx）や窒素酸化物（NOx）などによる大気汚染が原因。典型的な日本の高度成長期の公害であった。

ヨハネスブルグサミット
「持続可能な開発に関する世界首脳会議」参照。

ヨハネスブルグ宣言＊
2002年のヨハネスブルグサミットで採択された宣言。内容は、各国が直面す

る環境、貧困等の課題を述べた上で、清浄な水、衛生、エネルギー、食料安全保障等へのアクセス改善、国際的に合意されたレベルの ODA 達成に向けた努力、ガバナンスの強化などのコミットメントが記述されている。日本政府などが提唱した持続可能な開発のための教育の 10 年もその中に採択された。

予防的措置・予防原則＊
「リオ宣言原則 15」で示された措置。地球環境負荷を増大させるある事象に対する対策は、科学的因果関係が十分でないからといって、費用対効果の大きい対策を延期する理由として使ってはならないということ。予防的措置は科学的因果関係が不十分でも、万一それが正しかった場合の致命的リスクを回避するため、躊躇なく進めるべきであるという主張である。

余裕震度処分＊
核施設から出る放射性廃棄物を、人体に接触する可能性が十分に低いと考えられる深度の地下に埋設すること。

より良い暮らし指標
Better Life Index（BLI）。経済協力開発機構（OECD）が発表している、人々の生活の質や幸福度を計測して比較可能とする指標。生活に関係する要素を住宅、収入、雇用など計 11 の分野に分けて評価。2011 年に発表。

ヨルゲンランダース（Jorgen Randers）
ノルウェー・ビジネススクール教授。1972 年発表の「成長の限界」の著者の一人。2012 年にその後の 40 年を振り返り、これからの 40 年を予測した「2052」を出版した。その中でランダースは、地球環境は 40 年前の分析のとおり進んでおり、「地球の未来は明るくない」と警告している。

四大公害裁判
水俣病、新潟水俣病、イタイイタイ病、四日市ゼンソクのいわゆる四大公害に伴う補外補償や汚染行為の差し止めのために起こされたそれぞれの裁判。これらの裁判を契機に、大気汚染、アスベスト問題などを巡って裁判が起こされた。

四大公害病＊
日本では、特に高度経済成長期（1950 年代後半から 1970 年代）に、公害により特に住民へ大きな被害を発生させた四つの公害病（水俣病、新潟水俣病、イタイイタイ病、四日市ゼンソク）をいう。

四方よし
江戸時代の近江商人の三方よしに加え、現代では「地球よし」や「未来よし」を加えた「四方よし」という考え方が出てきた。三方よし参照。

[ら]
ライダーシステム
気象用語。レーザー光線を上空に発射し、浮遊する粒子状物質から反射して返ってくる光を測定・解析することによって、通過する黄砂を地上で測定するリモートセンシングシステム。

ライドシェアリング＊
車の相乗り。二人以上の車の所有者などが、空間と費用を分け合う車の利用方法をいう。

ライトレール
Light rail。北米の「輸送力が軽量級な」都市旅客鉄道を指す。軽量軌道交通。道路上（併用軌道）を 1 両ないし数両編成の列車が電気運転によって走行する簡易な交通システムとされ、簡易な設備による低コスト建設を目指し

て開発された。高架鉄道や地下鉄よりも一回り小さく路線バスよりも大きな輸送力を持つ公共交通機関を意味する。

ライフサイクル＊＊
製品のライフサイクル参照。

ライフサイクルアセスメント＊
LCA 参照。

ライフサイクルコスト
Life Cycle Cost。 耐久消費財や住宅などにおいて、それらの製品が企画・研究開発から製造、輸送、仕様、維持、廃棄、処分に至るまでの資産の全生涯で発生するコストをいう。

ライフスタイル＊
生活の様式。その人間の人生観、価値観、アイデンティティを反映した生き方。地球環境の保全という観点から、生き方を見直そうという機運が高まりつつある。

ラクイラ・サミット＊
2009 年 7 月伊のラクイラ（L'aquila）で開催された主要 8 か国（G8）首脳会議のこと。国際的な経済不況から気候変動、イラン情勢まで幅広く協議した 3 日間の日程を終え、閉幕した。気候温暖化については、温室効果ガスの世界全体での削減目標を「2050 年までに 50％削減」と設定し、その大半を先進国が受け持つことを宣言した。

落葉広葉樹林＊
低温や乾季など、生育に不適な季節になると全ての葉を落とす広葉樹の森林。熱帯から亜熱帯の乾季雨季のはっきりした地域に見られる雨緑林と、冷温帯の降水量の多い地域に分布するものがある。

ラニーニャ(現象)＊
中部及び東部赤道太平洋での海面水温が平年より低くなる現象のこと。エルニーニョとは全く逆の現象である。この現象が起こると、日本付近では東日本、西日本の夏の気温は平年並みから高め、冬の気温は平年並みから低めとなる傾向がある。「ラニーニャ」とはスペイン語で女の子の意味。

ラブ・キャナル事件
1947～52 年、アメリカのナイアガラにあるラブ・キャナル運河に化学工場から投棄された化学廃棄物による複合汚染のため、78 年に健康障害が多発して社会問題化した事件。該当地の小学校は一次閉鎖、住民の一部は強制疎開、一帯は立入禁止となり、国家緊急災害区域に指定された。この事件を契機にアメリカ環境保護庁（EPA）は 1980 年にその浄化費用に充てるために「包括的環境対処補償責任法（スーパーファンド法）」を制定し、信託基金が設立された。

ラムサール条約＊＊＊
湿地の保存に関する国際条約。水鳥を頂点とする湿地の生態系を守る目的で、1971 年 2 月に制定され、1975 年 12 月発効した。正式名称は「特に水鳥の生息地として国際的に重要な湿地に関する条約」。2018 年 10 月現在 170 カ国が加盟し登録湿地は 2372 か所。日本の登録湿地は 52 か所。ラムサールはカスピ海沿岸に位置するイランの都市。

ラン藻類＊
名の通り、藍色をした藻類。多くが顕微鏡的な大きさである。単細胞単体のもの、少数細胞が群的に集まったものなどがある。２７億年ほど前に地球

ら

上に出現し、光合成を行い大量の酸素を大気中に放出した。これによりオゾン層が形成され、生物の陸上進出を促すこととなった。

[り]

リーチインショーケース
冷蔵または冷凍したまま商品を陳列することができるガラス扉つきのクローズ式ショーケース。

リーチ規制
REACH 規則参照。

利益至上主義
従来資本主義を指す言葉であったが、最近は、他の何よりも己の利益を優先し、周囲（市場や客への悪影響）を省みずモラルに反した行為や違法行為を行ってでも利益追求を優先するなど、度を逸脱した利益追求姿勢を批判する意味合いで、この言葉が用いられる。

リオサミット
1992 年にリオデジャネイロで開催された「地球環境サミット」をいう。

リオ宣言＊
環境と開発に関するリオデジャネイロ宣言参照。

リオ宣言第 10 原則＊
環境問題の解決のためには、社会を構成するすべての主体が参加すること、国民の啓発が必要と述べた「リオ宣言」の第 10 原則をいう。

リオ＋10
持続可能な開発に関する世界首脳会議。World Summit on Sustainable Development。WSSD。地球サミットから 10 年後の 2002 年に南アフリカのヨハネスブルグで開催された地球環境問題に関する国際会議。わが国の提案により、2005 年からの 10 年間を「国連・持続可能な開発のための教育の 10 年」とすることが決まった。

リオ＋20＊
1992 年のリオ地球サミットから 20 周年にあたる 2012 年 6 月にブラジルのリオデジャネイロで開催された「国連持続可能な開発会議」の略称。成果文書「我々が望む未来」を採択して閉幕。グリーン経済を重要な手段の一つと位置付け、各国に実現へ努力するよう求めた。ただ経済成長の妨げを懸念する新興・途上国の反発により、期限や数値目標など具体策には踏み込めず将来に課題を残した。

リサイクル(recycle)＊＊＊
再生利用。本来は再循環を指し、製品化された物を再資源化し、新たな製品の原料として利用すること。リデュース（reduce・減量・抑制）、リユース（reuse・再使用）と共に 3R と呼ばれる。リサイクルは素材としての再利用（マテリアルリサイクル）と熱としての再利用（サーマルリサイクル）に大別することができる。

リサイクルショップ
中古商品を一般家庭などから購入して販売する店。一般商店から NPO 法人までその運営形態はさまざまである。

リサイクルエネルギー
新エネルギーの一つ。今まで捨てていた家庭などからでるゴミや廃棄物などを資源として利用し、そこからエネルギーを引き出して利用しようというも

の。バイオマスエネルギー、廃棄物発電、廃棄物熱利用、廃棄物燃料などが上げられる。

リサイクルポート
広域的なリサイクル施設の立地に対応した「静脈物流ネットワーク」の拠点となる港湾のこと。製品系の輸送を指す「動脈物流」に対し、生産や消費活動による排出物の輸送は「静脈物流」と称されている。

リサイクル法
主なものに食品リサイクル法（食品循環資源の再生利用等の促進に関する法律）、容器包装リサイクル法（容器包装に係る分別収集及び商品化の促進等に関する法律）、家電リサイクル法（特定家庭用機器再商品化法）、建設リサイクル法（建設工事に係る資材の再資源化に関する法律）、自動車リサイクル法（使用済み自動車の再資源化等に関する法）小型家電リサイクル法、パソコンリサイクル法がある。

リスク＊
一般的には、「ある行動に伴って（不作為も含めて）、危険に遭う可能性や損をする可能性を意味する概念」とされる。経済学においては一般的に、リスクは「ある事象の変動に関する不確実性」を指し、リスク判断に結果は組み込まれない。ISO31000（リスクマネジメント）においては、「目的に対して不確かさが与える影響」として負の影響のみならず正の影響もリスクとしている。

リスクアセスメント＊
risk assessment。リスクの大きさを評価し、そのリスクが許容できるか否かを決定する全体的なプロセスのこと。日本語ではリスク評価と訳されることが多いが、risk evaluation は、評価をする行為そのものである。

リスク管理
各種の危険による不測の損害を最小の費用で効果的に処理するための経営管理手法である。

リスクコミュニケーション＊
化学物質などの環境リスクに関する情報を、地域を構成する関係者（住民、行政、企業など）すべてのものが共有し対話を通じてリスクを低減していく試みをいう。環境省では、情報の作成提供、「化学物質と環境円卓会議」の開設、人材育成（化学物質アドバイザー)などを進めている。

リスク評価
risk evaluation。化学物質などがどのような性質を持ち、どの程度の量になれば有害性が出るかを明確にし、実際その化学物質にどの程度暴露されているのかを比較することによって、どの程度安全なのかを確かめること。

リスクマネジメント＊
risk management。リスクを組織的に管理し、ハザード（危害（harm）の発生源・発生原因）、損失などを回避もしくは、それらの低減をはかるプロセスをいう。各種の危険による不測の損害を最小の費用で効果的に処理するための経営管理手法である。

リターナブル容器
ガラスビン、プラスチック製容器、金属製容器など繰り返し使用される容器、包装資材。

リデュース(Reduce)＊＊＊
英語で「減らす」の意味で、環境用語としては環境負荷や廃棄物の発生を抑

り

制するために無駄・非効率的・必要以上の消費・生産を抑制あるいは行わないことをいう。

リフォーム＊
居住中の住宅の改築や改装、特に内外装の改装などをいう。衣料についても改装などをいうことがある。

リフューズ＊
Refuse。ゴミになるものを作らず、不要なものを断ること。

リプロダクト
デザインに対する版権の切れた商品や特許切れの薬品など再生産した商品などをいう。

リペアー＊＊
Repair。修理するという意味。壊れたものは捨てずに修理して長く使うこと。

硫化水素
化学式 H_2S。硫黄と水素の無機化合物で、火山ガスなどに含まれる腐卵臭をもつ無色の有毒気体。空気中で青色の炎をあげて燃焼して二酸化硫黄を生じる。還元性を有し、各種の金属と反応して硫化物をつくる。水に少し溶けて弱酸性を示す。悪臭防止法による規制物質の一つ。

リユース(Reuse)＊＊＊
再使用。いらなくなったものを"捨ててしまう"のではなく、洗浄したり修理して"もう一度使う"こと。機能を復活させて、もう一度使用すれば、エネルギーや環境汚染は最小限になる。

硫酸＊
H_2SO_4 で示される無色、酸性の液体で硫黄のオキソ酸の一種である。

硫酸ピッチ＊
おもに石油精製の硫酸洗浄工程で発生する副産物。硫酸と廃油の混合物で、硫黄分、アスファルト質などを含むタール状の物質。強酸性物質で、人体に直接触れると皮膚がただれる他、目に入ると失明の恐れもある等、危険性が高い。近年、未処理のまま不法投棄される例が多発し、社会問題化している。発生ガスによる大気汚染や土壌・地下水への浸透によって発生する汚染なども問題視されている。

硫酸ミスト＊
亜硫酸ガスが空気中の水分に溶けて亜硫酸になり、大気中にオキシダントがあると酸化されて硫酸になる。これらが大気中に霧状に存在するものを硫酸ミストという。

粒子状物質(PM)＊
Particulate Matter の略。PM 参照。

緑化
草や木を人の手によって植えること、あるいはそれらが育つように管理すること。ある場所に植物を植栽育成管理すること。世界的に進む砂漠化に対し木を植えてそれを防ぐ行動。

緑化施設整備計画(認定制度)
都市緑地法（1973 年 9 月施行）の規定に基づき市町村長が認定したもの。都市におけるヒートアイランド減少の緩和、良好な自然的環境の創出を図るため、建築物の屋上、空き地その他屋外での緑化施設の整備に関する緑化施設整備計画を市町村長が認定。尚、固定資産税の特例措置等の認定を行う制度は、201 年 6 月をもって廃止。

り

緑地協定
土地所有者等の合意によって締結される緑地の保全や緑化に関する協定。

りん(リン)＊
原子番号 15 の元素。元素記号は P。窒素族元素の 1 つ。リンは、白リン、黄燐などの数種類の同素体をもつ。用途としては、化学肥料の原料として使われるものが最も多い。その他、殺虫剤等の農薬と使用される。環境中に過剰に存在すると、微生物の大量増殖を招き、赤潮などの多発をもたらす。1960年代以降、合成洗剤の材料としての使用が禁止される。その後も閉鎖性水域を中心に、環境基準の項目として定番となっている。

リン酸塩＊
1 個のリンと 4 個の酸素から構成される多原子イオンまたは基から形成される物質。リンの化合物（phosphate）は環境における重要な制御因子とみなされている。「りん」参照。

倫理憲章
正式名称「新規学卒者の採用・選考に関する倫理憲章」。企業が行う新規学卒者採用のルール。1997 年に就職協定が廃止になり、大学団体の申し入れを受け、卒業予定者の就職活動時における無用な混乱を避けるため、当時の日経連（現日本経団連）が産業界を取りまとめ、公表したもの。2016 年経団連は、これを「採用選考指針」に改称し、より拘束力の強いものに改めた。

[れ]

レアメタル＊
非鉄金属のうち、産業界での流通量・使用量が少なく希少な金属のこと。狭義では、鉄、銅、亜鉛、アルミニウム等のベースメタルや金、銀などの貴金属以外で、産業に利用されている非鉄金属を指す。主なものは、コバルト、タングステン、希土類金属（ネオジム、サマリウムなど）など。主な用途は、電子材料・磁性材料などの機能性材料などに使用されている。

レイチェル・カーソン(Rachel Carson)＊＊
「沈黙の春」の著者。（1907 年 5 月 - 1964 年 4 月）。米国ペンシルベニア州出身。1960 年代に環境問題を告発した生物学者。米国内務省魚類野生生物局の水産生物学者として自然科学を研究した。

レインフォレストアライアンス(マーク)
環境ラベル・マークなどの紹介参照。

レインボープラン＊
山形県長井市で始まった「台所と農業をつなぐながい計画」をいう。農家と消費者が協力して地域循環システムを作り、有機資源のリサイクルを行い、自然環境の改善と健康な食生活を生み出し、自然と人間の永続的な共存を図る活動である。

レジストリ
京都議定書を運営管理するための国別登録簿。炭素クレジットの取引を伴う京都メカニズムを活用するうえで、クレジットを管理するために設置された目録で国が管理するもの。

レジ袋(の有料化)
商品を入れるために渡される袋。材質はビニールやポリオレフィン、ポリエチレンなど。近年、環境問題の観点から、ポリエチレン製レジ袋を削減しようとする動きがあり、買い物袋を持参する「マイバッグ運動」が行われたり

している。日本政府は 2020 年 7 月から、小売業を営む全ての事業者に、レジ袋の有料化を義務付けた。

レジリエンス
Resilience。強靭性。地球温暖化対策として「緩和策」と「適応策」があるが、温暖化の影響を緩和するために、地域に合った対策を進めて、この強靭性を増加させることが重要である。

レスター・ブラウン(Lester Russell Brown)＊
（1934 年生-）。米国の思想家、環境活動家。地球環境について 20 冊以上の著作があり『プラン B 2.0　エコ・エコノミーをめざして』が特に著明。

レスポンシブル・ケア(活動)＊
化学メーカーが化学製品の開発から製造、使用、廃棄に至る全ての過程において、自主的に環境・安全・健康を確保し、社会からの信頼性向上とコミュニケーションを行う活動のこと。1985 年にカナダではじまる。日本では、日本化学工業協会が日本レスポンシブル・ケア協議会を 1995 年に設立して、その活動を推進している。

レッドデータブック＊
絶滅の恐れのある野生生物のより詳しいリスト。1966 年国際自然保護連合が初版を発行。種名や絶滅の危険度を記載しているほか、当該生物の生活史や分布などより詳しいデータを掲載している。日本でも環境省により 1991 年に初版発行。

レッドプラス
REDD+参照。

レッドリスト＊＊
絶滅の恐れのある野生生物のリスト。レッドデータブック参照。

連携
同じ目的を持つもの同士が連絡を取り合い、協力し物事に取り組むこと。環境問題に関して一例として、テーマの解決のために企業、大学、地方公共団体などがタイアップして行うことなどがあげられる。

[ろ]

労働安全衛生法
1972 年 6 月施行。労働者の安全と衛生についての基準（労働災害の防止のための危害防止基準の確立、責任体制の明確化など）を定めた日本の法律。

労働生産性
投入した労働量に対し、どのくらいの生産量が得られたかを示す指標。2018 年の日本の指標は、8 万 1,258 ドルで G 7 最下位。

ローカルアジェンダ 21
1992 年の地球サミットで採択されたリオ宣言の諸原則・課題を実現するための行動計画。きめ細かい実施を求めて地方公共団体の取り組みを促進するために作成を求められているのが「ローカルアジェンダ 21」である。日本でも各地方の策定が進み 2003 年には 47 都道府県 12 政令指定都市、318 市区町村で策定され、地域に根ざした取り組みが進められている。

ローカル SDGs
各地域が足もとにある地域資源を最大限活用しながら地域での SDGs の実践を目指すもの。

ローズ指令
RoHs 指令参照。

ロードプライシング＊＊
大都市中心部への自動車の乗り入れによる交通渋滞、大気汚染などを緩和する対策として、都心の一定範囲内に限り自動車の公道利用を有料化して流入する交通量を制限する政策措置をいう。

ローマクラブ＊＊＊
イタリア・オリベッティ社の副社長で石油王としても知られるアウレリオ・ペッチェイ（Aurelio Peccei）博士が、資源・人口・軍備拡張・経済・環境破壊などの全地球的な問題対処するために設立した民間のシンクタンク。1970 年発足。1972 年『成長の限界』を発行。

六次産業
第六次産業参照。

六価クロム＊＊
酸化数が 6 のクロムを含む化合物・イオン。三酸化クロム・クロム酸塩など。極めて強い毒性を持つ。皮膚に触れると潰瘍を起こし、体内に入れば肝臓障害・肺癌などを起こす。印刷や鍍金（めっき）工場、クロム化合物製造工場などの廃液による水質汚染が社会問題となった。

露天掘り
鉱石を採掘する手法の一つ。坑道を掘らずに地表から目的の鉱石層めがけて掘っていく手法。

六フッ化硫黄＊
化学式 SF_6。フッ素と硫黄とからなる化合物。常温大気圧においては化学的に安定度の高い無毒、無臭、無色、不燃性の気体。1960 年代から電気および電子機器の分野で絶縁材などとして広く使用されている化学物質で、人工的な温室効果ガスとされる。地球温暖化係数は、二酸化炭素の 23,900 倍と大きく大気中の寿命が長いため、HFCs、PFCs と共に、京都議定書で削減対象の温室効果ガスの 1 つに指定された。

ロスアンドダメージ
ＣＯＰ２４でパリ協定の本格運用の具体的指針の一つとして示された項目。適応できる範囲を超えて発生する気候変動の影響をいう。この救済のために国際的仕組みの構築が主張されている。

ロックダウン
Lockdown。封鎖。暴動や感染病が発生した場合に、安全のために人々を建物（または特定の場所）の中に閉じ込めておくこと。また、外部にいる者がそこに入ることを禁じること。

ロッテルダム条約
「国際貿易の対象となる特定の有害な化学物質及び駆除剤についての事前のかつ情報に基づく同意の手続に関するロッテルダム条約」。1998 年 9 月、ロッテルダムにおいて採択。先進国で使用が禁止または厳しく制限されている有害な化学物質や駆除剤が、開発途上国にむやみに輸出されることを防ぐために、締約国間の輸出に当たっての事前通報・同意手続（Prior Informed Consent、通称 PIC）等を設けた条約。

ロハス＊
LOHAS 参照。

ロンドン条約＊
海洋の汚染を防止することを目的として、陸上発生廃棄物の海洋投棄や、洋

上での焼却処分などを規制するための国際条約。正式名称「廃棄物その他の物の投棄による海洋汚染の防止に関する条約」。1972年に採択、1975年に発効。

ロンドン条約議定書
海洋汚染の防止措置を強化するため、投棄してはならないものをリスト化していたロンドン条約と違い、船舶などからの投棄を原則として禁止。例外として投棄が認められる7品目（浚渫物、下水汚泥、魚類の残さなど）についても、厳格な条件のもとでのみ許可される。また、すべての廃棄物等の海洋における焼却を禁止している。ロンドン条約議定書は2006年3月に発効し、2006年の同議定書改正では、例外規定に海底下への CO_2 廃棄が追加され、CO_2 の海底下貯留が可能となった。2007年11月現在、日本をはじめ含む32カ国が加入している。

ロンドンスモッグ事件＊
1952年12月ロンドンに生じた大気汚染。石炭等の燃焼から生じる亜硫酸ガスがロンドンに霧状の汚染物質として拡散し、気管支炎などで1万人以上の死者を出した。

[わ]

ワークショップ
日本では「参加体験型グループ学習」を指す用語。本来は、「作業場」や「工房」を意味する語。問題解決やトレーニングの手法である。企業研修や住民参加型まちづくりにおける合意形成の手法としてよく用いられている。ファシリテーターと呼ばれる司会進行役の人が、参加者が自発的に作業をする環境を整え、参加者全員が体験するものとして運営されることが一般的な方法である。

ワールドウオッチ研究所
Wordwatch Institute。環境活動家レスター・ブラウンが1973年に米国に設立した　民間環境問題研究所。

ワイズユース＊
賢明な利用のこと。森林、生態系などを持続可能な範囲で利用しながら「完璧な保全」をめざしたもの。日本ではごく自然な考え方であったが、ラムサール条約では先進性のある手法とされている。

枠組み的手法
環境保全の政策手法の一つ。直接的には、具体的行為の禁止や制限、義務付けを行わず、到達目標や一定の手順、手続きを踏むことを義務付けることなどによって規制の目的を達成しようとする手法。

ワシントン条約＊＊＊
「絶滅の恐れのある野生動植物の種の国際取引に関する条約」。経済的価値のある動植物の国際取引を規制し保護を図ることを目的とした条約。1975年発効。日本は国内法の整備に時間がかかり、1980年に60番目の締結国となった。2019年時点で、締結国は182か国＋EU。

ワシントン条約国内法
特殊鳥類の譲渡等の規制に関する法律（1972制定）と絶滅のおそれのある野生動植物の譲渡の規制等に関する法律(1987制定)。しかしこれらの法律は、生物多様性の保全を目的とした野生動植物の保護施策ではなかったため、これらの法律を廃止・統合して種の保存法が1992年に制定された。正式名称は、「絶滅のおそれのある野生動植物の種の保存に関する法律」。同法は、

捕獲、譲渡等の規制、及び生息地等保護のための規制から保護増殖事業の実施まで多岐にわたる内容を含む。

われら共有の未来＊＊
1984年国連に設置された「環境と開発に関する世界委員会」（通称、ノルウェー首相の「ブルントラント委員会」）が、約4年間にわたる8回の会合の後にまとめた報告書。1987年に公表された報告書の題名「Our-Common Future」。

我々が望む未来
リオ＋20参照。

ワンガリ・マータイ(Wangari Maathai)＊
もったいない（精神）参照。

ワンディッシュエイド
特定非営利活動法人日本ワンディッシュエイド(one dish aid)協会。2008年7月設立。本部奈良県生駒市。廃陶磁器や容器包装に対して、ゴミ発生の抑制や資源の循環型社会の普及に関する事業を行い、生活環境の保全並びに子供の健全育成に寄与することを目的とする。

［アルファベット用語（略語）］

［A］
ABS
Access and Benefit-Sharing。遺伝子資源へのアクセスとその利用から生じる利益の公正・衡平な配分のこと。2010年名古屋で開催されたCOP10において名古屋議定書の中に取り決められた。

ASC認証
環境ラベル・マークなどの紹介参照。

ASEAN
Association of South - East Asian Nations。東南アジア諸国連合。東南アジア諸国の経済・社会・政治・安全保障・文化での地域協力組織。加盟国は、インドネシア、シンガポール、タイ、フィリピン、マレーシア、ブルネイ、ベトナム、ミャンマー、ラオス、カンボジアの10カ国。本部はインドネシアのジャカルタにある。1967年8月設立。

AU
African Union。アフリカ連合参照。アフリカの国家統合体。アフリカ統一機構（OAU）が、2002年に発展改組して発足した。エチオピアのアディスアベバに本部設置。2020年11月現在加盟国55ヶ国。

［B］
BBOP
Business and Biodiversity Offset Program。ビジネスと生物多様性オフセットプログラム。生物多様性に係る国際的な取組みで、企業や政府、NGOを含む専門家などによる国際的パートナーシップ。人間活動が生態系に与えた影響を、その場所とは異なる場所に多様性を持った生態系を構築することにより、補償する環境活動である。

BCP
Business Continuity Planning。事業継続計画。災害や事故などが発生した

場合に業務が中断しないよう予め構築された対策計画。また、事業が中断しても所定の時間内に機能を再開させ、業務中断に伴うリスクを最小限にするために、事業継続について戦略的に準備しておく計画。

BEMS
Building and Energy Management System。ビルエネルギー管理システム。建物に設置された設備や機器の運転データ、エネルギー使用量を蓄積・解析することでエネルギー消費量の最適化・低減を図るシステム。同主旨でFEMS（Factory Energy-MS）、MEMS（Mansion Energy-MS）、HEMS（House Energy-MS）がある。

BOD＊
Biochemical oxygen demand。生物化学的酸素要求量。最も一般的な水質指標。水中の有機物などの量を、その酸化分解のために微生物が必要とする酸素の量で表したもの。単位は通常 mg/ℓ。一般に、BOD の値が大きいほど、その水質は悪いといえる。

BPA
化学物質ビスフェノールＡ（bisphenolA）の略称。プラスチックの原料で缶詰内側のコーティングに含まれる。内分泌撹乱物質の作用があることが判明。人体への影響としては神経異常などの症状が認められている。日本では現状使用禁止の法的措置はない。

BPR
Biocidal Products Regulation。欧州連合域内で統一して運用される「EU殺生物性製品規則」のこと。殺生物性製品とは有害生物に作用がある化学物質或いは微生物（ウイルス・真菌などを含む）さす。2012 年 6 月に公布、2013年 9 月より運用開始。

Bq
becquerel。ベクレル。放射線を出す能力の単位。1Bq は 1 秒間に 1 回放射性物質が崩壊することを意味する。

BR
Biosphere Reserves。生物圏保存地域（ユネスコエコパーク）。

BRICS
新興経済大国ブラジル、ロシア、インド、中国、南アフリカを指す言葉。

BSE
Bovine Spongiform Encephalopathy。牛海綿状脳症。脳の組織にスポンジ状の変化を起こし起立不能などの症状を示す遅発性かつ悪性の中枢神経系の疾病。直接的な関連付けの証明はないものの、BSE に感染した牛肉により、ヒトが新変異型クロイツフェルト・ヤコブ病を発症する可能性があるとされている。

BUA比
温室効果ガス削減に関し、特段の対策のない自然体ケース（Business as usual）に較べての効果をいう概念をいう。COP21（パリ協定）においては、先進国は排出削減総量として、途上国は BAU 比もしくは原単位ベースの国別行動としての約束となっている。

[C]
CASBEE
Comprehensive Assessment System for Built Environment Efficiency。建築環境総合性能評価システム。2001 年に国土交通省が主導し開発された建

築物の環境性能評価システム。地球環境・周辺環境にいかに配慮しているか、ランニングコストに無駄がないか、利用者にとって快適か等の性能を客観的に評価・表示するために使われている。評価対象は、日本国内の新築・既存建築物である。

CCD
Colony Collapse Disorder。蜂群崩壊症候群参照。

CCS
Carbon Dioxide Capture and Storage。二酸化炭素の貯蔵。工場等の大規模排出源から分離回収した CO_2 を、何らかの固体や液体に吸着させて回収し、地層や海中などに貯留する技術や取り組みの総称。日本では、2020 年の実用化をめざし開発中。

CDM*
Clean Development Mechanism。クリーン開発メカニズム参照。

CER
Certified Emission Reductions。認証排出削減量・CDM クレジット。京都議定書で規定された途上国への地球温暖化対策のための技術・資金援助スキームである CDM のルールに則って温室効果ガスを削減し、その排出削減量に基づき発行される国連認証のクレジット。

CERES
企業の社会的責任 10 原則（セリーズ原則）を策定した米国の NGO。

CFC
フロン類のクロロフルオロカーボン。オゾン層破壊物質であるのみならず温室効果ガスでもある。地球温暖化係数は種類により 4,600 から 14,400 である。

CFP
Carbon Footprint of Program。原材料調達から廃棄・リサイクルに至るまで排出される温室効果ガスの排出量を CO_2 に換算して、「見える化」（表示）する仕組み。2012 年 7 月以降一般社団法人産業環境管理協会が管理するシステム。

CH4
Methane。メタン。最も単純な構造の炭化水素で、1 個の炭素原子に 4 個の水素原子が結合した分子。温暖化係数 25 の温室効果ガス。

CIS
Commonwealth of Independent States。独立国家共同体。1991 年のソ連崩壊時に、ソ連邦を構成していた 15 か国のうちバルト三国を除く 12 か国（発足当初は 10 か国）によって結成されたゆるやかな国家連合体。

CLP規則
Regulation on Classification, Labelling and Packaging of substances and mixtures。EU において 2008 年 12 月 31 日に公示された物質と混合物そして火薬等の爆発性のある成形品の分類（Classification）、表示（Labeling 火薬等の爆発性のある成形品の分類（Classification）、表示（Labelling）および包装(Packaging)に関する規則。

CMA
パリ協定の締約国会議。Conference of the Parties serving as the Meeting of the Parties to the Paris Agreement 。

CMA1
the 1st Session of the Conference of the Parties serving as the Meeting

of the Parties to the Paris Agreement 。パリ協定第 1 回締約国会合。2016 年 11 月にモロッコ・マラケシュで、パリ協定（2015 年 11 月、途上国を含む全ての加盟国が、温室効果ガスの具体的な削減目標を申告し、削減量を増やす方向で 5 年ごとに見直すことなどを取り決めた協定）の発効に伴い開催された会合。

CMP
京都議定書の締約国会議。Conference of the Parties serving as the Meeting of the Parties の略 。

CO ＊
Carbon Monoxide。一酸化炭素参照。

CO2＊＊＊
carbon dioxide。二酸化炭素参照。

CO2回収・貯留
CCS 参照。

CO2削減/ライトダウンキャンペーン
2003 年から地球温暖化対策のため、「ライトアップ施設や家庭の照明を消していただくよう呼び掛ける」環境省のキャンペーン活動のこと。毎年 6 月 21 日から 7 月 7 日までを啓発期間としてキャンペーンを推進している。

CO2排出チェッカー
現在使用している電力量や、それを元に計算された CO_2 の排出量が分かる装置。

CO2フリー水素
水素の利用は CO_2 を排出せず、地球温暖化対策として優れているが、現段階の日本では、化石燃料由来の水素が主に用いられており、水素の製造段階では CO_2 が発生する。このことから、地球規模の問題である地球温暖化への対応を考えた場合には、必ずしも十分ではない。CCS などの CO_2 排出低減（CO_2 フリー）技術や再生可能エネルギー活用の水素製造が求められている。その技術をいう。

COD＊
Chemical Oxygen Demand の略 。化学的酸素要求量。水中の汚物を科学的に酸化し安定させるのに必要な酸素の量。値が大きいほど水質汚濁が著しい。主に海域や湖沼の汚染指標として使用される。

COOLBIZ
冷房に頼りすぎずに快適に過ごすための夏季の服装。環境省が中心となって行なわれる環境対策などを目的とした衣服の軽装化キャンペーン。

COOL CHOICE（クールチョイス）
2015 年 7 月以降の温室効果ガス削減国民運動の旗印。政府は 2030 年度の温室効果ガスの排出量を 2013 年度比で 26％削減するという目標を掲げ、その達成に向けて政府だけでなく、事業者や国民が一致団結して展開するための国民運動のキャッチフレーズ。現在展開中の運動「FUN TO SHARE」を含み実施。

COP
Conference of the Parties の略。条約の締約国の間で開かれる会議をいう。

COP3
第 3 回締約国会議。1997 年京都にて開催された気候変動枠組み条約第 3 回締約会議がその代表例。

COP10＊
第10回締約国会議。2010年10月に名古屋で開催された「生物多様性条約第10回締約国会議」がその代表例。

COP21
パリ協定参照。

COP24
代表例としては、第24回国連気候変動枠組条約締約国会議が著名。同会議は、ポーランドのカトビツェで、2018年12月に2週間開催。190以上の国と地域が参加し、20年以降の地球温暖化対策についての国際的な枠組み「パリ協定」の実施に向けたルールが採択された。一部の項目については合意が先送りされたが、先進国と途上国が共通の基準ので温室効果ガスの削減に取り組むことを決定した。後日米国はトランプ大統領の下で離脱を表明し、そのルールの効果が疑問視されたが、バイデン大統領になって復帰を表明した。

C
D

COVID-19
新型コロナウィルス参照。

CSD
Commission on Sustainable Development。持続可能な開発委員会参照。

CSR＊
Corporate Social Responsibility。企業の社会的責任参照。

CSR報告書(レポート)＊
環境報告書がさらに進化した形式のもの。環境・経済・社会の3つをバランスよく向上させ、経済や社会活動の分野まで踏み込んだ報告書をいう。サスティナビリティー報告書ともいう。

CSR報告書ガイドライン
環境省は、1997年に「環境報告書作成ガイドライン〜よくわかる環境報告書の作り方」を公表していたが、それを大幅に改訂した「環境報告書ガイドライン（公開草案）〜環境報告書作成のための手引き〜」を2000年11月に策定した。2007年6月には「環境報告ガイドライン2007年度版」をまとめ、公表した。最新版は2012年版で交際動向を踏まえた改正を実施。

CSV
Creating Shared Value。共通価値の創造。2011年CSRを発展させた新しい概念として、マイケル・E・ポーターなどにより提唱された。CSVとは、善行的な社会貢献という従来のCSRが抱えた限界を踏まえた上で、社会的な課

課題の解決と企業の競争力向上を同時に実現するという意味。「事業戦略の視点で見たCSR」と言い換えも可。

[D]
DDT＊
Dichloro diphenyl trichloroethane。ジクロロジフェニルトリクロロエタン。分子式 $C_{14}H_9C_{15}$。かつて使われていた有機塩素系の殺虫剤、農薬。日本では1971年5月に農薬登録が失効した。食物連鎖によってその濃度が濃くなっていく例として挙げられている。

DfE
Design for Environment の略。環境配慮設計（環境適合設計）参照。

DNA＊
Deoxyribonuleic-Acid。デオキシリボ核酸。単に「遺伝子」の意味で使用され

る場合が多い。細胞の中のDNAには遺伝の元となる情報、つまり「生命の設計図」が書き込まれ、親と同じ性質を伝えていく役割がある。

DR
電力需要創出型デマンドレスポンス。電力需要を抑えるネガワット(DR)とは逆の手法で、主に再生可能エネルギー電源の発電電力をDRの発動で消費し、電源の出力抑制を避ける役割。電力需要創出型DRは「上げのDR」とも呼ばれる。

[E]
EANET＊
Acid Deposition Monitoring Network in East Asia。東アジア酸性雨モニタリングネットワーク参照。

ECO
エコロジーの省略形「エコ」は和製英語。環境に配慮したという意味でさまざまな造語として使用される場合がある。

ECOSOC
United Nations Economic and Social Council。国際連合経済社会理事会。

Ecosystem(Service)
生態系・生態系サービス参照。

eco検定試験
環境社会検定試験参照。

EEA
European Economic Area。欧州経済領域。欧州経済地域。EU（欧州連合）にEFTA(エフタ)（欧州自由貿易連合）のノルウェー、アイスランド、リヒテンシュタインを含めた共同市場。1994 年発足。

EMS ＊＊＊
Environment Management System。環境マネジメントシステム参照。
Eco-drive management system。エコドライブ管理システム参照。

EnMS
Energy Management System。ISO/DIS 50001 として国際規格化されたエネルギーマネジメントシステム。環境マネジメントシステムとの混同を避けるためEnSM と略す。エネルギー使用に関して、方針・目的・目標を設定し、計画を立て、手順を決めて管理する活動を体系的に実施できるようにした仕組み。

EPD(プログラム・マーク)＊
Environmental Product Declarations。日本ガス機器検査協会がスタートさせたタイプⅢ環境ラベル。EPD マークが付いている 製品の場合は、その製品の一生涯の環境影響はどのくらいか、という情報を、誰でも見ることができるよう公開されているという特徴がある。環境ラベル・マークなどの紹介参照。

EPR ＊＊＊
Extended Producer Responsibility。拡大生産者責任参照。

ErP指令
Energy related Produc。省エネを促進するために環境に配慮した設計（エコデザイン）を行うことを義務付けた EU の規制。エネルギー使用製品を規制対象とした EuP 指令から対象範囲を拡大して改正・発効したもの。この規

制の特徴は、製品のライフサイクル全般についての環境配慮設計を義務付けた世界初の規制であることである。日本のErP指令に近いイメージの法律といえば、省エネ法の改正で出てきたトップランナー制度がある。

ERU
Emission Reduction Unit。先進国同士でGHG排出削減または吸収増大プロジェクトを実施し、その結果生じた排出削減量(または吸収増大量)に基づいて発行されるクレジット。数値目標が設定されている先進国間での排出枠の取得・移転のため、先進国全体としての総排出枠の合計は変わらない。

ESCO(事業)＊
Energy Service Companyの略。ESCO事業者が、対象建物の省エネルギー改修に係る設計・施工・改修費用の調達・計測検証・運転指導を一括して行い、その結果得られる省エネルギー効果を保証するとともに、省エネルギー改修に要した投資（金利を含む）・経費等は、すべて省エネルギーによる一定期間の経費削減分で償還され、残余がビルオーナーの利益となる仕組みをいう。

ESD(の10年)＊＊＊
Education for Sustainable Development。持続可能な開発のための教育参照。

ESD-J
Japan Council on Education for Sustainable Development。2005年から始まった「ESDの10年」を追い風として、市民のイニシアチブで"持続可能な開発のための教育"を推進するネットワーク団体・NPO。ESDに取り組む、NGO/NPO・教育関連機関・自治体・企業・メディアなどの組織や個人がつながり、国内外におけるESD推進のための政策提言、ネットワークづくり、情報発信を行っている。

ESD推進会議
ESD-J参照。

ESDに関するグローバル・アクション・プログラム
2013年11月の第37回ユネスコ総会で採択された後、2014年12月の第69回国連総会にて承認された「国連ESDの10年」の後継プログラム。全体目標は、持続可能な開発を加速するために、教育・学習の全ての段階・分野で行動を起こし強化することにある。ESDの重要性は2012年のRio+20の成果文書「The Future We Want」にも謳われ、2015年以降も世界でESDに取り組むことが明記された。

ESD for 2030
環境教育としてESDの10年（2005-2014）が提案・実施され、後継プログラムとして2015年からGAP、2020年からはSDGs達成期限の2030年に向けて、社会の変容や技術革新に対応したプログラムとして策定されたもの。

ESG投資
環境（Environment）、社会（Social）、企業統治（Governance）に配慮している企業を重視・選別して行う投資。国際連合が2006年、投資家がとるべき行動として責任投資原則(PRI:Principles for Responsible Investment)を打ち出し、ESGの観点から投資するよう提唱したため、欧米の機関投資家を中心に企業の投資価値を測る新しい評価項目として関心を集めるようになった。従来の社会的責任投資（SRI）が環境保護などに優れた企業を投資家が応援しようという発想だったのに対し、ESG投資は環境、社会、企業統

E

治を重視することが結局は企業の持続的成長や中長期的収益につながり、財務諸表などからはみえにくいリスクを排除できるとの発想がある。

ESR＊

The Corporate Ecosystem Services Review。生態系と企業活動との関連性を評価する体系的な方法論を取纏めた報告書。日本語訳「企業のための生態系サービス評価(ESR)」。自然から受ける恩恵を「生態系サービス」と定義した上で、森林、水、遺伝資源、などの「供給サービス」や、大気の調節、気候調整などの「調整サービス」のそれぞれの項目について、企業活動がどの様に生態系に依存し、影響しているかを知り、それによるビジネスリスクとチャンスを管理し、今後の戦略策定に繋げていくための体系的な方法論をいう。

EST

Environmentally Sustainable Transport。環境的に持続可能な交通。環境的に持続可能な交通の実現を目指し、OECD が 1994 年に開始した国際プロジェクトによって用いられるようになった用語。

ET＊＊

Emissions Trading。排出権取引参照。

ETC

Electronic Toll Collection System。高度道路交通システムのひとつで、有料道路を利用する際に料金所で停止することなく通過できる電子料金収受システムである。

EU(圏)＊＊

欧州連合参照。

EUエコラベル

EU15 か国+EEA 合意署名国のノルウェー、リヒテンシュタイン、アイスランドにおいて、環境影響が少ないと認められた商品に対してラベルの使用を認めるもの。運営主体は European Commission。対象商品は食品、繊維製品、飲料、薬品を除くすべての日用品（everyday consumer goods）衛生用品など。環境ラベル・マークなどの紹介参照。

EuP指令＊＊

Directive on Eco-Design of Energy-using Products。エネルギー使用製品に対して環境配慮設計（エコデザイン）を義務づける EU 指令。2009 年初頭から製品分野ごとの詳細な規制内容である「実施措置」が順次決議され、法律の運用が本格的に始まる。原材料の調達から製造，流通，使用，廃棄に至るまで，製品のライフサイクル全体における環境負荷低減を目指し、3 つの要求事項を製造者に求めている。①マネジメント要求、②一般的エコデザイン要求（図）、③特定エコデザイン要求である。

EVシフト

パリ協定の発行などにより、地球温暖化の主たる原因であると思われる温室効果ガスを出さない EV（電気自動車）に世界の主要自動車メーカーは、その生産の主力を移しつつある。この措置をいう。

EV車

Electric Vehicle。電池に充電した電気で走る自動車。

E－waste＊

Electronic waste あるいは WEEE（Waste Electrical and Electronic Equipment）とも呼ばれる電気製品・電子製品の廃棄物。

[F]
FAO **
Food and Agriculture Organization of the United Nations。国連食糧農業機関参照。
FCV
Fuel Cell Vehicle。燃料電池自動車参照。
FEMS
Factory Energy Management System。工場エネルギー管理システム。工場のエネルギー使用の効率化を図るため、使用量を監視し、ピーク電力の調整や状況に応じた空調、照明機器、生産ライン等の運転制御等を行うシステム。
FIT法
Feed-in Tarif。固定価格買取制度。エネルギーの買取価格（タリフ）を法律で定める方式の助成制度。固定価格制度、フィードインタリフ制度、電力買取補償制度等とも呼ばれる。2017年4月には法改正が行われ、買取価格の決定方法を電源別に分けることに加えて、買取りの対象になる発電設備の認定方法を大幅に変更。認定を受けるためには、保守点検を含む事業計画の策定が必要となった。
FOOD ACTION NIPPON*
農林水産省が2008年度（平成20年度）より、「食料自給率向上に向けた国民運動推進事業」を立ち上げ、その一環として当プロジェクトが提唱された。
FSC(マーク)(森林認証)*
Forest Stewardship Council。森林管理協議会のマーク。木材を生産する森林、そしてその森林から切り出された木材を使って生産・加工を行なっているかどうかを認証する国際機関の一つがFSC。森林環境保全に配慮し、地域社会の利益にもかない、経済的にも継続可能な形で生産された木材を認証するだけでなく、このFSCのマークが入った製品を買うことで、消費者も世界の森林保全に間接的に関与できる仕組みである。環境ラベル・マークなどの紹介参照。
FUN to SHARE
環境省首唱の2014年4月に発足した地球環境問題対策キャンペーン。チームマイナス6%、チャレンジ25キャンペーンに変わる運動。さまざまな組織・企業の中で生まれた低炭素社会実現のための技術や取組みを広く情報交換しながら、楽しく低炭素社会を実現していこうというもの。

[G]
G8(サミット)*
主要8ヶ国首脳会議。ロシアが参加する前は、G7と呼ばれていた。日、米、英、独、仏、伊、加、露の8カ国で構成されるのでこう呼ばれる。2014年以降のサミットは、ウクライナ問題発生によりロシアを除きG7で開催されている。
G8環境大臣会合
1992年以来、G8の環境大臣が地球環境問題について意見交換や、G8(7)サミット（主要国首脳会合）に環境面から貢献することなどを目的に、サミットに先立ち開催されている会合である。
G20
Group of Twenty の略。主要国首脳会議（G7）参加国、欧州連合（EU）、新興経済国11か国の計20か国・地域からなるグループである。G7以外の構成

F

G

国は、露・中・印・ブラジル・メキシコ・南アフリカ・豪・韓・インドネシア・サウジアラビア・トルコ・アルゼンチンである。G20首脳会合および20か国・地域財務大臣・中央銀行総裁会議を開催している。

G20サミット
G20首脳会合。G20参照。

GAH
Gross National Hapiness。荒川区民総幸福度（グロス アラカワ ハッピネス：GAH）。東京都荒川区でだれもが幸せを実感できるまち「幸福実感都市あらかわ」の実現を目指して取り組んでいる活動の進捗度合いを示す指標。GNH参照。

GAP
ＥＳＤに関するグローバル・アクション・プログラム参照。

GBO
Global Biodiversity Outlook。地球規模生物多様性概況参照。

GCF
Green Climate Fund。緑の気候基金参照。

GDP
Gross Domestic Product。国内総生産参照。

GEO
Global Environment Outlook。地球環境展望参照。

GEF＊
Global Environment Facility。地球環境ファシリティー参照。

GEOC
Global Environmental Outreach Centre。地球環境パートナーシップ参照。

GEOSS
Global Earth Observation System of Systems。全球地球観測システム。2005年から10年間に亘って実施される「複数システムからなる統合地球観測システム」の構築計画。人工衛星観測および現場観測（地上観測）を統合した複数の観測システムからなる包括的な地球観測のシステム。2005年にブリュッセルでの「第3回地球観測サミット」でGEOSS10年実施計画が承認された。会議には、G8諸国を含む約60カ国と約30の国際機関が参加した。GEOSSでは社会的課題の解決に向けた地球観測の統合化を図る。対象となる分野として災害、エネルギー、気候、生態系などの9つがある。

GGN
Global Geoparks Network。世界ジオパークネットワーク。世界ジオパーク認定地域が情報や運営のノウハウを交換するためのネットワーク。2004年にユネスコの支援で設立された。日本のジオパークは、09年に洞爺湖有珠山（北海道）、糸魚川（新潟県）、島原半島（長崎県）、10年に山陰海岸（京都府・兵庫県・鳥取県）、11年に室戸（高知県）、13年に隠岐（島根県）が認定されている。

GHG
温室効果ガス参照。

gha
生物生産力（生物学的生産力）は、気候風土や利用形態、作物の種類、農法によって生産性が全く異なっている。この差異を補正し、標準化した平均的生物生産力の単位として用いられる単位。

GHS
Globally Harmonized System of Classification and Labelling of Chemicals。

化学品の分類および表示に関する世界調和システム。世界的に統一されたルールに従って、化学品を危険有害性の種類と程度により分類し、その情報が一目でわかるよう、ラベルで表示したり、安全データシートを提示したりするシステムのこと。

GIAHS
Globally Important Agricultural Heritage Systems。世界重要農業資産システム参照。

GLOBE
Global Legislators Organization for a Balanced Environment。地球環境国際議員連盟。1989 年設立。EC（当時）各国議会、米国議会及び日本の国会議員の有志が地球環境問題の国際協力構築のため設立した国際議員連盟。

GIS
Geographic Information System。地理情報システム。地理的位置を手がかりに、位置に関する情報を持ったデータ（空間データ）を総合的に管理・加工し、視覚的に表示し、高度な分析や迅速な判断を可能にする技術である。

GM作物＊＊
Genetically Modified Organism。遺伝子組み換え作物参照。

GNH
Gross National Happiness。国民総幸福量参照。

GNP
Gross National Product。ある一定期間に国民によって新しく生産された財（商品）やサービスの付加価値の総計。日本では 1993 年から代表的指標として国内総生産（GDP）が使われるようになり、かつてほど注目されなくなった。

GOSAT
ゴーサット。Greenhouse gases Observing Satellite。環境省、国立環境研究所(NIES)、宇宙航空研究開発機構(JAXA)が共同で開発した G.H.G 観測技術衛星。地球温暖化の原因とされている CO_2 などの G.H.G. の濃度分布を宇宙から観測する。2009 年 1 月打ち上げ。愛称は「いぶき」。

GPN
Green Purchasing Network。グリーン購入ネットワーク参照。

GRI(ガイドライン)＊
Global Reporting Initiative Guideline。オランダに本部を置く NGO で、CSR（企業の持続可能性レポート）ガイドラインづくりを目的とする国連環境計画（UNEP）の公認協力機関。事業者が、環境・社会・経済的な発展に向けた方針策定、計画立案、具体的取組等を促進するための国際的なガイドラインを発行。2000 年 6 月に GRI ガイドライン第 1 版が発行され、2002 年には第 2 版が出されている。GRI ガイドラインは企業の経済面、社会面及び環境面のトリプルボトムラインが骨格になっている。

GTCC
Gas turbine combined cycle。ガスタービンコンバインドサイクル発電。燃料を燃やして発生させた高圧ガスでタービンを回す通常の発電に加え、その排熱で作った蒸気でもタービンを回して発電するシステム及びその装置。従来火力プラントと比較して、相対値で約 20%高いプラント効率を達成することができるといわれている。

GWP
Global Warming Potential。地球温暖化係数参照。

Gy(グレイ)

放射線による物理的なエネルギーの強さ。電離放射線の照射により物質 1 kg につき 1 J の仕事に相当するエネルギーが与えられるときの吸収線量を 1 グレイと定義する。

[H]
HACCP＊

Hazard Analysis and Critical Control Point。ハサップまたはハセップと呼ばれる。食品を製造する際に工程上の危害を起こす要因（ハザード；Hazard）を分析しそれを最も効率よく管理できる部分（CCP；必須管理点）を体系的に管理して安全を確保する管理手法。由来はアメリカの宇宙開発における「宇宙食」の安全性確保のために考案された手法である。

HC

Hydrocarbons。炭化水素。炭素原子と水素原子だけでできた化合物の総称。炭化水素で最も構造の簡単なものはメタンである。また、石油や天然ガスの主成分は炭化水素やその混合物であり、石油化学工業の原料として今日の社会基盤を支える資源としてきわめて重要である。

HCFC

hydrochlorofluorocarbons。ハイドロクロロフルオロカーボン。代替フロンの一つとして使用されたが、温室効果をもたらすため、先進国では 2020 年、開発途上国では 2030 年までに全廃される予定。地球温暖化係数は 90〜1800。

HDI

Human Development Index。人間開発指数参照。

HEMS

Home Energy Management System。ヘムス。家庭用エネルギー管理システム。家庭で使うエネルギーを節約するための管理システム。家庭での電気機器をつないでエネルギー使用状況を「見える化」したり、各機器をコントロールしてエネルギーの自動制御ができ、節電を快適に実施する仕組み。スマートハウスの中核となる。

HEP＊

Habitat Evaluation Procedure。ハビタット評価参照。

HFC＊

hydrofluorocarbons。ハイドロフルオロカーボン。フルオロカーボン類の一種。オゾン層破壊の原因であることから 1995 年末に製造が中止された「特定フロン」クロロフルオロカーボン(CFC)にかわる「代替フロン」として、おもに冷媒や発泡剤、洗浄剤として利用されている。しかし、強力な温室効果ガスであるため京都議定書において削減対象ガスとなった。

HFCs

ハイドロフルオロカーボン類。

HLPF

The High-level Political Forum。ハイレベル政治フォーラム。国連が毎年開催する国際会議で、「持続可能な開発目標（SDGs）を含む 2030 アジェンダ」のフォローアップとレビューを目的としている。2013 年 7 月設立。

HMFC

Hydrogen Membrane Fuel Cells。水素分離膜型燃料電池。

【I】

IBRD

International Bank for Reconstruction and Development。世界銀行参照。

ICAN

International Campaign to Abolish Nuclear Weapons。アイキャン又はイカン。核兵器廃絶国際キャンペーン。核戦争防止国際医師会議（1985 年ノーベル平和賞受賞）を母体とし、2007 年にウィーンで発足。日本のピースボートなど 101 カ国に 468 のパートナー団体を持つ。スイスのジュネーブと豪州のメルボルンに事務所を置く。有志国政府と連携して国際会議への NGO の参加を促したり、核兵器禁止条約を求める国際世論を高めたりするために、メディアやネットを使ったキャンペーンを展開。2017 年ノーベル平和賞受賞。

ICLEI

Local Governments for Sustainability。［略］ICLEI。イクレイ。1,500 以上の自治体で構成された国際ネットワークで、持続可能性を目指す自治体協議会のこと。1990 年 43 ヶ国、200 以上の自治体が集まりニューヨクの国際連合本部で行われた「持続可能な未来の為の自治体世界会議」がスタート。1991 年世界事務局（カナダ；トロント）、ヨーロッパ事務局（ドイツ；フライブルク）。International Council for Local Environmental Initiatives（国際環境自治体協議会）として誕生し、その後に名称変更している。

ICPD

International Conference on Population and Development。国際人口開発会議参照。

ICRAN

International Coral Reef Action Network。国際サンゴ礁行動ネットワーク参照。

ICT

Information and Communication Technology。情報通信技術。IT とほぼ同義語。IT は、情報処理特にコンピュータなどの基礎あるいは応用技術の総称。通信（communication）を含める場合は ICT という。日本では戦前以来の慣行に由来して、通信事業は総務省の所管であるため、総務省は ICT の語を、経済産業省は IT の語を用いることが多い。

IEA

International Energy Agency。国際エネルギー機関参照。

IETC

International Environmental Technology Centre (IETC)。国際環境技術センター。UNEP の下部組織として 1992 年大阪に設立された。主に途上国と経済が過渡期にある国に対する環境に適正な技術の利用を促進することを目的とする。

IGCC

Integrated coal Gasification Combined Cycle。石炭ガス化複合発電。石炭をガス化し、C/C（コンバインドサイクル発電）と組み合わせることにより、従来型石炭火力に比べ更なる高効率化（42%から 50%へ）を目指した発電システム。大気汚染物質の低減、種々の品位の石炭を使用できるなどの利点がある。

ILO

International Labour Organization。ILO。国際労働機関。1919 年に創設さ

れた世界の労働者の労働条件と生活水準の改善を目的とする国連最初の専門機関。本部はジュネーヴ。

IMO
International Maritime Organization。国際海事機関。船舶の安全及び船舶からの海洋汚染の防止等、海事問題に関する国際協力を促進するための国連の専門機関として、1958年に設立された機関。設立当時は「政府間海事協議機関」（IMCO）と称した。1982年に国際海事機関（IMO）に改称された。

INDC
Intended Nationally Determined Contribution。NDC参照。

INES
International Nuclear Event Scale。国際原子力事象評価尺度参照。

IOT
Internet of Things。従来は主にパソコンやサーバー、プリンタ等のIT関連機器が接続されていたインターネットにそれ以外の様々な"モノ"を接続する技術。

IPBES
Intergovernmental science-policy Platform on Biodiversity and Eco-system Services。生物多様性及び生態系サービスに関する政府間科学政策プラットフォーム参照。

IPCC＊＊＊
Intergovernmental Panel on Climate Change。「気候変動に関する政府間パネル」参照。

IPCC第5次報告書(AR5)＊
気候変動に関する政府間パネル第5次報告書参照。

IPM
Integrated Pest Management。総合的病害虫・雑草管理。病害虫の発生情報などで病害虫・雑草対策の時期を把握し、農薬に頼らない防除を行うこと。粘着版や天敵昆虫による害虫退治、フェロモンによる害虫撹乱などがあげられる。

IRP
Intergovernmental Resource Panel。国際資源パネル。2007年11月設立。資源の持続可能な利用が世界の大きな課題となっているため、UNEPにより各国の専門家からなる当機関が設立された。天然資源の利用によるライフサイクルにわたる環境影響について独立した科学的評価を提供し、影響提言の理解を深め広めることを目的に活動している。

ISMS
Information Security Management System。情報セキュリティ管理システム。組織における情報セキュリティを管理するための仕組み。組織の情報資産について、機密性、完全性、可用性をバランスよく維持し改善することが、その主たる目的である。ISMS適合性評価制度における認証基準は、JIS Q 27001：2014（ISO/IEC 27001：2013）である。

ISO(規格)＊
国際標準化機構及びその規格。電気分野を除く工業分野の国際的な標準である国際規格を策定するための民間の非政府組織。本部はスイスのジュネーブ。国際標準化機構が出版した国際規格も、一般にはISOと呼ぶ。

ISO14001＊＊
環境マネジメントシステムの国際規格。1992年リオで開催された"地球サミ

ット"がきっかけとなり、世界の産業人で結成された「持続的発展のための産業界会議（BCSD）」が"持続的発展"のために必要だとして ISO に作成依頼したことにより 1996 年に完成した。その中核をなすのが ISO14001「環境マネジメントシステム−仕様及び利用の手引き」である。

ISO14040

ISO の規格・環境マネジメントシステム−ライフサイクルアセスメント−原則及び枠組みの規格。ISO14000 シリーズは環境管理、監査などを目的とした生産工程、業務プロセスについての国際規格。このうち 14001 は環境マネジメントシステム、14010 番台は環境監査、14020 番台は環境ラベル、14040、14041 は物質やエネルギーの流れを把握するための国際統一規格。

ISO26000＊

ISO の組織の社会的責任の規格。2011 年 11 月発行。組織の社会的責任に関する国際規格。ISO26000 の開発にあたっては ISO 規格としてははじめてマルチステークホルダープロセスがとられ、幅広いセクターの代表が議論に参加した。

ISO50001＊

ISO の規格。エネルギーマネジメント規格。2011 年 6 月発行。事業者がエネルギー使用に関して、方針・目的・目標を設定し、計画を立て、手順を決めて管理する活動を体系的に実施できるようにした仕組み（これを規格では'組織の EnMS'という）を確立する際に必要な要求事項を定め、全ての組織に適用できる世界標準の規格。この規格は、組織がエネルギーパフォーマンスを継続的に改善するために必要なシステムとプロセスを確立し、エネルギーの体系的な運用管理によって、温室効果ガスの排出量やエネルギーコストの低減につなげることが意図されている。

ISO9001＊

ISO の品質マネジメント規格。1987 年に品質保証システムとして発足。2000年の改正により品質マネジメントシステム（QMS: Quality Management System)となった。組織が品質マネジメントシステムを確立し、文書化し、実施し、かつ、維持することを要求している規格。また、その品質マネジメントシステムの有効性を継続的に改善するために要求される規格。

IT＊

Information technology。情報技術。情報処理特にコンピュータなどの基礎あるいは応用技術の総称。 通信を含める場合を、情報通信技術（ICT）という。

ITS＊

Intelligent Transport Systems。高度道路交通システム。最先端の情報通信技術を用いて人と道路と車両とを情報でネットワークし、交通事故、渋滞など道路交通問題の解決を目的に構築する新しい交通システムをいう。

ITTO

International-Tropical-Timber-Organization。国際熱帯木材機関。本部は日本（横浜）。熱帯林保有国の環境保全と熱帯木材貿易の促進を両立させることによって、熱帯林を貴重な資源とする開発途上国の経済発展に寄与することを目的としている。

IUCN

International Union for Conservation of Nature and Natural Resources。国際自然保護連合参照。

IWI

包括的富指標参照参照。

[J]
JAB

The Japan Accreditation Board for Conformity Assessment。日本適合性認定協会。1993年（平成5年）設立。経済産業省と国土交通省が所轄。適合性評価制度全般に関わる日本唯一の認定機関としての役割を担う純民間の公益財団法人。本協会は、日本工業規格(JIS)または国際規格への適合性評価に関わる事業を行う。ISOの認証は、認証機関が各組織(企業等)を審査・登録し、ISOの認証を与えている。その認証機関自体を審査・認定する機関がJABである。

JAS(規格)＊

農林物資の規格化及び品質表示の適正化に関する法律（JAS法、1950年公布）に基づく農・林・水・畜産物およびその加工品の品質保証の規格。

JAS法

「農林物資の規格化及び品質表示の適正化に関する法律」。この法律は、飲食料品等が一定の品質や特別な生産方法で作られていることを保証する「JAS規格制度（任意の制度）」と、原材料、原産地など品質に関する一定の表示を義務付ける「品質表示基準制度」からなっている。

JASマーク＊

JAS規格を満たしている食品に付けられるマーク。環境ラベル・マークなどの紹介参照。

JCCCA

Japan Center for Climate Change Action。全国地球温暖化防止活動推進センター参照。

JCM

Joint Crediting Mechanism。二国間クレジット制度。途上国への温室効果ガス削減技術、製品、システム、インフラ等の普及や対策を通じ、実現した温室効果ガス排出削減・吸収への日本の貢献を定量的に評価し、パリ協定における日本の削減目標の達成に活用するもの。相手国は、2017年1月現在、モンゴルなどのアジア諸国、エチオピアなどのアフリカ諸国、メキシコ、サウジアラビア、チリなどの17か国である。

JHEP

Japan Habitat Evaluation and Certification Programの略。公益財団法人日本生態系協会。企業などを主な対象として、生物多様性の保全や回復に資する取り組みを定量的に評価、認証する第3者機関による認証制度。ハビタットとは野生生物の生息環境をいう。

JI＊

Joint Implementation。共同実施参照。

J-IBIS

Japan Integrated Biodiversity Information System。生物多様性情報システム。環境省生物多様性センターの組織。自然環境保全基礎調査やモニタリングサイト1000の成果を公開している。

JICA

Japan International Cooperation Agency。独立行政法人国際協力機構法に基づいて、2003年10月に設立された外務省所管の独立行政法人。政府開発

I

J

援助（ODA）の実施機関の一つ。開発途上地域等の経済及び社会の発展に寄与し、国際協力の促進に資することを目的としている。前身は 1974 年（昭和 49 年）8 月に設立の外務省所管特殊法人国際協力事業団（JICA）。

JIS＊
Japanese Industrial Standards。日本産業規格参照。

JISマーク
環境ラベル・マークなどの紹介参照。

J-MOSS
電機電子機器に含有される化学物質の表示に関する JIS 規格の略称。正式名称は「電気・電子機器の特定の化学物質の含有表示方法（the marking for presence of the specific chemical substances for electrical and electronic equipment）JIS C 0950」で、英文名の主な単語の頭文字と、日本を意味する「J」の文字を組み合わせて J-Moss と呼ぶ。2006 年 7 月に施行された資源有効利用促進法改正政省令により、特定化学物質を含有する特定 7 品目に対しては JIS C 0950 に従って、基準値を超えた場合にオレンジ色のマークによる表示が義務づけられた。また、基準値を超えない場合には、任意で緑色のマークを表示できるとされた。欧州（EU）の RoHS 指令が特定化学物質の使用を制限するものであるのに対し、J-MOSS は特定化学物質の含有状況明示方法を規格化したものに過ぎない。環境ラベル・マークなどの紹介参照。

J-VER
Japan-Verified Emission Reduction。J-クレジット制度参照。

J-クレジット制度
省エネルギー機器の導入や森林経営などの取組による、CO_2 などの温室効果ガスの排出削減量や吸収量を「クレジット」として国が認証する制度。2013 年 3 月で終了した国内クレジット制度（経産省所管）及びオフセット・クレジット制度（J-VER 制度・環境省所管）を統合したもの。2030 年まで有効。関係省庁は、経産省・環境省・農水省。

J
K
L

[K]
KYOTOエコマネー
地域通貨の一つ。京都市がその主体。「ごみを減らす行動」をすると「エコマネー」を提供する仕組み。交換できる商品には市バスのプリペイドカード、京野菜等。

[L]
L2-Tech(技術)
Leading Low-carbon Technology。先導的低炭素技術。エネルギー消費量削減・二酸化炭素排出削減のための先導的な要素技術またはそれが適用された設備・機器などのうち、エネルギー起源 CO2 の排出削減に最大の効果をもたらす技術をいう。

L2-Tech(技術)認証制度
日本法人が製造または販売する製品等のうち、「平成 26 年度版 L2-Tech リスト」に示す「L2-Tech の水準」を満たすものについて、審査・認証検討委員会の審査結果に基づき、環境省が認証するもの。対象分野は、①産業・業務（業種共通）、②産業（業種固有の製造設備等）、③運輸、④家庭、⑤エネルギー転換、⑥廃棄物処理など、の 6 領域。

LCA＊＊＊

life-Cycle-Assessment。製品製造に際して、原料の調達から製造、使用、廃棄に至る製品の一生について、資源やエネルギーの投入や環境への負荷を科学的・定量的に分析し、環境への影響を評価する手法。ISO14040 で LCA の手法を定めている。

LDC

least developed country。開発途上国参照。

LDN

Land Degradation Neutrality。土地劣化の中立性参照。

LED

Light Emitting Diode。発光ダイオード。ダイオードの一種で、順方向に電圧を加えた際に発光する半導体素子である。1962 年、ニック・ホロニアックにより発明された。発明当時は赤色のみだった。黄色は 1972 年にジョージ・クラフォード（英語版）によって発明された。青色は 1990 年代に日本の科学者（赤崎勇、天野浩、中村修二）により発明された。

LEDランプ(照明)＊

発光ダイオードによる電球。

LLDC

Landlocked Developing Country。内陸開発途上国。国土が海から隔絶され、地勢的に開発に不利な途上国をいう。特別の開発ニーズを有することから、ミレニアム開発目標（MDGs）においても、 LLDC 問題は、目標 8（ターゲット 8-A：開放的で、ルールに基づいた、予測可能でかつ差別のない貿易および金融システムのさらなる構築を推進するなど）のターゲットの一つとされている。なお、1990 年代ごろまでは、LLDC といえば、「the Least among less Developed Country（現在の LDC）」のことを指した。

LMO

Living Modified Organism。改変された生物参照。

LOHAS＊

Lifestyles Of Health And Sustainability の略。エコや健康、自己開発や社会的責任をもって意識的な消費を心がける人々をいう。健康や環境問題に関心の高い人々のライフスタイルを営利活動に結びつけるために生み出されたマーケティング用語でもある。1998 年に米国で造語され、日本では 2004 年頃からライフスタイルを表現する言葉として使用されてきた。

LPガス(LPG)

LPG(Liquefied petroleum gas)。液化石油ガス。プロパン・ブタンなどを主成分とし、圧縮することにより常温で容易に液化できるガス燃料（気体状の燃料）の一種である。一般にはプロパンガスともよばれる。家庭・業務用はプロパンが主体であるが、工業用の主体はブタンであり、家庭・業務用でもプロパンが純物質出ないため、プロパンガスと呼称することは適当とは言い難い。

LRT

Light Rail Transit。次世代型路面電車。低床式車両(LRV)の活用や軌道・電停の改良による乗降の容易性、定時性、速達性、快適性などの面で優れた特徴を有する軌道系交通システム。近年、道路交通を補完し、人と環境にやさしい公共交通として再評価されている。

[M]

MA＊＊＊
Millennium Ecosystem Assessment。ミレニアム生態評価参照。

MAB
Man and Biosphare Programme。人間と生物圏計画。ユネスコ（国連教育科学文化機関）の長期政府間共同事業計画として発足（1971年）した研究計画。自然及び天然資源の合理的利用と保護に関する科学的研究を国際協力のもとに行うことにより、環境問題の解決の科学的基礎を得ることを目的としている。

MDGs
Millennium Development Goals。ミレニアム開発目標参照。

MFCA
Material Flow Cost Accounting。マテリアルフローコスト会計参照。環境と経営の両立を目指す会計制度。製造工程で生じる廃棄物や不良品などロスの原価を算出。製品となった材料を正の製品、廃棄物などを負の製品と定義する。不要なモノを作る費用を可視化し廃棄物やコストの削減を導く。

MOP
Meeting-of-Parties。議定書を批准した国が集まる会議。

MSC（漁業認証・マーク）＊
Marine-Stewardship-Council。海洋管理協議会の略。水産資源や海洋環境を守って取った水産物に与えられる認証とそのマーク。環境ラベル・マークなどの紹介参照。

MSDS（制度）＊
Material Safety Data Sheet。化学物質安全性データシート。SDS参照。

MY行動宣言（マイ行動宣言）
環境省の「国連生物多様性の10年委員会（UNDB-J）」が推進している活動。生物多様性を改善するために、日々の暮らしを見直すことを目的に、食の地産地消、自然の中や動植物園などで生き物に触れよう、自然の移ろいなどを文章で伝える、地域の活動に参加する、環境にやさしい商品などを使おうの5つの行動を推奨している。

[N]

N2O
一酸化二窒素参照。GHGガス。工業プロセスや家畜排泄物等が主発生源。

NAMAs
Nationally Appropriate Mitigation Actions。「開発途上国による適切な緩和行動」のこと。京都議定書では途上国はGHGの削減義務を負っていない。しかし、途上国の排出量も多くなってきているため、何らかの取り組みが必要となり、COP15 コペンハーゲン合意（2009年12月開催）において、附属書Ⅰ国が2020年までの温室効果ガス削減目標を、非附属書Ⅰ国は国内の適切な緩和行動（NAMAs）をUNFCCC事務局に提出することになった。

NDC
Nationally Determind Contribution。約束草案。気候変動枠組条約COP21で締結されたパリ協定に、参加各国が提出したCO_2削減案をいう。従来このような場合、commitment（約束）という言葉が使われるが、全参加国が目的（気温上昇2℃未満）達成に寄与するという意味でContribution（貢献度）が使われた。INDC参照。

NEDO

New Energy and Industrial Technology Development Organization。国立研究開発法人新エネルギー・産業技術総合開発機構。日本のエネルギー・環境分野と産業技術の一端を担う国立研究開発法人。1980 年 10 月 新エネルギー総合開発機構として設立。 2015 年 4 月に現在の名称に変更。

NF₃

三フッ化窒素。温室効果ガス。

NGO＊

Non-Governmental Organization 。国際協力に携わる「非政府組織」「民間団体」のこと。もともとは、国連と政府以外の民間団体との協力関係について定めた国連憲章第 71 条の中で使われている用語。

nLDK

日本住宅公団が 1955 年に普及させた住宅 2DK 標準設計が始まり。各室機能の分化を計った部屋数などを表したもの。n 個室+リビング＋ダイニング+キッチンという概念。

NO－FOODLOSSプロジェクト

食品ロス削減国民運動の実施主体。2013 年 12 月ロゴマーク（ろすのんマーク）が制定され運動が開始された。消費者庁、農水省など 6 府省が共同で啓蒙運動を行ってきたが、2019 年 5 月には「食品ロスの削減の推進に関する法律」が制定されたことにより、国・地方行政・事業者の責任、消費者の役割が明確になり、法的義務としても成果が出やすくなっている。しかし啓蒙運動としても並行して更に強力進められている。環境ラベル・マークなどの紹介参照。

NOWPAP

北西太平洋地域海行動計画参照。

NOx＊

窒素酸化物（NOX）参照

NPO＊

Nonprofit Organization。広義では非営利団体のこと。狭義では、非営利での社会貢献活動や慈善活動を行う市民団体のこと。

NPO法

特定非営利活動推進法参照。

NUMO

Nuclear Waste Management Organization of Japan。原子力発電環境整備機構参照。

N
O

[O]

ODA＊

Official Development Assistance。政府開発援助。国際貢献のために先進工業国の政府及び政府機関が発展途上国に対して行う援助や出資のこと。第 2 次大戦後の経済復興のために米国を中心として構築された制度。欧州の戦後復興もこの体制により実現。その後、先進国と発展途上国の間にある大きな経済格差の問題（南北問題）を発端に整備された。日本から ODA を拠出したのは、1954 年にビルマ（ミャンマー）と結んだ「日本・ビルマ平和条約及び賠償・経済協力協定」での賠償供与が初めてである。

OECD＊

Organization for Economic Co-operation and Development。経済協力開発

機構。本部はフランスのパリ。1948年4月、欧州16か国でOEEC（欧州経済協力機構）が発足。これがOECDの前身。2018年11月現在加盟国は36カ国。先進国間の自由な意見交換・情報交換を通じて、①経済成長、②貿易自由化、③途上国支援（これを「OECDの三大目的」という）に貢献することを目的としている。「先進国クラブ」とも呼ばれる。1964年以降、従来の枠である西欧と北米という地理的制限を取り払い、アジア、東欧にも加盟国を拡大した。日本は、枠拡大直後の1964年に加盟した。

OPCW

Organization for the Prohibition of Chemical Weapons。化学兵器禁止機関。化学兵器の廃棄などに取り組んでいる国際機関。オランダのハーグに本部がある。2013年もシリアなどで査察活動や化学兵器類の破壊作業を行っている。

OPEC

Organization of the Petroleum Exporting Countries。石油輸出国機構。中東を中心とした産油国によって、1960年に設立。産油国側の利益を守る目的で、石油の生産量や価格の調整をするための役割を担う。近年では2016年以来、インドネシアのメンバーシップ停止、ガボンの再加盟、コンゴ共和国の新規加盟、LNG移行によるカタールの脱退などを経て、2019年1月現在、サウジアラビア、イラク、イラン、UAE、クウェート、ヴェネゼラ、（産油量の多い順）など14カ国。

Ox

Oxidant。過酸化物質。オキシダント参照。

[P]

P2G

Power to Gas。PtG。パワー・ツー・ガス。風力発電や太陽光発電などの再生可能エネルギーの出力時に生じた余剰電力を、水素やメタンなどの気体燃料に変換して貯蔵する技術。CO_2フリー水素参照。

PCB＊＊＊

polychlorinated biphenyl。ポリ塩化ビフェニル。化学式 $C_{12}H_{(10-n)}Cl_n$（$1 \leqq n \leqq 10$）。熱に強い・非導電性などの性質を持つため、変圧器や安定器の冷却油や、機械の潤滑油などに使われた。昭和40年代にカネミ油症事件により、生物（人間含む）に害を及ぼす毒性物質として認知された。PCB特別措置法参照。

PCB特別措置法

「ポリ塩化ビフェニル廃棄物の適正な処理の推進に関する特別措置法」。PCBの廃棄物を確実、適正に処理するため、PCB廃棄物を持つ事業者に適正処分などを義務付けた法律。2001年制定。環境省所管。同法は、PCBの廃棄物を保管している事業者などに、保管・処分の状況を都道府県知事に届け出ることや、法施行日（2001年7月15日）から15年以内にPCB廃棄物を処分することなどを義務付けていたが、2014年の法改正により製品、処理地域、PCB濃度の違いにより、2019年から2027年3月までに期限延長がなされた。

PCDF

Poly Chlorinated Dibenzo Furan。ポリ塩化ジベンゾフラン。ダイオキシン類の一つで、PCBより毒性の強い汚染物質。塩素を含む有機化合物等を焼却するときに非意図的に発生し、焼却場等の周辺に排出されるなど社会問題化してきた。

PCR 検査

検査対象のウイルスの遺伝子を専用の薬液を用いて増幅させ検出させる検査方法。鼻や咽頭を拭って細胞を採取し、検査を行う。感染してから発症する数日前より検出可能とされている。

PCグリーンマーク・ラベル

環境に配慮したパソコンを購入したいというユーザーの選択の目安となるよう、2001年9月に定めたパソコンの環境ラベル制度で、一般社団法人 パソコン 3R 推進協会（PC3R）が管理・運営している。環境ラベル・マークなどの紹介参照。

PDCA(サイクル)＊

デミングサイクル参照。

PE

ポリエチレン。polyethylene。エチレンが重合した構造を持つ樹脂。最も単純な構造をもつ高分子であり、容器や包装用フィルムなど様々な用途に利用されている。

PES＊

Payment for Ecosystem Services。生態系サービスへの直接支払参照。

PET

polyethylene terephthalate。ポリエチレンテレフタレート。ポリエステルの一種。日本語では「ペット」、英語では「ピーイーティー」と読む。飲料容器として知られるペットボトルのほか、フィルム・磁気テープの基材、衣料用の繊維などに用いられる。海洋汚染の原因物質でもあることから特にペットボトルの早期完全リサイクルが強く求められている。

PFC＊

Perfluorocarbon。パーフルオロカーボン類。CF_6 など。炭化水素の水素原子を全てフッ素原子で置き換えたものをパーフルオロカーボンと呼ぶ。電子部品や電子装置の気密性のテスト用の不活性液体や、半導体のエッチングや洗浄に用いていた。また代替ハロン類として、陸上や船舶などでの消火剤としても用いられる。オゾン層の破壊はしないが、二酸化炭素の数千倍という強力な温室効果を持つため、京都議定書において削減対象ガスに指定された。

PFI

Private Finance Initiative。民間資金等活用事業。公共施設の建設・管理・運営を民間企業などへ民間の力を活用して行う事業。

pH(ピーエッチ;ペーハー;水素イオン濃度指数)

物質の酸性、アルカリ性の度合いを示す数値。pH(potential Hydrogen, power of Hydrogen の略) という記号で表される。特に断らない場合は水溶液中での値を指す。なお、pH=7 の場合は中性と呼ばれる。pH 値が小さくなればなるほど酸性が強いとされ、逆に pH 値が大きくなればなるほどアルカリ性が強いとされる。

PM＊

Particulate Matter。粒子状物質参照。

PM2.5＊＊

直径が $2.5\mu m$ 以下の超微粒子。PM2.5 はぜんそくや気管支炎を引き起こす。小さな粒子のため気管を通過しやすく、肺胞など気道より奥に付着するため、人体への影響が大きいと考えられている。

POPs条約

ポリ塩化ビフェニル (PCB)、DDT 等の残留性有機汚染物質 (POPs：Persistent

Organic Pollutants）の、製造及び使用の廃絶、排出の削減、これらの物質を含む廃棄物等の適正処理等を規定している条約。1992年地球環境サミットでのアジェンダ21を受けて、1995年に国際環境計画(UNEP)政府間会合で「陸上活動から海洋環境の保護に関する世界行動計画」が採択。1997年のUNEP第19回管理理事会を契機にその後5回の政府間交渉委員会が開催され、2001年5月にストックホルムで開催された外交会議において条約が採択された。2004年5月に条約が発効した。2018年12月現在151ヶ国及び欧州連合(EU)が署名し、我が国を含む181ヶ国及びEUが締結している。

PP
Polypropylene。ポリプロピレン。プロピレンを重合させた熱可塑性樹脂である。主な用途は、包装材料、繊維、文具、容器類、実験器具、自動車部品、紙幣など幅広い。

ppb
Parts Per Billion。10億分の1のこと。

ppm
Parts Per Million。100万分の1のこと。

PPP
Polluter Pays Principle p o。汚染者負担原則参照。

PRTR(法)(制度)＊＊
Pollutant Release and Transfer Register。化学物質排出移動量届出制度。有害性が疑われる化学物質が、どのくらい環境（大気・水域・土壌など）中へ排出されているか（排出量）、廃棄物などとして移動しているか（移動量）を把握し、集計・公表することを義務付けた法律（制度）。1999年に「特定化学物質の環境への排出量の把握等及び管理の改善の促進に関する法律」（PRTR法、化管法、化学物質排出把握管理促進法）として法制化された。なお、この法律によって導入された制度のもう一つの大きな柱にSDS（2011年度まではMSDSと呼ばれた）制度がある。

PSRモデル
コアセット指標参照。

[R]
RC(活動)
Responsible-Care の略。化学物質を扱うそれぞれの企業が、化学製品の開発から製造、運搬、使用、廃棄にいたるすべての段階で、環境保全と安全を確保することを公約し、その対策を実施する自主的活動。

RCP シナリオ
Representative Concentration Pathways。代表濃度経路シナリオ。IPCCは第5次報告書から「RCPシナリオ」に基づいて気候の予測や影響評価等を行っている。これにより、「気温上昇をX℃に抑えるためには」と言った目標主導型の社会経済シナリオを複数作成して検討することが可能となった。因みに排出量が最も少ないシナリオはRCP2.6、最大排出量のケースはRCP8.5でその間にRCP4.5, RCP 6.0がある。

RE100
Renewable Energy 100%。事業を100%再エネで賄う事を目指す企業連合。2014年に結成。製造業、情報通信業、小売業など全68社（世界；2017/7現在）が参画。欧米に加えて、中国・インドの企業も含まれる。各社は、実績を毎年、CDP質問書を通してRE100に報告。「RE100 Annual Report」に公表される。

P

R

REACH規則（規制）＊＊

Registration、Evaluation、Authorization and Restriction of Chemicals。EU圏内で化学物質の特性を確認し、予防的・効果的に有害な化学物質から人間の健康と環境を保護することを目的とした法規制。約3万種の化学物質の毒性情報の登録・評価・認定を義務付け、安全性の確認されていない物質を市場から排除していこうという考えに基づいて2007年6月に施行された。年間使用量1トン以上の化学物質に適用。登録や法令の告知などは、欧州連合が設置した欧州化学物質庁（ECHA）が行う。登録は2008年6月より開始されている。

Recycle

製品化され廃棄された物を再資源化し、新たな製品の原料として利用すること。3Rの一つ。

REDD＋＊

Reduced Emissions from Deforestation and forest Degradation +。レッドプラス。途上国が自国の森林を保全するため取り組んでいる活動に対し、経済的な利益を国際社会が提供する仕組みをプラスしたもの。

Reduce

廃棄物の発生を抑制すること。3Rの一つ。

Reuse

再使用。3Rの一つ。

RMU

Removal Unit。吸収源活動による吸収量。気候変動枠組条約の京都議定書に定められたCO_2吸収メカニズム。CO_2など地球の気候を左右する温室効果ガスなどを大気中から取り除くような働きをするもの。炭素吸収源ともいう。厳密には、気候システムの中で気候因子となる、温室効果ガスやエアロゾル、温室効果ガスを生成する物質などを大気中から取り除くものをいい、森林、海洋、土壌を指し、この過程やメカニズムまで含めて用いる用語。

RoHS指令＊＊

Restriction of Hazardous Substances指令。 電子・電気機器における特定有害物質の使用制限についての欧州連合(EU)の指令。2003年2月にWEEE指令と共に公布、2006年7月施行。鉛、水銀、カドミウム、六価クロム、ポリ臭化ビフェニル、ポリ臭化ジフェニルエーテルの6つの物質についての含有量の規制（RoHS1）。その後2011年7月に強化され、フタル酸化合物4物質を加えて10物質（RoHS2）になり、2019年7月から施行されている。

RPS制度

Renewable Portfolio Standard。電力会社に一定割合の再生可能エネルギーの導入を義務付ける制度。2002年導入。2012年に余剰電力買取制度と合わせ、固定価格買取制度（フィードインタリフ制度）が導入された。

RSPO認証

パーム油の需要が1990年代から急増して、熱帯林の破壊や、マレーシア・インドネシアの労働者の人権問題などが発生し深刻な問題となった。この状況を改善するために、持続可能な農園生産などが行われているか、工場生産・流通は的確であるかを認証する制度を、パーム油に関わる7つのステークホルダーによって構成される非営利組織（RSPO）が導入した。その制度をいう。正式名称を「持続可能なパーム油のための円卓会議(Roundtable on Sustainable Palm Oil)」いい、2004年4月に、WWFの呼びかけに応じたパ

R

ーム油産業に関わる英国、スイス、マレーシアなどの企業・組織が設立した。
本部はマレーシア、クアラルンプール。

[S]
SAICM
Strategic Approach to International Chemicals Management。国際的な化
学物質管理のための戦略的アプローチのこと。2002 年のヨハネスブルグサミ
ット(WSSD)で定められた実施計画で、2020 年までに化学物質の製造と使用に
よる人の健康と環境への悪影響の最小化を目指すこととされ、2006 年 2 月、
国際化学物質管理会議(ICCM)において SAICM が取りまとめられた。

SATOYAMAイニシアティブ＊
COP10（生物多様性条約第 10 回締約国会議・名古屋） において、人為の影
響を受けた二次的自然環境における生物多様性の保全と持続可能な利用に
向けて、日本が国連大学高等研究所とともに提案し採択された枠組み。「21
世紀環境立国戦略」に示された 8 つの戦略のうちの「生物多様性の保全によ
る自然の恵みの享受と継承」の中で用いられた用語。

SBT
Science Based Targets。科学と整合した目標。パリ協定の水準に整合する、
企業における温室効果ガス排出削減目標のこと。企業や投資の温暖化対策を
推進している国際機関やシンクタンクおよびNGOなどが運営しているプラッ
トフォームである WMB（We Mean Business）の取り組みの一つ。

SCM
Supply Chain Management。自社内外との間で受発注や在庫、販売、物流な
どの情報を共有し、原材料や部材、製品の流通の全体最適を図る管理手法。
またはそのための情報システム。

Scope1 排出量
企業・組織が化石燃料などを使用する際に直接排出される温室効果ガスの排
出量をいう。サプライチェーン排出量参照。

Scope2 排出量
企業・組織が電力などを購入し使用することによって、間接的に排出される
温室効果ガスの排出量をいう。サプライチェーン排出量参照。

Scope3 排出量
Scope1、scope2 以外の企業・組織の活動に関連する他社の排出量で 15 のカ
テゴリーなどに分類されている。例えばカテゴリー 1 は、購入した製品等が
製造されるまでの活動に伴う排出であり、カテゴリー2 は、自社の資本財の
建設・製造に伴う排出である。サプライチェーン排出量参照。

SDGs
Sustainable Development Goals。持続可能な開発目標。貧困撲滅、飢餓
撲滅、教育の普及、ジェンダーの平等など 17 項目と、各目標に付随する 169
のターゲット項目を含む。2016 年に国連ミレニアム開発目標(MDGs)が達成期
限を迎えるので、それ以降 2030 年までの開発課題（アジェンダ）として提
示された。日本では 2016 年 12 月に「持続可能な開発目標（SDGs）実施指針」
を決定しこれに基づく政策が進行している。優先課題としては、2030 アジェ
ンダに掲げられている 5 つの P、すなわち People（人間）、Planet（地球）、
Prosperity（繁栄）、Peace（平和）、Partnership（パートナーシップに対
応した 8 項目が示されている。

S

SDGsアクションプラン

日本政府が SDGs の達成と「日本の SDGs モデル」の構築を目指すもの。SDGs 実施指針で掲げた 8 つの優先課題に対して推進される具体的な施策を指し、総理大臣が本部長、官房長官・外務大臣が副本部長で構成された SDGs 推進本部がとりまとめている。

SDGs活用ガイド

2018 年環境省が発行した文書。企業がＳＤＧｓを活用することによって期待できる 4 つのポイントを挙げている。それは、①企業イメージの向上②社会の課題への対応③生存戦略になる④新たな事業機会の創出である。

SDGs未来都市

内閣府が、2018 年にＳＤＧｓに取り組むことで新しい価値を創造しようとしている都市をかく名付けて選定した。2018 年 29 都市、2019 年 31 都市、2020 年 33 都市を選定。

SDS(制度)＊

Safety-Data-Sheet。安全性データシート。化学物質排出把握管理促進法（PRTR 法）などに指定された特定の化学物質について、安全性や毒性に関するデータ、取り扱い方、救急措置などを記載したもの。日本では、「毒物及び劇物取締法」に指定されている毒物劇物、「労働安全衛生法」で指定された通知対象物、「特定化学物質の環境への排出量の把握等及び管理の改善の促進に関する法律（化学物質排出把握管理促進法、PRTR 法、化管法とも呼ばれる）」の特定化学物質を指定の割合以上含有する製品を事業者間で譲渡・提供するときに、SDS の提供が義務化されている制度またはその資料。なお、従来の「MSDS」は 2012 年に国際整合の観に点より、「SDS」に統一された。

SEA＊＊

Strategic-Environmental-Assessment。戦略的環境アセスメント参照。

SF6

六フッ化硫黄参照。

SGEC森林認証

Sustainable Green Ecosystem Council。森林認証参照。

SNS

social networking service。インターネット上でコミュニティを形成し、ユーザー同士がコミュニケーションできる会員サービス。Facebook、LINE など。

Society5.0

2016 年 1 月、2016〜2020 年度の第 5 期科学技術基本計画を閣議決定し、その中でサイバー(仮想)空間とフィジカル（現実）空間を高度に融合させたシステムにより、経済発展と社会的課題の解決を両立する、人間中心の社会を「Society5.0」と呼称した。狩猟社会（Society 1.0）、農耕社会（Society 2.0）、工業社会（Society 3.0）、情報社会（Society 4.0）に続くものとして、新たな社会を目指して我が国が独自に先駆け定義したもの。

SOx＊

硫黄酸化物参照。

SPM＊＊

Suspended Particulate Matter。浮遊粒子状物質参照。

SR

Social-Responsibility。組織の社会的責任。会社に限定せずすべての組織の社会的責任をいう。市民としての組織や個人は、社会において望ましい組

織や個人として行動すべきであるという考え方による責任である。「社会的責任」の国際規格は、規格番号 ISO 26000 として 2010 年 11 月に発行された。

SRI＊＊＊
Socially Responsible Investment。社会的責任投資参照。

SRIファンド
従来の財務分析による投資基準に加え、法令遵守や雇用問題、人権問題、消費者対応、社会や地域への貢献などの社会・倫理面および環境面から、企業を評価・選別し、安定的な収益を目指す投資信託。

S&I工法
住宅建築工法の一つ。スケルトン(骨格)とインフル(内部)の独立性を高め、間仕切り内部の自由度、リフォームの容易性を向上させた工法。

Sv
シーベルト参照。

S+3E
電力供給にあたっては、「安全/Safety」であることを大前提に，3 つの E「供給安定性/ Energy security」「経済性/ Economic growth」「環境保全/Environmental conservation」を同時に達成すること、を表す用語。

[T]
TCFD
Task Force on Climate-related Financial Disclosures 。気候関連財務情報開示タスクフォース参照。

TEEB＊
The Economics of Ecosystem and Biodiversity。「生態系と生物多様性の経済学」報告書。同プロジェクトは、2007 年にドイツ・ポツダムで開催された G8+5 環境大臣会議で、欧州委員会等により提唱された。全人類が生物多様性と生態系サービスの価値を認識し、自らの意思決定や行動に反映させる社会を目指し、これらの価値を経済的に可視化することの有効性を訴えている。

TFAP
Tropical-Forestry-Action-Program。熱帯林行動計画参照。

Think Globally. Act Locally.＊
"地球規模で考え、足元から行動せよ。"地球環境問題を考える際のキーワード。

[U]
UNCCD
United Nations Convention to Combat Desertification。国連砂漠化対処条約参照。

UNCD
国連砂漠化防止会議参照。

UNCED
United Nations Conference on Environment and Development 。環境と開発に関する国連会議（地球サミット）参照。

UNCLOS
United Nations Convention on the Law of the Sea。海洋法に関する国際連合条約参照。

UNDB
United Nations Decade on Biodiversity。国連生物多様性の 10 年参照。

UNDB-J
Japan Committee for UNDB 。国連生物多様性の 10 年日本委員会参照。

UNDP
United Nations Development Program。国連開発計画参照。

UNEP
United Nation Environment Program。国連環境計画参照。

UNESCO
United Nations Educational Scientific and Cultural Organization。国連教育科学文化機関。国際連合の経済社会理事会の下におかれた、教育、科学、文化の発展と推進を目的として、1945 年 11 月に採択された「国際連合教育科学文化機関憲章」（ユネスコ憲章）に基づいて 1946 年 11 月に設立された国際連合の専門機関。現在「人間と生物圏計画」などの自然環境に関する国際的な研究を推進している。本部パリ。加盟国数 195、準加盟 10 地域（2017 年 10 月現在）。

UNFCCC
United Nations Framework Convention on Climate Change。気候変動枠組条約参照。

UNSGAB
United Nations Secretary-General's Advisory Board on Water and Sanitation。国連水と衛生に関する諮問委員会参照。

UV
ultraviolet。紫外線参照。

UV－B
UV 参照。

[V]
VICS＊
Vehicle Information and Communication system。道路交通情報通信システム。渋滞や交通規制などの道路交通情報をリアルタイムに送信し、カーナビゲーションなどの車載機に文字・図形で表示する画期的な情報通信システム。

VOC＊
Volatile Organic Compounds。揮発性有機化合物。常温常圧で大気中に容易に揮発する有機化学物質の総称。VOCs、VOC。具体例としてはトルエン、ベンゼン、フロン類、ジクロロメタンなどを指し、これらは溶剤、燃料として重要な物質であることから、幅広く使用されている。しかし、環境中へ放出されると、公害などの健康被害を引き起こす。特に最近では、ホルムアルデヒドによるシックハウス症候群や化学物質過敏症が社会に広く認知され、問題となっている。

VW 排ガス不正事件
2015 年 9 月米国環境保護局は、フォルクスワーゲン社のディーゼル乗用車等について、実際の走行では排出ガス低減装置を働かせないようにする不正ソ

フトが使用されていたと発表した。世界トップクラスの自動車メーカーの不正事件のため全世界に衝撃が広がった。今回の事件の教訓は、コンプライアンスを置き去りにした成長第一主義がいつかは挫折し、企業にとって莫大な負担をもたらすということである。

[W]

WARMBIZ
ウォームビズ参照。

WASABI
Water and Sanitation Broad Partnership Initiative。水と衛生に関する拡大パートナーシップ・イニシアティブ参照。

WBCSD
World Business Council for Sustainable Development。持続可能な開発のための世界経済人会議。持続可能な開発を目指す企業約200社のCEO連合体で、企業が持続可能な社会への移行に貢献するために協働している。参加企業は、政府やNGO、国際機関と協力し、様々な課題への取り組みや経験を共有。現在、参加企業は約35カ国に拡大。本部はスイス・ジュネーブ。前身はBCSD（1990年）。1995年1月、別の団体であったWICEと合併し、WBCSDとなった。

WCED
World Commission on Environment and Development。環境と開発に関する世界委員会(ブルントラント委員会)参照。

WEPA
アジア水環境パートナーシップ参照。

WEEE指令 ＊＊
Waste of electrical and electronic equipment 指令。 廃電気・電子製品（WEEE）に関する欧州連合（EU）の指令。電気・電子機器・家電品・通信機器・照明・電子工具・医療機器など)について、これらの品目を欧州連合内で販売するメーカーは、各製品が廃棄物として環境に悪影響を与えないよう配慮する必要があり、回収・リサイクルなどについても製造者責任を有し、回収やリサイクルが容易な製品設計などをするとともに、回収・リサイクル費用の負担などが求められる。

WET
Water and Environment Technology。湿地評価テクニック参照。

WHO＊
World Health Organization。世界保健機関。人間の健康を基本的人権の一つと捉え、その達成を目的として設立された国際連合の専門機関(国連機関)。1948年設立。本部はスイス・ジュネーヴ。

WMO
世界気象機関。World Meteorological Organization。国際連合の専門機関の一つで、気象観測業務の国際的な標準化と調整を主な業務としている。本部はジュネーブ。1873年に創立された国際気象機関が発展的に解消し、1951年にWMOとして設立された。

WRI
World Resources Institute。 世界資源研究所参照。

WSSD

World Summit on Sustainable Development。持続可能な開発に関する世界首脳会議参照。

WSSD2020目標

2002 年開催のヨハネスブルグサミット（WSSD）で合意された化学物質に関する合意。「2020 年までに全ての化学物質を健康や環境への影響を最小化する方法で生産・利用する」というもの

WWF＊

World Wide Fund for Nature 。世界自然保護基金。世界最大規模の自然環境保護団体である国際的 NGO。ＷＷＦの活動方針は、人類は生物多様性を維持しエコロジカル・フットプリント値を減らし、地球一個分の暮らしを目標とすることである。その他、気候変動、森林保全、海洋保全などにその活動範囲はわたり、持続可能な環境づくりが活動の中心になっている。

WWI

ワールドウォッチ研究所。環境活動家レスター・ブラウンが 1973 年に米国で設立した民間の環境問題研究所。

[Z]

ZEB

Zero Energy Building。建物の運用段階で省エネや再生エネルギーの利用を通して、年間の 1 次エネルギー消費量がネットでゼロとなる建築物。

ZEBプランナー

2017 年に創設された ZEB の導入計画がある建築主の相談窓口となり、ZEB プランニングを支援する事が主な役割。「ZEB プランナー」には「設計」「設計施工」「コンサルテイング」の 3 種別がある。

ZEH

Net Zero Energy House。ゼッチ。住宅の高断熱化と高効率設備により、快適な室内環境と大幅な省エネルギーを同時に実現した上で、太陽光発電等でエネルギーを賄い、年間に消費する正味（ネット）のエネルギー量がほぼゼロの住宅。第五次エネルギー基本計画では、2030 年までに新築住宅の平均で、この実現を目指すとしている。

環境ラベル・マークなどの紹介

eco検定®の出題頻度数は、下記の記号で表す。

出題頻度	1〜2回	＊
出題頻度	3〜4回	＊＊
出題頻度	5回以上	＊＊＊

［エコマーク］

ライフサイクル全体を考慮して
環境保全に資する商品を認定し、
表示する制度。幅広い商品を対象
とし、商品の類型ごとに認定基準
が設定されている。我が国唯一の
タイプⅠ環境ラベル制度。

出題頻度 ＊＊＊

［FSC森林認証マーク］

FSC Trademark c 1996 Forest
Stewardship Council A.C.

適切な森林管理が行われている
ことを認証する「森林管理の認証
（FM 認証）」と森林管理の認証
を受けた森林からの木材・木材製
品であることを認証する「加工・
流通過程の管理の認証（CoC 認
証）」の2種類の認証制度の適合
マーク。FSC（Forest Steward-
ship Council：森林管理協議会
所管）。

出題頻度 ＊

［EU エコラベル］

環境影響が少ないと認められた商品に対してラベルの使用を認めたもの。食品、飲料、薬品を除くすべての日用品（everyday consumer goods）をカバーするようクライテリアが開発中。
European Union Eco-Labelling

出題頻度 ＊

［定温管理流通 JAS マーク］

認定機関名

生産情報公表 JAS 規格の一つ。製造から販売までの流通行程を一貫して一定の温度を保って流通させるという、流通の方法に特色がある加工食品に付されるマーク。米飯を用いた弁当類（寿司、チャーハン等を含む）について認定を受けることができる。
農林水産省。

出題頻度 ＊

［特定 JAS マーク］

認定機関名

　特別な生産や製造方法についての JAS 規格（特定 JAS 規格）を満たす食品や、同種の標準的な製品に比べ品質等に特色があることを内容とした JAS 規格（りんごストレートピュアジュース）を満たす食品に付与。
農林水産省。

出題頻度 ＊

［定温管理流通 JAS マーク］

認定機関名

生産情報公表 JAS 規格の一つ。製造から販売までの流通行程を一貫して一定の温度を保って流通させるという、流通の方法に特色がある加工食品に付されるマーク。米飯を用いた弁当類（寿司、チャーハン等を含む）について認定を受けることができる。
農林水産省。

出題頻度 ＊

[PC グリーンマーク]

環境配慮のパソコンを購入する
目安となるよう、パソコンの設
計、製造からリユース・リサイク
ルの至るまで、環境配慮の包括的
な取り組みを表した環境ラベル
制度。
（一社）パソコン3R推進協会

出題頻度 ＊

[エコリーフ環境ラベル]

ラベル利用者がグリーン購入・調
達に活用するとともに、メーカー
が環境負荷のより少ない製品(エ
コプロダクツ）を開発・製造・販
売していくための動機付けとな
ることをねらいとした環境ラベ
ル。
（一社）産業環境管理協会

出題頻度 ＊＊＊

[海のエコラベル]

MSC 認証制度 ： （海のエコマー
ク）持続可能で適切に管理されて
いる漁業であることを認証する
「漁業認証」と、流通・加工過程
で、認証水産物と非認証水産物が
混じることを防ぐ「CoC（Chain of
Custody）認証」の2種類の認証
から成る認証制度。

出題頻度 ＊＊

[グリーンマーク]

原料に古紙を規定の割合以上利
用していることを示すグリーン
マークを古紙利用製品に表示す
ることにより、古紙の利用を拡大
し、紙のリサイクルの促進を図る
ことを目的としている。

出題頻度 ＊＊

［カーボンフットプリントマーク］

商品・サービスの原料調達から
廃棄までのライフサイクルの各
過程で排出された「温室効果ガス
の量」を CO_2 に換算して表示す
る環境ラベル。CLA（ライフサイ
クルアセスメント）手法を活用
し、環境負荷を定量的に算定して
いる。（一社）産業環境管理協会

出題頻度 ＊＊

［識別表示マーク］

「資源の有効な利用の促進に関
する法律（資源有効利用促進法）」
に基づいて表示される、分別回収
を促進するためのマーク。

ＰＥＴボトルリサイクル推進協
議会の管理。

出題頻度 ＊

［識別表示マーク］

「資源の有効な利用の促進に関
する法律（資源有効利用促進法）」
に基づいて表示される、分別回収
を促進するためのマーク。
プラスチック容器包装リサイク
ル推進協議会の管理。

出題頻度 ＊＊

［省エネラベリング制度マーク］

省エネ法により定められた省エ
ネ基準をどの程度達成している
かを表示する制度。省エネ基準を
達成している製品には緑色のマ
ークを、達成していない製品には
橙色のマークを表示。
経済産業省。

出題頻度 ＊＊

[統一省エネルギーマーク]

省エネ法に基づき、小売事業者が省エネ性能の評価や省エネラベル等を表示する制度。それぞれの製品区分における当該製品の省エネ性能の位置づけ等を表示している。
経産省所管。

[国際エナジースタープログラム：マーク]

（新）

（旧）

パソコンなどのオフィス機器について、稼働時、スリープ・オフ時の消費電力に関する基準を満たす商品につけられるマーク。日本、米国のほか、EU 等 7 か国・地域が協力して実施している国際的な制度。経済産業省所管。

出題頻度　＊

[統一美化マーク]

飲料容器の散乱防止、リサイクルの促進を目的に制定されたマーク。
公益社団法人食品容器環境美化協会

出題頻度　＊

[カーボンオフセット認証ラベル]

認証
CARBON OFFSET

カーボン・オフセットを普及させるため、環境省の認証基準等に則った適切な取組に対して、気候変動対策認証センターが第三者認証を実施するとともに、認証された取組に対するラベリングを実施する制度。

出題頻度　＊

［PETボトルリサイクル推奨マーク］

PET ボトルのリサイクル品を使用した商品につけられるマーク。PET ボトルメーカーや原料樹脂メーカーの業界団体である PET ボトル協議会が運営する制度。

出題頻度 ＊

［メビウスループマーク］

ISO14000 シリーズの材質表示マーク。事業者が製品やサービスの環境への配慮を主張する自己宣言型の環境ラベルで、「タイプⅡラベル」と呼ばれている。紙については、リサイクル可能とリサイクル率のふたつの用語についてのみメビウスループマークを定めている。ISO が商標権を持つ。

出題頻度 ＊

［J-Mossグリーンマーク］

対象化学物質の含有率が基準値以下（除外項目を除く）の場合は、「電気・電子機器の特定の化学物質に関するグリーンマーク表示ガイドライン」に沿って表示。経産省所管。

出題頻度 ＊

［再生紙使用マーク］

古紙パルプ配合率100％再生紙を使用

「Rと古紙パルプ配合率を示す数値」と「古紙パルプ配合率〇〇％再生紙を使用」を組み合わせて表示。
３Ｒ活動推進フォーラム

出題頻度 ＊

[JISマーク]

登録認証機関から認証を受けた
事業者（製造業者、輸入業者、販
売業者、加工業者）が製品等へ付
することができる特別な表示の
様式。工業標準化法に基づいて日
本工業標準調査会(経産省に設置
されている審議会) 所管のマー
ク。

出題頻度 ＊

[国際フェアトレード認証ラベル]

国際フェアトレードラベル機構
（Fairtrade International）が
定めた国際フェアトレード基準
が守られている事を証明するラ
ベル。

出題頻度 ＊

[エコステージマーク]

エコステージ協会によるエコス
テージの認証を受けた組織は、エ
コステージ協会が定めた認証マ
ークを使用することができる。

エコステージ協会

[グッドインサイドマーク]

社会と環境に対して責任を持っ
た農作物（コーヒー）の生産・加
工・流通のための管理基準を定め
た世界的な認証プログラム。グッ
ドインサイドは管理団体の名称。

出題頻度 ＊

［ろすのんマーク］

NO－FOODLOSS プロジェクト（ろすのん）：食品ロス削減にフードチェーン全体で取り組んでいくため、官民が連携して食品ロス削減に向けた国民運動（注）を展開している。農林水産省所管

［バードフレンドリマーク］

渡り鳥が休息する森で生まれたコーヒーを「バードフレンドリー®」コーヒーと呼び、このコーヒーを購入することで、環境保護への貢献ができる。その識別マーク。　　環境省所管

出題頻度　＊

［EPDマーク］

ヨーロッパや日本など、8カ国の組織が認証を受けている国際的な環境マーク。製品の一生涯の環境影響(LCA)がどうなっているのかについて、考えたり予想したりした結果を 明らかにしたもの。EPD が公開されている製品に表示。EPD は Environmental Product Declaration の略（タイプⅢ環境ラベル）　一般財団法人　日本ガス機器検査協会

［レインフォレスト　アライアンスマーク］

レインフォレスト・アライアンス認証農園や認証森林で作られた商品に表示される。真に長期的な持続可能性の達成を目的とした、環境・社会・経済面の厳格な基準に則って管理されている。非営利団体レインフォレスト・アライアンス所管

出題頻度　＊

［モバイル・リサイクル・ネットワークマーク］

モバイル・リサイクル・ネットワーク
携帯電話・PHSのリサイクルにご協力を-

モバイル・リサイクル・ネットワーク（MRN）は使用済み携帯電話を回収し携帯電話に含まれる希少金属を回収するため、携帯電話事業者を中心とした、回収・再資源化の取組み団体である。

［アルミリサイクルマーク］

資源有効利用促進法によって1991年10月より表示が義務付けられている。

［紙リサイクルマーク］

紙製の容器包装に表示されるマーク。
容器包装リサイクル推進協議会

［かながわリサイクル認定マーク］

神奈川県では、県内の廃棄物を原材料としたリサイクル製品の利用を促進するため、かながわリサイクル認定制度を実施している。その活動マーク。

［ブルーエンジェルマーク］

1978年に世界で始めてドイツ連邦にて使用されたタイプⅠ環境ラベル。

［エコアクション21マーク］

エコアクション21は、環境省が策定した環境に取り組むガイドラインです。事業者が環境への取り組みを効果的、効率的に行いそれらを継続的に改善し、その結果を社会に公表するガイドラインであり、その審査においての認証・登録制度があります。

［エコレールマーク］

一般消費者の目に触れにくい商品の流通過程において、環境に優しい貨物鉄道を利用して運ばれている商品や積極的に取組をしている企業を知ってもらうマーク。公益法人　鉄道貨物協会

出題頻度　＊

［JASマーク］

一般JAS規格を満たす食品、林産品に付与。

出題頻度　＊＊＊

[Eマーク]

E
E E

別名地域特産品認証マーク。
農水省の認証マーク。地域特産品
の生産振興と利用拡大を目的と
して、地域食品に一定の基準を設
け、認証を行う仕組。地域特産品
に、都道府県がつける共通のマー
ク。3つのEを図案化。優れた品
質（excellent quality）正確な
表示（exact Expression）地域
の環境と調和（harmony with
ecology）を表している。
出題頻度 ＊

［マリンエコラベルジャパン］

2007年12月に発足。 この制度
は、「持続可能な水産物」を「現
在および将来の世代にわたって
最適利用ができる様、資源が維
持されている水産物」と意義付
け、資源と生態系の保護に積極
的に取組んでいる漁業を認証
し、その製品に水産エコラベル
をつけるもの。
大日本水産会事業部。

［水無印刷バタフライロゴ］

印刷プロセスの中で最も環境配
慮がされたオフセット印刷方式
（製版時の現像廃液がない、湿し
水・IPAを使わない, VOCの放散量
が少ない印刷方式）を使用してい
ることを明示したもの。
（一社）日本ＷＰＡ

［ASC認証マーク］

天然の水産物ではなく、養殖に
よる水産物を、認証する仕組み。
「ASC（Aquaculture Steward-
ship Council：水産養殖管理協
議会）」の認証制度。WWFが、
国際的な海洋保全活動の一環と
して、ASC認証制度の普及をサ
ポートしている。養殖版海のエ
コラベル

［エコファーストマーク］

企業が環境大臣に対し、地球温暖化対策など、自らの環境保全に関する取組みを約束する及び当企業が業界における環境先進企業であることを、環境大臣が認定するという制度。認定を受けた企業はこのマークを使用し、環境先進企業であることをPRできる。環境省所管

［エコファーマー制度］

1999年7月制定の持続農業法第4条により「持続性の高い農業生産方式の導入に関する計画」を都道府県知事に提出して、当該導入計画が適当である旨の認定を受けた農業者の愛称名。2000年8月「全国環境保全型農業推進会議」に寄せられた応募の中から選ばれたもの。
農水省所管

［環境チョイス プログラムマーク］

カナダが国として実施している唯一のエコラベル制度。認定を受けた財及びサービスに対してEcoLogoと呼ばれるラベルの使用を認めるもの。

［間伐材マーク］

間伐や間伐材利用の重要性等をPRし、間伐材を用いた製品を表示する間伐材マークの適切な使用を通じて、間伐推進の普及啓発及び間伐材の利用促進と消費者の製品選択に資するもの。
全国森林組合連合会

［環境・エネルギー
優良建築物マーク］

一定水準以上の省エネルギー性能を有する建築物に表示されるマーク。国土交通省所管の（財）建築環境・省エネルギー機構が運営する制度。

出題頻度　＊

［SGEC 森林認証マーク］

SGEC (Sustainable Green Eco-system Council) 「緑の循環」認証会議は、2003 年に設立された日本の森林認証制度。

（一社)緑の循環認証会議所管。

［エコICTマーク］

電気通信事業者等が適切に省エネルギー化による CO_2 排出削減に取り組んでいる旨を表示するためのシンボルマーク。
ICT 分野におけるエコロジーガイドライン協議会所管

［エコガラスマーク］

遮熱・断熱性能に優れる Low-E複層ガラスを旭硝子、日本板硝子、セントラル硝子がエコガラスという共通の呼称と共通ロゴマークを使用することにより、広く一般消費者に、その存在の認知をはかり、測っている。
板硝子協会所管

［クールチョイスマーク］

低炭素社会実現のため日本の優れた技術を生かした省エネ・低炭素型の製品・サービス・行動など、温暖化対策に資するあらゆる「賢い選択」を促すもの。

環境省所管の国民運動。

［ＳＤＧｓマーク］

SDGs（持続可能な開発目標）に対する認識を高めるため、全体を表す1つのロゴと17の目標の個別のアイコンをまとめたもの。

国連グローバル・コミュニケーション局所管

［mottECO マーク］

飲食店で食べ残したものを持ち帰る行為「mottECO（もってこ）」のロゴマーク。このロゴには食べ残しを持ち帰ると、美味しくて笑顔、無駄が無くて笑顔、自分もエコに貢献できたことに笑顔、という意味が込められている。

環境省所管

［フェアトレード団体認証 ＷＦＴＯマーク］

WFTO に加盟し生産者の労働条件、賃金、児童労働、環境などに関して基準を満たしていることを認められた団体が取得するマーク。取得後も、自己評価と相互評価、外部検証を通じて確認が行われている。団体の貿易活動が持続可能であり、改善に向けて継続的に努力していることを示している。

eco 検定®出題率ベスト **111**選

【過去 eco 検定®第1回～第29回（2020 年 12 月試験）にて出題回数に関連した環境用語 111 選・・・eco 検定®受講の最低限度必須知識！！】

No	環境用語	P	No	環境用語	P
1	3R	6	29	企業の社会的責任（CSR）	51
2	悪臭	8	30	気候変動枠組条約	53
3	アスベスト	10	31	揮発性有機化合物（VOC）	54
4	アジェンダ 21	10	32	京都議定書	56
5	イタイイタイ病	13	33	公害（問題）	71
6	硫黄酸化物	13	34	公害対策基本法	71
7	一般廃棄物	14	35	光化学スモッグ	73
8	ウィーン条約	16	36	光合成	73
9	エコロジカル・フットプリント	24	37	国立公園	79
10	オゾン（層）	30	38	国連人間環境会議	81
11	オゾン層の（破壊・保護）	30	39	湖沼	82
12	温室効果ガス	31	40	コージェネレーション	82
13	カーボンオフセット	32	41	コンパクトシティ	84
14	開発途上国	33	42	再生可能エネルギー	85
15	化学物質	35	43	里地里山	87
16	拡大生産者責任	36	44	砂漠化	87
17	化石（エネルギー）燃料	38	45	産業廃棄物	88
18	河川（水）	38	46	酸素	89
19	カドミウム	39	47	酸性雨	89
20	家電リサイクル法	39	48	紫外線	91
21	カネミ油症事件	39	49	資源生産性	91
22	環境アセスメント（制度）	41	50	持続可能な開発（社会）	94
23	環境基本法	42	51	湿（原）地	96
24	環境省（庁）	44	52	シックハウス（症候群）	96
25	環境と開発に関する国連会議	45	53	循環型社会	102
26	環境負荷（物質）	47	54	循環型社会形成推進基本法	102
27	環境報告書	47	55	食物連鎖	109
28	環境マネジメントシステム	48	56	食料自給率	109

あとがき

　本書編集・発行に携わったメンバーは、一般社団法人　日本経営士会中部支部所属有志の経営士です。一般社団法人日本経営士会は、1951年（昭和26年)に当時の通産省と経済安定本部の呼びかけにより設立された全国組織の経営コンサルタントの団体です。その主な目的は中小規模企業の経営革新や経営支援業務です。本会の会員は、これらの目的を達成するための経営企画、総務・人事、安全・環境、財務・経理、生産管理、品質管理、情報管理、マーケティング、エネルギー管理等様々な分野の専門家で構成されています。

　日本は、先の大戦の惨禍からの立ち上がり、その後の高度成長期を経過し、世界有数の先進国・経済大国へと駆け上りました。しかしながら、この20〜30年が経た後、国内的には先進国特有の少子高齢化問題、国際的には地球環境問題の深刻度の拡大により、今までに経験したことのない試練にさらされています。

　企業の経営にもその影響が大きく及んでいます。つまり地球環境問題への対策を疎かにしては、長期的視野での経営は成り立たたない恐れがあります。GHG（主にCO_2）削減のためのパリ協定に対する日本の約束数値は、2030年までに、2013年の実績の26%削減です。さらに長期的目標として、2050年までに温室効果ガスの排出「実質ゼロ」が打ち出されました。

　また、経済・社会・環境の諸課題を総合的に解決しようとする、持続可能な開発目標（SDGs）１７のゴールへの取り組みも拡がり始めました。

　地球環境問題の重大さを学び、どの程度理解できたかを知るために、様々な制度がありますが、東京商工会議所主催の環境社会検定試験®（通称 eco 検定®）を受けることもその一つです。試験の内容は環境問題の基礎を学ぶためには最適の問題です。企業に従事する社員全員が共通して環境問題の基礎知識を持てば、その行動に結び付き、企業の環境問題対策は、半ば解決したと言えるでしょう。

　企業・組織に所属するトップから全てのメンバーが、地球環境問題に対する基本知識の修得が強く望まれるところです。本書が、みなさんへのその一助となれば幸いです。

　　　　　　　　　一般社団法人日本経営士会　中部支部 ECO 研究会有志一同
　　　　　　　　　　　　　文責　経営士　今枝健治・古舘孝明

環境用語ハンドブック第3版　編集発行
（一社）日本経営士会　中部支部
ECO 研究会有志一覧

【編集委員】

　伊藤三男　編集顧問

　今枝健治　編集全般担当

　加藤健二　中部支部顧問・編集顧問・表紙デザイン担当

　近藤康則　編集全般担当

　髙野　剛　編集主幹

　多賀吉令　編集全般担当

　中津　啓　編集全般担当

　古舘孝明　編集全般担当

　松永準一　編集顧問

　三品富義　編集全般担当・発行責任者

【出版協力者氏名】

　石川隆幸、江尻靖進、尾方圭佑、鈴木貴博、竹内隆二

　旗　正男、林　広高、溝口知秀、若村正志、（他匿名有り）

（氏名は五十音順掲載）

環境用語ハンドブック　改訂3版

環境社会検定試験®（通称eco検定®）は東京商工会議所の登録商標です。

2021年5月14日　　初版発行

一般社団法人日本経営士会
中部支部　ＥＣＯ研究会　有志　編

発行所　　株式会社　三恵社
〒462-0056 愛知県名古屋市北区中丸町2-24-1
TEL 052 (915) 5211
FAX 052 (915) 5019
URL http://www.sankeisha.com

乱丁・落丁の場合はお取替えいたします。

ISBN978-4-86693-470-9